非圆切削衍生式数控系统设计及数据驱动控制理论与方法研究

Research on Data-Driven Control Theory
Based Extracted CNC System Design for Noncircular Turning

曹荣敏 郑冬 周惠兴 著

Cao Rongmin   Zheng Dong   Zhou Huixing

清华大学出版社

北京

内容简介

随着现代工业对非圆切削高加工精度和高加工效率的要求，获得满意跟踪性能且产生高精度的动态切削运动成为必然。衍生式数控系统设计思想是在普通数控切削系统的基础上衍生一个高速直线伺服电机单元，用于驱动刀具，并与原系统协调工作。

本书通过对非圆切削衍生系统数据驱动控制方法的分析、设计、仿真及实验研究，展示了基于数据驱动的多种控制方法对给定轨迹的高精度快速跟踪性能，证明数据驱动控制方法的实际应用价值，为读者提供了非圆切削数控系统的创新设计思想、设计方法和控制方法。本书主要内容包括非圆切削衍生式系统的设计及研究、刀具伺服系统的音圈直线电机的设计及控制算法的应用研究、非圆切削衍生式系统的数据驱动控制理论与方法研究、衍生式数控系统的实验研究等。

本书集理论与实际于一体，可使读者系统学习非圆切削控制系统的设计，掌握实用的控制和实现方法；可作为从事自动控制学科与机电一体化工程学科及相关学科应用研究的科研人员、从事机电综合控制系统开发的工程技术人员使用，也可作为高校相关专业的教师、研究生、高年级本科生阅读和参考。

图书在版编目(CIP)数据

非圆切削衍生式数控系统设计及数据驱动控制理论与方法研究/曹荣敏，郑冬，周惠兴著.—北京：清华大学出版社，2017
ISBN 978-7-302-45648-3

Ⅰ.①非…　Ⅱ.①曹…　②郑…　③周…　Ⅲ.①数控切削一研究　Ⅳ.①TG659

中国版本图书馆CIP数据核字(2016)第270077号

责任编辑： 梁　颖
封面设计： 常雪影
责任校对： 李建庄
责任印制： 王静怡

出版发行： 清华大学出版社
网　址： http://www.tup.com.cn，http://www.wqbook.com
地　址： 北京清华大学学研大厦A座　**邮　编：** 100084
社总机： 010-62770175　**邮　购：** 010-62786544
投稿与读者服务： 010-62776969，c-service@tup.tsinghua.edu.cn
质量反馈： 010-62772015，zhiliang@tup.tsinghua.edu.cn
课件下载： http://www.tup.com.cn，010-62795954
印 装 者： 三河市春园印刷有限公司
经　销： 全国新华书店
开　本： 155mm×235mm　**印　张：** 13　**字　数：** 227千字
版　次： 2017年1月第1版　**印　次：** 2017年1月第1次印刷
定　价： 79.00元

产品编号： 069771-01

前言

非圆截面零件广泛应用于汽车、生物、医学、航空、航天等机械设备，随着现代工业对非圆车削的高加工精度和高加工效率的要求，获得参考轨迹的满意跟踪性能且产生高精度的动态切削运动成为必然。非圆切削车床的关键部件之一是径向进给系统，而非圆截面零件因为其独特的形状特征，给机械加工带来困难，型线越复杂，车削速度越高，对进给系统的要求就越高。高系统传动精度、高切削频率响应能力、高刚性和抗动态负载的能力是零件截面型线不失真的保障。制造业是经济结构战略性调整的推动力，是国民经济高速增长的发动机，是以信息化带动和加速工业化的主导产业。

本书采用的数据驱动控制方法是控制器设计不包含受控过程数学模型信息，仅利用受控系统的在线和离线 I/O 数据以及经过数据处理而得到的知识设计控制器，并在一定的假设下，有收敛性、稳定性保障和鲁棒性结论的控制理论与方法。数据驱动控制(Data-Driven Control)最早来源于计算机科学领域，虽然在控制领域的研究还处于萌芽阶段，但已得到国内外控制理论界的高度重视。自 2002 年美国召开题为“IMA Hot Topics Workshop: Data-driven Control and Optimization”的研讨会开始，国内也迅速开展了基于数据的控制、决策、调度与诊断的研究。2010 年 11 月，在北京召开的“基于数据的优化、控制与建模”国际学术研讨会上，柴天佑院士谈到“控制科学的研究应多注重解决实际问题，而基于数据的优化和控制正是面向实际应用提出的。中国的制造业非常发达，基于数据的优化和控制方法研究在国民经济发展中大有用武之地”。围绕北京经济、社会发展的重点科技问题，北京市科学技术委员会于 2011 年 9 月发布了“北京市‘十二五’时期科技北京发展建设规划”，规划第五部分“推进科技振兴产业工程，引领产业结构优化升级”的主题之一就是高端装备制造产业，其中包括开展高档、专用数控装备及相关技术研发、应用及产业化。在由139位来自企业、研发机构、高校以及国外专家分析得出的未来15年先进制造领域对我国产业发展最重要的14类核心技术中，高档数控机床及基础制造装备关键技术被列为第一项。而该数据驱动控制技术的实现，可进一步推动北京市数控产业关键技术的自主创新和技术改造，降低高端数控机床的价格，推动控制工程学科与数字化制造学科的交叉，具有重要的理论与工程实践价值。

衍生式数控系统设计思想是在普通数控切削系统的基础上衍生一个高速直线伺服电机单元，用于驱动刀具，并与原系统协调工作。

本书主要对非圆车削数控系统的构成原理，衍生式数控系统结构的控制机理及特性进行了研究，基于数控车床系统状态机模型实现了系统的同步控制。对实时嵌入式软件的设计方法进行了研究，提出了时间触发分层有限状态机实时嵌入式软件设计模式，建立了衍生控制器软件的分层状态机模型，基于有限状态机开发了驱动程序、子功能模块和同步控制模块，完成了衍生控制器的软件开发。

本书通过对非圆切削衍生系统数据驱动控制方法的分析、设计、仿真及实验研究，展示了基于数据驱动的多种控制方法对给定轨迹的高精度快速跟踪性能，证明数据驱动控制方法的实际应用价值，为读者提供了非圆切削数控系统的创新设计思想、设计方法和控制方法。

本书主要内容包括非圆切削衍生式系统的设计及研究、刀具伺服系统的音圈直线电机的设计及控制算法的应用研究、非圆切削衍生式系统的数据驱动控制理论与方法研究、衍生式数控系统的实验研究等。目前，关于非圆切削系统的设计及控制方法方面的较高水平的学术论文均有发表（例如清华大学王先逵、吴丹团队），数据驱动控制方法理论研究及应用的论文及专著也有出版（例如侯忠生，金尚泰，科学出版社，2013；曹荣敏，国防工业出版社，2012），但就非圆切削衍生系统设计及数据驱动控制方法研究的专著目前尚未见，通过该专著的出版将数据驱动控制方法在非圆切削方面的应用进行系统的讲解，以供该领域研究的学者系统学习和应用。

本书是在北京市自然科学基金项目（编号：4142017）“数据驱动控制方法及其在直线电机精密运动控制中的应用”和国家重大科技专项（项目号：2011ZX04002-132）“CK9555大功率船用柴油机活塞加工用变椭圆车床”的支持下完成的，是基于上述项目研究的成果；根据北京信息科技大学曹荣敏教授、南阳理工学院机械与汽车工程学院郑冬博士及中国农业大学周惠兴教授3位作者及其合作团队多年来在非圆切削和数据驱动方面的研究内容以及这些领域的最新发展趋势进行选题。值得特别提出的是，在项目研究期间本书作者之一郑冬博士在安阳机床厂设备现场调试过程中付出了艰辛的劳动。特别感谢北京交通大学侯忠生教授和金尚泰副教授，没有他们在理论方面的热心指导和帮助，作者是不可能完成此书的；非常感谢新加坡国立大学 K. K. Tan 教授和清华大学王先逵教授给予的关键性建议；感谢安阳机床厂对研究工作和现场调试工作给予的大力支持和合作，感谢北京信息科技大学4位硕士研究生赵云杰、代军委、齐京升和高彬彬同学在本书科研工作、整理和录入等方面付出的辛勤劳动，感谢中国农业大学刘天宇博士和王磊硕士对本书的支持和贡献。另外，还要感谢中国农业大学精密工程研究中心研究团队的全体合作者们给予作者各方面的大力协助；同时感谢清华大学出版社对本书出版给予的大力支持。

由于作者理论水平和实践经验有限，书中难免有不妥和不完善之处，恳请广大读者提出宝贵意见。

著　者

2016年9月

目录

第1章

绪　论

1.1　数据驱动衍生式非圆切削数控系统研究背景及意义

1.1.1　研究意义

非圆截面零件广泛应用于汽车、生物、医学、航空、航天等机械设备中，随着现代工业对非圆切削的高加工精度和高加工效率的要求，获得参考轨迹的满意跟踪性能且产生高精度的动态切削运动成为必然。非圆切削车床的关键部件之一是径向进给系统[1]，而非圆截面零件因为其独特的形状特征，给机械加工带来困难，型线越复杂，切削速度越高，对该进给系统的要求就越高。高系统传动精度、高切削频率响应能力、高刚性和抗动态负载的能力是零件截面型线不失真的保障[2,3]。

直线电机及其伺服驱动控制技术在径向进给系统的广泛应用，使机床的传动结构出现了重大变化[4-6]。然而在切削过程中，系统承受非线性切削力，刀具振动及其他干扰对系统产生的影响，参数的变化及导轨摩擦力的产生、内部存在的齿槽效应和端部效应等都给直线伺服进给机构的控制带来困难[7-10]，要克服以上问题，除研究和采用高性能的硬件外[4-6]，寻找更优化的控制算法并对其实施有效控制，一直是重要的具有挑战性的研究课题[11-22]。传统 PID(proportional-integral-differential，比例积分微分)加前馈的控制算法由于缺乏快速抑制扰动的能力已经不能满足越来越高的性能指标要求[11,12]，神经网络控制因仅用受控系统 I/O 数据来设计控制器而得到广泛应用，但需要进行离线与在线系统辨识，计算量大，且须掌握受控系统的阶数、模型等先验知识[13-15]。线性二次型最优控制[16]、H_∞控制[17]、扰动观测与前馈补偿控制技术[18]、滑模变结构控制[19]以及自适应鲁棒控制技术[20-22]在机床的直接驱动系统设计中得到了普遍重视。采用扰动观测器的方法可以补偿一定带宽内的扰动，但这需要确定系统准确的数学模型。应用自适应鲁棒控制、扰动与模型不确定性观测及其前馈补偿技术、滑模变结构控制技术，虽然使系统对外部扰动和参数摄动不敏感，能够提高电机动态刚度抑制扰动影响，但很难实现对直线伺服系统非线性的完全补偿。而H_∞控制性能取决于加权函数的设计，是基于对象的线性假设，将非线性因素看作系统不确定性进行处理的，同时由于算法的复杂性、控制参数收敛慢，限制了其在实时性要求很高的直线伺服进给系统中的应用。综合以上控制技术各自优势，开展混合型控制方法的研究是目前电机直接驱动关键技术主要的发展趋势[1]。

本项目采用的数据驱动控制方法是基于闭环系统实测数据而得到的系统运行控制效果，控制器的设计不包含系统任何数学模型信息，仅利用受控系统的在线和离线I/O数据以及经过数据处理而得到的知识来设计控制器。在非圆切削中，控制器的设计要达到稳态跟踪精度高、动态响应快、抗干扰能力强、鲁棒性好等要求，上述的基于模型的控制方法受到了挑战，它们不适合处理具有较强未建模动态的非圆切削高精度直线伺服进给系统的控制问题。所以构造高速精密直线伺服进给系统中安全的不依赖于系统模型的控制器对实际应用的成功至关重要[23]。

鉴于目前技术先进国家虽推出了各种高效能非圆切削数控加工系统，但价格昂贵，本项目将采用衍生式数控技术（extracted CNC (Computer Numerical Control) system，ECNC)[24-26]，衍生式数控系统设计思想为在普通数控切削系统的基础上衍生一个高速直线伺服电机单元，用于驱动刀具，并与原系统协调工作。专用数控系统作为一个独立的部件被应用，其结构和功能不变，而系统的网络和其他扩充功能则由衍生的功能部件承担，衍生的功能部件可相对独立运行。通过自主创新，降低精密数控产品的成本。

1.1.2 国内外研究现状及背景

20世纪90年代以来，欧、美、日各国竞相开发和应用新一代活塞加工车床，加快了活塞车床高速发展的步伐。国内情况是，近年来我国虽然通过产学研、合资合作、引进技术等渠道，使国产数控机床有了明显的进步，却大而不强，且国内受高精度主轴、高频响大推力直线电机等先进功能部件的性能制约，在速度和精度等两项指标上与国外差距较大，且核心技术仍然掌握在发达国家手中，尤其是在高速度、高精度技术方面差距更大，已影响到国家行业安全。

数据驱动控制(Data-Driven Control)最早来源于计算机科学领域，虽然在控制领域的研究还处于萌芽阶段，但已得到了国内外控制理论界的高度重视[23]。自2002年美国召开题为“IMA Hot Topics Workshop: Data-driven Control and Optimization”的研讨会开始，国内也迅速开展了“基于数据的控制、决策、调度与诊断”的研究：2010年11月，在北京召开的“基于数据的优化、控制与建模”国际学术研讨会上，柴天佑院士谈到“控制科学的研究应多注重解决实际问题，而基于数据的优化和控制正是面向实际应用而提出的。中国的制造业非常发达，基于数据的优化和控制方法研究在国民经济发展中大有用武之地”；2011年11月在北京举行的控制界最权威的会议“中国自动化大会”和2012年7月在合肥召开的“中国控制会议”已经将“基于数据的建模控制及优化”列为专题；于2013年7月在西安举办的“2013中国控制会议”依然设立了该专题邀请组。这足以说明国内控制界对数据驱动控制理论及应用的重视。

数据驱动典型的控制方法包括PID控制、无模型自适应控制(MFAC，Model-Free Adaptive Control)[27,28]和迭代学习控制(Iterative Learning Control，ILC)[29,30]。这3种控制方法已经在很多领域得到了成功的应用和发展[11,12,31-34]，本书将以数据驱动的控制方法为基础展开研究。

由于数据驱动的无模型自适应预测控制中可调参数的选取比数据驱动的无模型自适应控制中的可调参数的选取更具有不敏感性，而可调参数选取可以改变闭环系统的动态性能，因此无模型自适应预测控制(MFAPC)相比于无模型自适应控制(MFAC)具有更加平稳的过渡过程，能够更好地实现快变工业过程的控制。鉴于此，本书将数据驱动的无模型自适应预测控制及其复合控制方法应用在非圆切削系统的控制中，实现高速度高精度控制，无论是在理论上还是在实际应用中都将具有重大的意义。

迭代学习控制(ILC)在设计控制器时不需要事先已知受控系统的数学模型，可以实现对严格重复运作的系统在有限区间上的完全跟踪。本书将迭代学习控制(ILC)与无模型自适应预测控制(MFAPC)进行组合设计并应用到非圆切削刀具伺服控制中，使前馈和反馈优势互补，提高学习收敛的速度和系统跟踪的性能。此控制方案的收敛性分析采用在纵向学习控制收敛品质(周期运行的收敛速度的定量指标)中引入横向收敛品质(控制策略的跟踪误差以连续的采样点为基准的有限步收敛的定量指标)的概念,以对非周期性扰动的收敛速度进行衡量。

在高精度直线伺服进给系统中,摩擦力(包括静摩擦力、库仑摩擦力、黏滞摩擦力和一些其他效应)会极大地降低传动系统的性能,而摩擦力又无法通过数学方法给出精确的描述,所以摩擦补偿就成为一种常见的控制策略,即引入一个对消项,以消除摩擦力。因为神经网络具有万能逼近特性,所以适合对摩擦这种复杂非线性的不确定现象加以补偿。本书将设计前馈控制、无模型自适应预测反馈控制和非线性神经网络补偿器构成的复合控制器并应用到衍生的非圆切削刀具进给直线伺服系统的控制中,用于补偿非线性摩擦力,提高加工精度。

1.1.3 应用方向及应用前景

制造业是经济结构战略性调整的推动力,是国民经济高速增长的发动机,是以信息化带动和加速工业化的主导产业[35]。围绕北京经济、社会发展的重点科技问题,北京市科学技术委员会于 2011 年 9 月发布了“北京市‘十二五’时期科技北京发展建设规划”[36],规划第五部分“推进科技振兴产业工程,引领产业结构优化升级”主题之一就是“高端装备制造产业”,其中包括“开展高档、专用数控装备及相关技术研发、应用及产业化”。在由 139 位来自企业、研发机构、高校以及国外专家分析得出的未来 15 年先进制造领域对我国产业发展最重要的 14 类核心技术中,高档数控机床及基础制造装备关键技术被列为第一项[37]。而本书控制技术的实现可进一步推动北京市数控产业关键技术的自主创新和技术改造,降低高端数控机床的价格,推动控制工程学科与数字化制造学科的交叉,具有重要的理论与工程实践价值。

1.2 非圆活塞数控车床的研究现状

1.2.1 国内研究现状

为了提高中凸变活塞的加工精度及加工效率,国内多所大学及科研院所很早就开始了非圆活塞专用数控车床的研制。其中进行最早的是清华大学王先逵教授的研发团队,早在 1988 年就研制出了中凸变活塞 CNC 车床,该车床最先采用数控加工方式进行活塞型线的拟合加工[38,39]。1993 年又研制出 TH-1 高频响大行程微进给机构,以此机构为基础，配上普通车床CA6140，研制出了经济型的非圆截面数控切削系统，该系统可以在主轴转速为1000r/min下稳定切削活塞，活塞型线精度为0.012mm[40]。1995年，清华大学分别与广州机床厂、安阳机床厂联合研发了活塞数控车床[41]。该车床采用清华大学自主研制的TH-610P活塞专用数控系统，以普通车床CA6140为车床床身，数控系统的主机是工控机486。1996年，清华大学与广州机床厂又合作生产了全功能型的数控活塞车床，数控系统采用清华大学自主研制的TP-952P系统，该系统除了具有专用的中凸变活塞加工和立体靠模加工功能外，还具有通用的CNC功能，在一次装夹中即可完成活塞头部和裙部的加工，有效地减少了因装夹误差而引起的加工误差。

1990年，长沙国防科技大学研制了由TP801单板机控制的样机[42]，在此基础上又推出了PTC系列，该系统采用486作为主机，活塞的型线数据的输入和修改可以直接在计算机中进行操作。径向进给系统选用直线电机，可加工的最大椭圆度为1.3mm，Z轴选用普通伺服电机，将德州机床厂生产的CKD6150车床改造成为专用的活塞数控车床，工件的型线轮廓误差为0.01mm。湖南长沙一派数控设备有限公司，多年一直致力于活塞专用数控车床的研制，截至目前已研制出一系列具有国际先进水平的活塞环、活塞数控加工关键设备和专用设备，为我国的内燃机行业做出了巨大贡献。该公司研制的ECK2320数控活塞异形外圆车床，采用运动控制卡控制Z轴、X轴、主轴的运动，X轴可实现直线插补，X轴、Z轴可联动，配置自主研发的直线伺服控制板，采用“一派活塞数控加工控制软件”控制加工。整个机床由工控机控制，Z轴、X轴由运动控制卡控制，直线伺服单元由直线伺服控制，输入输出信号由运动控制卡与数字输入卡控制。

虽然国内针对中凸变活塞数控车床进行了大量研究，但由于其推力过小，执行机构还普遍存在着线性和动态特性差、受突加负载的影响较大、机床主轴转速过低等问题，不能很好地保证加工精度，与国外同行业的机床还有较大差距。

1.2.2 国外研究现状

20世纪80年代以后，国外便开始非圆截面数控加工专用车床的研制[43]。1987年，美国CROSS.CO公司研制出了一套独特的应用于活塞加工的硬件系统和软件系统，也就是软靠模加工系统，此项创新开创了活塞加工的新工艺，标志着活塞加工新时代的到来。此后，CROSS.CO公司又推出 PTM-2000T 和 PTM-3000 专用活塞数控车床[44]。紧接着日本、德国、美国等也相继开展了活塞数控加设备的研发。其中，日本株式会社大限铁工所研制的 BL9-CAM，主轴转速最高可达 3000r/min，加工精度为 0.005mm。日本龙泽铁工所研制的椭圆形零件数控车床，可加工椭圆度为 25mm 的椭圆形零件，采用了电磁驱动伺服机构作为径向高频响装置来进行椭圆截面的加工进给[45]。

国外专用活塞数控车床与国内的同类机床相比，其加工精度要高很多，精度一般优于 10μm 甚至 5μm，转速一般高于 1500r/min，但价格普遍昂贵，一般在 150～200 万元之间，而且有些国家对此类机床的出口对我国进行严格的限制，以求达到技术垄断。

1.3　非圆活塞车床控制系统概述

研究活塞车床数控系统时必须以项目的技术指标要求为依据和最终实现目标，本章基于北京市自然科学基金项目“数据驱动的衍生式非圆切削数控系统控制理论与方法研究”（项目编号：4142017 ）和“高档数控机床与基础制造装备”科技重大专项：CK9555 大功率船用柴油机活塞加工用非圆车床（课题编号：2011ZX04002-132）。首先对非圆活塞的切削原理进行分析，根据项目的技术指标要求进行分析计算，最后得到活塞车床数控系统的主要技术指标，作为后续章节的研究依据。

1.3.1　非圆活塞切削原理

1. 非圆活塞的形状

活塞是内燃机的核心部件，它处在高温高压的恶劣工作环境中。由于受到机械压力和高热作用，活塞会产生严重的变形，同时这个变形又是不均匀的。活塞变形后，其裙部与气缸的接触面减小，同时活塞与内燃机气缸之间的间隙也会变得不均匀，如果间隙过大，就会发生敲缸，从而产生较大的噪声和振动。随着内燃机的速度和工作负荷不断提高，近年来活塞的裙部已经很少采用正圆柱、正圆锥等外形，而是普遍设计成异形截面形状。这样活塞在工作环境下就可变形为近似圆形，使活塞和气缸能够保持较大、较均匀的接触面，形成润滑油膜，从而减小活塞工作时磨损、振动和噪声，提高活塞的使用寿命[46-54]。

目前公认最好的活塞型面是非圆型面[46,49,53]，其形状如图 1.1 所示。从图 1.1 中可以看到，非圆活塞的横截面是一个椭圆或类椭圆，这个

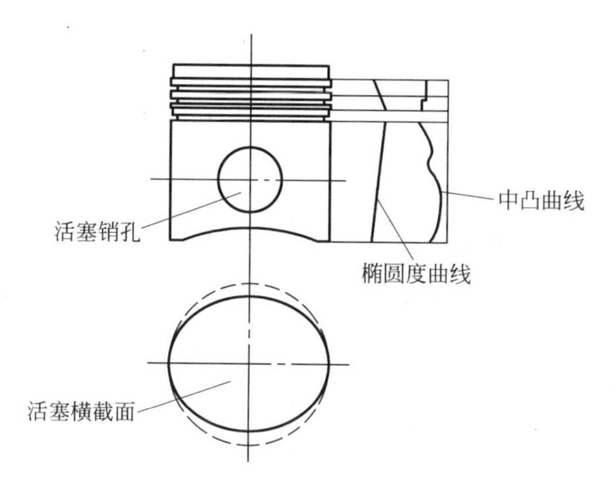

图 1.1 非圆活塞的形状

椭圆的长轴方向与活塞销孔的轴线垂直。横截面椭圆的椭圆度并不是一个固定值,图中的椭圆度曲线表示了横截面椭圆度沿着活塞的轴线方向变化的情况。同时椭圆的长轴也像图中中凸曲线表示的那样沿着活塞的轴向变化,使活塞的纵截面型线成为一条中部外凸的曲线。

非圆活塞的截面形状可以表示为

$$\rho=\frac{D_Z}{2}-\frac{G_Z}{4}[(1-\cos 2\theta)+C(1-\cos 4\theta)] \tag{1-1}$$

式中,ρ 为截面半径;θ 为此半径对应的转角;D_Z 为截面长轴的长度;G_Z 为截面的椭圆度,即椭圆长轴和短轴的差值;下标 Z 表示长轴长度和椭圆度是沿着活塞的轴向变化的;C 为二次椭圆系数,当 $C=0$ 时,活塞横截面为单椭圆轮廓,当 $C\neq 0$ 时,则为二次椭圆轮廓。

非圆活塞的椭圆度曲线一般为直线,在活塞图纸中一般以端点坐标的形式给出。而中凸曲线一般为不规则曲线,在图纸中通常首先规定一个活塞基准直径 D,然后以离散点的形式给出若干个高度上截面长轴与基准直径的差值 ΔD_Z,于是 $D_Z=D-\Delta D_Z$,式(1-1)又可以表示为

$$\rho=\frac{D-\Delta D_Z}{2}-\frac{G_Z}{4}[(1-\cos 2\theta)+C(1-\cos 4\theta)] \tag{1-2}$$

2. 非圆活塞加工的实时性分析

由上述分析可知,在非圆活塞的加工过程中,车刀的运动为高频往复振动,且车刀任意时刻的位移由车床主轴的转角决定。因此,选择合适的执行器驱动刀具实现这个往复振动,并且通过对执行器的精确控制实现它的运动与机床主轴旋转的同步是非圆活塞车床控制系统的设计中的关

键问题。在切削加工中，主轴的旋转速度一般较高，这就对刀具的运动控制提出了较高的实时性要求[54-56]。

在数控系统中，车刀的运动控制一般使用数字控制器来实现，数字控制器一般按照固定的采样频率工作，即每隔一个固定的控制周期 T_s，控制其进行一次控制操作。由于控制周期 T_s 固定，同时机床主轴的运动近似为匀速转动，因此在使用数字控制器来实现车刀的运动控制时，相当于在活塞的横截面轮廓上按照一定的角度间隔取一系列的离散点，在每一个控制周期中控制刀具从当前点位置移动到下一个离散点位置，这个过程可以用图 1.2 表示。

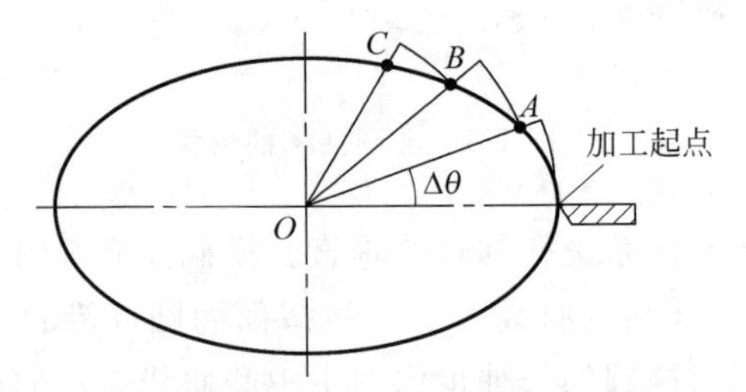

图 1.2 椭圆轮廓的数字控制加工过程

如图 1.2 所示，取椭圆轮廓的长轴端点为加工起点，在第一个控制周期中，数字控制器控制刀具从起点移动到第一个离散点 A，在下一个控制周期中，移动到第二个离散点 B，各个离散点之间的角度间隔同为 $\Delta\theta$，这样的控制过程一直进行下去就可以近似加工出椭圆轮廓。每个截面上取点越多，加工出的椭圆轮廓就越接近于理想轮廓，但随着离散点数的增加，控制周期 T_s 缩短，如果点数过多就会使 T_s 过短，导致实际当中无法实现，因此需要选择合适的离散点数 N。

椭圆轮廓上每周所取的离散点数 N 主要由实际加工中所要求的椭圆轮廓公差决定。从图 1.2 可以看出，如果在每个控制周期中，忽略刀具的具体运动过程，即假设在第一个周期内刀具停留在加工起点，在第二个周期停留在 A 点，那么实际的加工轮廓就是一段一段的小圆弧，所以在数字控制的条件下，可以认为实际加工过程就是用一系列小圆弧来逼近理想的椭圆轮廓。那么每一段小圆弧相对于理想轮廓的误差就是这段圆弧的半径与下一段圆弧半径的差值，而整个轮廓的加工误差就是所有这些差值中的最大值，这个最大误差显然出现在轮廓半径 ρ 变化率最大的地方。根据式(1-1)，针对单椭圆轮廓进行分析，令 $\rho''(\theta)=0$，可知当 $\theta=45°$ 时半径 ρ 的变化率最大。

设需要的轮廓公差为 ε，则所取的角度间隔 $\Delta\theta$ 需要满足的条件为

$$\Delta\rho = \left|\rho\left(\frac{\pi}{4}+\Delta\theta\right)-\rho\left(\frac{\pi}{4}\right)\right| \leqslant \varepsilon \tag{1-3}$$

联立式(1-1)和式(1-3)可得

$$\Delta\theta \leqslant \frac{1}{2}\arcsin\frac{4\varepsilon}{G_Z} \tag{1-4}$$

因此，椭圆轮廓上所取的离散点数须满足

$$N \geqslant \frac{4\pi}{\arcsin\dfrac{4\varepsilon}{G_Z}} \tag{1-5}$$

若机床的主轴转速为 n，可得到控制周期 T_s 必须满足

$$T_s \leqslant \frac{15\arcsin\dfrac{4\varepsilon}{G_Z}}{\pi n} \tag{1-6}$$

在确定了机床的性能参数后，就可以根据式(1-6)来确定适当的控制周期 T_s，从而满足控制系统的实时性要求。

3. 非圆活塞的切削过程分析

非圆活塞的切削加工过程如图 1.3 所示，在切削加工过程中，车床主轴带动工件以角速度 ω 匀速旋转。在加工圆形轮廓时，车刀在工件的径向静止，但由于非圆轮廓的的半径随转角变化，因此在工件旋转时，车刀需要在径向移动，这样才能切削掉图中所示的阴影部分，得到非圆轮廓。以椭圆轮廓长轴的端点 A 作为车刀的坐标零点，根据式(1-2)可以得到加工时刀具的位移为

$$E = \frac{D}{2}-\rho = \frac{\Delta D_Z}{2}+\frac{G_Z}{4}[(1-\cos 2\omega t)+C(1-\cos 4\omega t)] \tag{1-7}$$

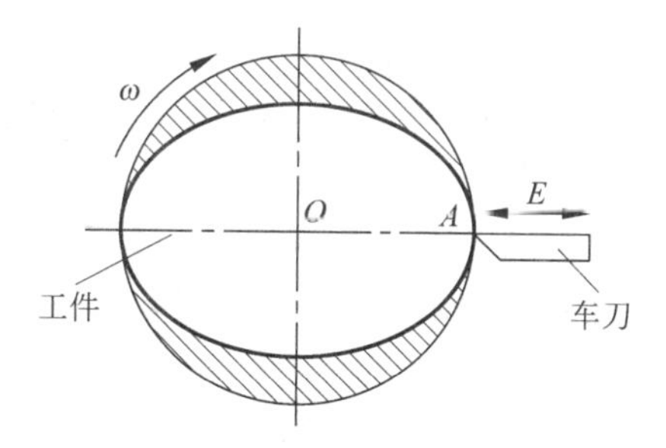

图 1.3　非圆活塞切削加工示意图

由式(1-7)可知，在非圆加工中，车刀跟随车床主轴做快速的往复振动。在机床主轴转角 $\theta=\omega t$ 从 0°变化到 180°时，刀具完成一次进刀和退

刀过程，在 θ 从 180°变化到 360°时，完成另一次进刀和退刀过程，因此在加工单椭圆轮廓时，刀具振动的频率是主轴旋转频率的 2 倍，振动的幅值由轮廓的椭圆度决定，此振动与机床主轴的旋转运动必须保持由式(1-7)所示的关系，这样车刀才能准确地加工出要得到的椭圆轮廓曲线。根据式(1-7)可以进一步求得刀具运动的速度和加速度为

$$\begin{cases} v = \dfrac{\mathrm{d}E}{\mathrm{d}t} = \dfrac{\omega G_Z}{2}(\sin 2\omega t + 2C\sin 4\omega t) \\ a = \dfrac{\mathrm{d}^2 E}{\mathrm{d}t^2} = \omega^2 G_Z(\cos 2\omega t + 4C\cos 4\omega t) \end{cases} \tag{1-8}$$

式中，v 为刀具的运动速度；a 为刀具运动的加速度。式(1-8)中机床主轴转速 ω 的单位为 rad/s，在实际应用中通常使用 n(r/min)，将 $\omega=2\pi n/60$ 代入式(1-8)可得

$$\begin{cases} v = \dfrac{\pi G_Z n}{60}\left(\sin\dfrac{\pi n t}{15} + 2C\sin\dfrac{2\pi n t}{15}\right) \\ a = \dfrac{\pi^2 G_Z n^2}{900}\left(\cos\dfrac{\pi n t}{15} + 4C\cos\dfrac{2\pi n t}{15}\right) \end{cases} \tag{1-9}$$

4. 非圆活塞的数据结构分析

如前所述，非圆活塞的加工过程有很高的实时性要求，其原因在于切削加工中机床主轴的旋转速度较高，由式(1-6)可知，为了满足活塞椭圆轮廓的加工精度要求，刀具的快速往复运动的控制周期很短。为了满足加工的实时性要求，本书采用工控机与嵌入式实时控制器相结合的上下位机结构来实现刀具的往复运动控制。控制周期 T_s 由式(1-6)决定，嵌入式实时控制器按照这个固定的控制周期控制刀具的往复运动，在采用闭环控制的条件下，实时控制器在一个控制周期内需要完成的任务至少包含：检测机床主轴的转角位置和机床轴向的位置；计算刀具的理想位置；检测刀具当前位置，即反馈信号；计算刀具的控制指令并输出。在这些任务中，占用最多控制器处理时间的是计算刀具理想位置和计算刀具控制指令两项。由于要保证刀具的运动精度，必须保证有足够的运算时间来进行控制指令的运算，所以要在计算刀具理想位置时采用尽可能简便的算法以缩短处理时间。

由式(1-7)可知，如果采用直接计算的方法来得到刀具的理想位置，需要经过多次三角函数运算和浮点乘法运算，若使用嵌入式控制器来完成这些运算则需要较多的时间。为了减少运算时间，本书采用的方法是在加工开始前先由工控机软件对活塞的形状数据进行预处理，形成一个数据表存储在控制器的内存中，在加工时通过简单的查表操作就可以得

到刀具的理想位置。

根据本节上述，沿着活塞的轴向，活塞截面的椭圆度 G_Z 和长轴 D_Z 都是变化的，这就造成了活塞轴向上不同位置的横截面的形状不同。为了完整描述活塞的形状，传统方法是在活塞的轴向取一系列截面，截面间的间距根据加工精度的需要确定。然后在每个截面上等角度间隔区一系列离散点将这些点对应的刀具位移以数据表的形式存储在控制器的内存中[56]。这种方法相当于使用一系列离散的椭圆柱来逼近实际的非圆轮廓，如图 1.4 所示。

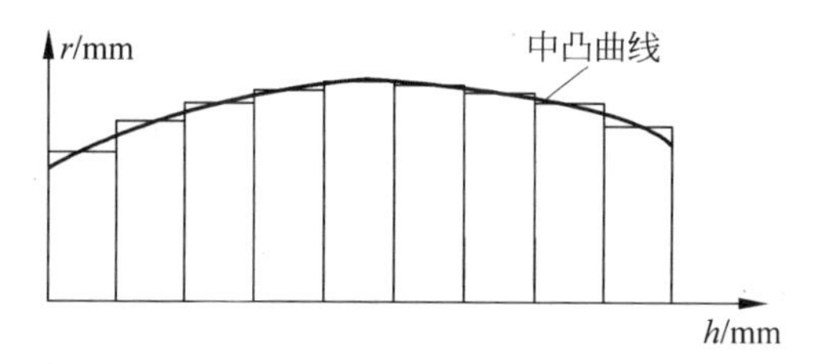

图 1.4　非圆活塞的椭圆柱逼近

使用图 1.4 所示的数据结构描述非圆活塞形状时，设活塞的高度为 H，活塞轴向各截面的间距为 Δ，每个截面轮廓上取的点数为 N，则总数据点数目为

$$N_{\text{Total}} = \frac{HN}{\Delta} \tag{1-10}$$

式(1-10)中，每截面数据点数 N 已经由式(1-5)给出，综合式(1-5)和式(1-10)可知，总的数据点数 N_{Total} 主要由活塞的高度 H 和要求的加工精度决定。Δ 由活塞中凸型线加工精度决定，精度越高，则 Δ 值越小，而每截面的数据点数 N 由椭圆轮廓公差 ε 决定。根据式(1-5)，椭圆截面的轮廓公差 ε 越小，则每截面需要取的点数 N 越大。在加工精度要求相同的情况下，活塞的高度 H 和截面的椭圆度 G_Z 越大，则 N_{Total} 越大。

由于本书讨论的加工对象为船用柴油机活塞，这种活塞普遍尺寸很大，根据前述结论，在刀具的实时控制器中需要存储大量的数据，而嵌入式控制器的存储器容量往往很小，如果通过工控机的通信接口在加工过程中向嵌入式控制器发送数据，由于受到操作系统实时性和通信口传输速度的限制，不能满足系统的实时性要求，因此需要对活塞的数据结构进行简化，减小数据量，从而满足嵌入式控制器的存储容量限制。

为简化椭圆活塞的数据结构，将式(1-7)变形为

$$\begin{cases} E = \dfrac{\Delta D_Z}{2} + G_Z \cdot L(\theta) \\ L(\theta) = \dfrac{1}{4}[(1-\cos 2\theta) + C(1-\cos 4\theta)] \end{cases} \tag{1-11}$$

式(1-11)中,若二次椭圆系数 C 为定值时,则 $L(\theta)$ 的取值与活塞的轴向位置无关。而在实际活塞中,非圆轮廓一般分为头部和裙部两段,这两部分的二次椭圆系数都为定值。因此,对于一段 C 值不变的活塞轮廓,可以在一个截面上按照相等的角度间隔取 N 点,计算出每个点的 $L(\theta)$ 值,作为一个数据表存储。然后再按照一定的间距 Δ 在活塞轴向取若干截面,将这些截面的椭圆度值 G_Z 和长轴与基准直径的差值 ΔD_Z 以数据表的形式存储。这样在加工中,只要根据机床主轴的转角 θ 得出 $L(\theta)$,再根据机床 Z 轴的位置查表得出 ΔD_Z 和 G_Z 即可根据式(1-11),经过一次乘加运算就可以得到刀具的理想位置 E。采用这种方法,需要存储的活塞数据点数为

$$N'_{\text{Total}} = 2\left(\frac{H}{\Delta} + N\right) \tag{1-12}$$

对比式(1-12)和式(1-10)可知,在活塞的高度 H 值较大时,数据点数目与传统的方法相比将大幅度减少,这样就可以在刀具运动的控制中使用存储器容量较小的嵌入式控制器。但这种方法也加大了控制中查表和运算的复杂程度,需要根据实际情况进行折中处理。

1.3.2 非圆活塞车床控制系统性能指标确定

1. 机床项目指标

根据《CK9555 大功率船用柴油机活塞加工用非圆车床项目书》的规定,CK9555 大功率船用柴油机活塞加工用非圆车床的主要技术指标见表 1.1。

表 1.1 CK9555 大功率船用柴油机活塞加工用非圆车床的主要技术指标

名　称	技术指标	名　称	技术指标
最大回转直径	550mm	最大加工长度	1000mm
长短轴最大变化量	3.6mm	Z 轴最大行程	1050mm
X 轴最大行程	150mm	主轴回转精度	0.002mm
主轴最大转速	1500r/min	C 轴角度分辨率	0.02°
U 轴重复定位精度	0.5μm	椭圆轮廓度	±10μm
Z 轴定位精度	±4μm	Z 轴重复定位精度	±2μm
X 轴定位精度	±2μm	X 轴重复定位精度	±1μm

根据表1.1列出的机床主要性能指标，通过进一步计算就可确定出机床控制系统的主要性能参数。

2. 刀具驱动系统的性能参数计算

1）刀具运动的速度和加速度计算

首先可以将机床的最大转速和长短轴最大变化量代入式(1-9)，同时由于$C\leqslant 1$，忽略二次椭圆项，可计算出刀具运动的最大速度和加速度为

$$\begin{cases} v_{\max} = \dfrac{1500 \times 3.6 \times 10^{-3}\pi}{60} = 0.2\mathrm{m/s} \\ a_{\max} = \dfrac{3.6 \times 10^{-3} \times 1500^2\pi^2}{900} = 88.8\mathrm{m/s^2} \end{cases} \tag{1-13}$$

表1.1给出的活塞长短轴最大变化量为3.6mm，由于在切削加工时为单侧进给，因此要达到此要求，刀具往复振动的行程为此数值的一半，即1.8mm。根据式(1-7)，除了做往复振动外，由于椭圆截面的长轴沿活塞的轴向变化，因此刀具还要在径向随轴向位置的改变缓慢进给，即实现式(1-7)中的$\Delta D_Z/2$项，因此对刀具的微进给行程要求应适当加大，本书研究中取为6mm，其坐标变化范围取为±3mm。

2）切削力计算

在非圆活塞的切削加工中，车刀会受到工件的切削力作用，刀具必须克服这个抗力才能顺利地完成加工过程。因为非圆切削时刀具的径向位置及切削深度不断变化，所以作用在刀具上的切削力是变化的，另外由于工件材料不均匀的影响，切削力的变化没有确定的规律。从运动控制的角度来说，切削力也是作用在控制系统上的一个最重要的干扰，直接影响到刀具的运动控制精度[58-61]。本节将根据机床的主要性能指标，对切削力进行初步估算，作为刀具驱动系统和机床控制系统设计的依据。

长期以来，人们虽然应用材料力学原理对切削力的理论计算做了大量研究，但由于在切削加工过程中有很多很复杂的影响因素，在进行切削力的理论计算时，通常需要对某些条件进行假设或忽略，所以目前还不能得到较为精确的计算结果。目前在实践中仍需要采用经验公式进行切削力计算[62-66]。

外圆切削的切削力经验公式[63]为

$$\begin{cases} F_z = 9.81 \times 60 \cdot C_{F_z} \cdot a_p^{x_{F_z}} \cdot f^{y_{F_z}} \cdot v^{z_{F_z}} \cdot K_{F_z}(N) \\ F_p = (0.15 \sim 0.7)F_z \\ F_f = (0.1 \sim 0.6)F_z \end{cases} \tag{1-14}$$

式中，F_z为主切削力；F_p为径向切削力；F_f为轴向力；a_p为切削深度；f为进给量；v为切削速度；C_{F_z}为系数；x_{F_z}、y_{F_z}、z_{F_z}为指数；K_{F_z}为总修

正系数，为多个因素对切削力的修正系数的积，即

$$K_{F_z}=K_{mF_z}\cdot K_{\gamma F_z}\cdot K_{\kappa F_z}\cdot K_{\lambda F_z}\cdot K_{rF_z}\cdot K_{vF_z} \tag{1-15}$$

式中，K_{mF_z}——工件材料机械性质对主切削力修正系数；

$K_{\gamma F_z}$——刀具前角对主切削力的修正系数；

$K_{\kappa F_z}$——刀具主偏角对主切削力的修正系数；

$K_{\lambda F_z}$——刀具刃倾角对主切削力的修正系数；

K_{rF_z}——刀具刀尖圆弧半径对主切削力的修正系数；

K_{vF_z}——刀具后刀面磨损对主切削力的修正系数。

如图 1.5 所示，在普通的外圆切削中，车刀沿着工件的轴向进给，在工件的径向保持静止，即图 1.5 中的径向进给量分量 f_r 为零。而在非圆活塞的切削中，工件在沿工件轴向进给的同时，还要在工件的径向进给，总的进给量 f 是径向分量 f_r 和轴向分量 f_z 的矢量和，即

$$f=\sqrt{f_r^2+f_z^2} \tag{1-16}$$

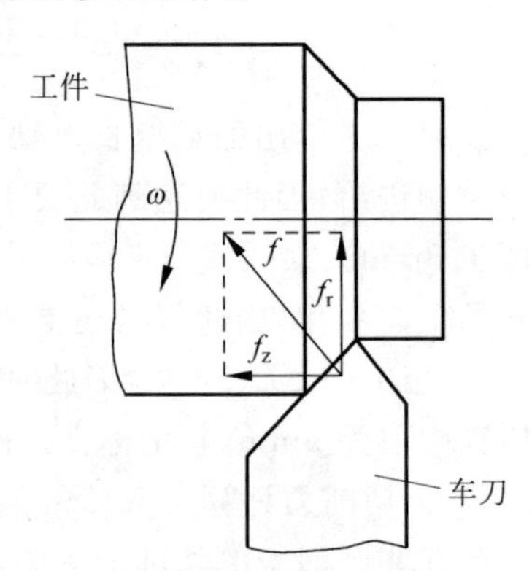

图 1.5 非圆切削的进给运动

因此在计算切削力时，应首先确定轴向进给分量，然后再根据 1.3.1 节算出的车刀运动速度换算出径向进给量分量，才能确定总进给量 f，然后就可根据经验公式(1-14)计算出切削力。

已知机床的长短轴最大变化量为 3.6mm，则切削加工时切削深度 a_p 为 1.8mm，工件的材料为铸造铝合金，根据文献[67]，可查得轴向进给量为 0.2mm/r。1.3.1 节计算出的刀具径向进给速度为 20mm/s，换算为径向进给量得

$$f_r=\frac{200\times 60}{1500}=8\text{mm/r} \tag{1-17}$$

从计算结果可知 $f_r \geqslant f_z$，所以在式(1-16)中可以忽略 f_z，即 $f=f_r=$ 8mm/r，根据此结果查表可得切削力经验公式中的各个参数值，取径向切削力和轴向力与主切削力的比值为 0.3，可得机床的切削力为

$$\begin{cases}F_z=2769\text{N}\\F_p=830\text{N}\\F_f=830\text{N}\end{cases} \tag{1-18}$$

由图 1.5 可知，非圆切削时，刀具的进给量方向基本与刀具轴线重合，因此活塞的驱动器需要克服的主要是轴向力 F_f，而主切削力 F_z 和 F_p

作用在刀具的支撑导轨上。因此刀具驱动器的推力应大于轴向力 F_f，考虑到惯性力和摩擦力的影响，刀具驱动器的推力取为1500N。

3. 刀具运动控制器控制周期计算

根据式(1-6)，刀具运动控制器的控制周期取决于机床的主轴转速、椭圆轮廓度、长短轴的变化量即椭圆度，将表1.1中的这些参数代入，可得

$$T_{\max} = \frac{15\arcsin\dfrac{4\times 5\times 10^{-3}}{3.6}}{1500\pi} = 17.68(\mu s) \tag{1-19}$$

由以上计算结果可知，根据机床的极限参数计算出的刀具运动控制器的控制周期为17.68μs，对应的控制频率为56.55kHz，这在目前的技术条件下很难达到。根据式(1-6)，在机床的椭圆轮廓度 ε 一定的情况下，控制器的控制周期主要由机床的主轴转速和长短轴最大变化量决定，它们之间的关系如图1.6中的曲线所示。

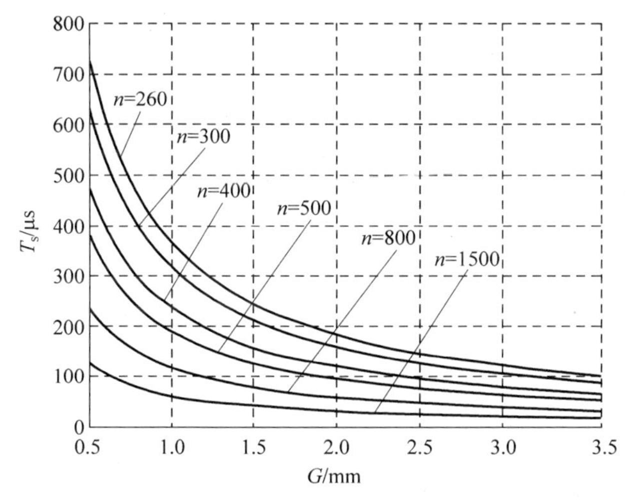

图1.6 控制周期与主轴转速和椭圆度的关系

在图1.6中可以看到，为保证椭圆轮廓度，在控制器控制周期一定时，工件的长短轴最大变化量越大，则要求机床主轴的旋转速度越低。因为在活塞的切削加工中，工件的长短轴最大变化量决定了切削中的切削深度 a_p，两者之间有如下关系：

$$a_p = \frac{G}{2} \tag{1-20}$$

即椭圆度越大，则切削深度越大。根据切削用量的选择原则[67]，切削深度越大时，应该选择的切削速度越小。根据式(1-20)，当长短轴最大变化

量为 3.6mm 时，对应的切削深度为 1.8mm，可查得此时的切削速度为 300～600m/min，再根据机床的最大回转直径为 550mm，可以求得此时应选择的主轴转速为 173.62～347.25r/min，在这个范围内取中间值 260r/min，在图 1.6 中可以看到，如果把控制器的控制周期取为实际条件下较容易达到的 100μs，即控制频率取为 10kHz，则当机床的主轴转速小与 260r/min 时，加工的椭圆轮廓度可以达到机床指标要求。因此可以选择刀具控制器的控制周期为 100μs，即控制频率取为 10kHz。从以上分析可以看出，这在实际加工中完全可以满足系统的要求。

在确定了控制器的控制周期后，可以根据式(1-6)求出椭圆度和主轴转速的对应关系，根据式(1-6)可得

$$n \leqslant \frac{15\arcsin\left(\frac{4\varepsilon}{G_Z}\right)}{\pi T_s} \tag{1-21}$$

根据此式，可以计算出对应不同的椭圆度对应的主轴转速，计算结果如图 1.7 所示。此图可以提供给用户，作为加工中主轴转速的选择依据。

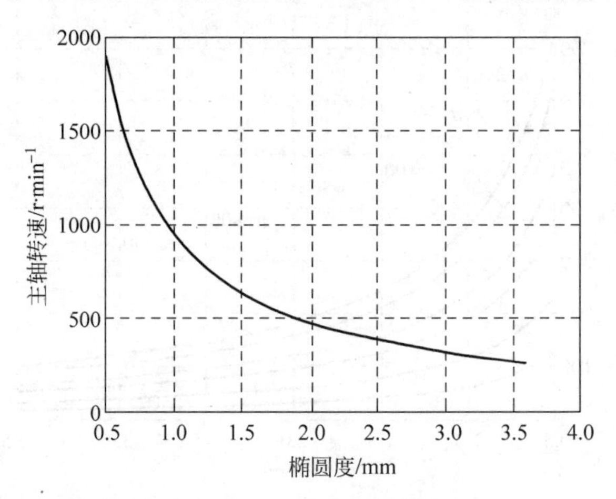

图 1.7 椭圆度与主轴转速的对应关系

4. 控制器存储容量计算

为保证非圆活塞加工的实时性要求，在加工开始之前需要对活塞的形状数据进行计算处理，按照一定的数据结构存储在控制器的内存中，这样控制器在加工时就可通过简单的查表和运算快速得到刀具的理想位置。为达到这个目的，刀具运动控制器上必须有足够的存储器容量，而且为了保证数据有较快的读取速度，用来存储活塞形状数据的存储器必须是存取速度较快的随机读写存储器。

上述已经确定了活塞数据的结构,并给出了活塞数据点数的计算公式。在式(1-12)中,要确定总的数据点数,先要确定每截面的数据点数 N 和各截面的轴向间隔 Δ。

N 值可以通过式(1-5)计算,将 $\varepsilon=0.005\text{mm}$,$G_Z=3.6\text{mm}$ 代入可得

$$N \geqslant \frac{2\pi}{\arcsin \dfrac{4\times 0.005}{3.6}} = 1131 \tag{1-22}$$

这是每截面数据点数必须满足的条件。在实际加工过程中,是根据主轴的角度数据对椭圆截面数据表进行查找操作的,如果主轴的角度数据和数据表的索引值不一致,那么在查表前还需要进行一次索引转换运算,为了简化操作,可以根据主轴编码器的分辨率来决定椭圆截面的数据点数,即每一个主轴编码器脉冲对应一个数据点,这样就可以根据主轴角度值直接找到对应的数据点,从而简化操作。为满足式(1-22),就必须使主轴编码器的每转脉冲数大于1131。表1.1中规定机床的 C 轴分辨率为0.05°,即主轴编码器每转的脉冲数至少为7200,所以主轴编码器的线数可取为4096,则 $N=4096\times4=16\ 384$。

各截面的轴向间隔 Δ 可以根据切削用量来确定,由文献[48]可以查得切削中的进给量 f 为0.08~0.3mm/r,所选取的 Δ 必须小于最小进给量,本节取 $\Delta=0.016\text{mm}$。把上面确定的值代入式(1-12)可得

$$N'_{\text{Total}} = 2\times\left(\frac{1000}{0.016}+16\ 384\right) = 157\ 768 \tag{1-23}$$

综合本节的分析计算结果,活塞车床控制系统的主要性能指标见表1.2。

表1.2 非圆活塞车床控制系统的主要技术指标

名 称	技术指标	名 称	技术指标
刀具微进给行程	±3mm	驱动器推力	1500N
刀具最大速度	0.2m/s	刀具最大加速度	90m/s^2
主轴最高转速	1500r/min	驱动器响应频率	50Hz
控制器控制周期	100μs	控制器控制频率	10kHz
跟踪精度	±5μm	位置分辨率	0.1μm
控制器 RAM 容量	>310KB		

1.4 本章小结

本章首先阐述了数据驱动衍生式非圆切削数控系统研究背景及意

义，接着叙述了非圆活塞数控车床的研究现状：非圆截面零件被广泛应用，现代工业要求非圆切削刀具在径向要高速、高精度跟踪复杂异型曲面，以提高加工精度。因此，研制高速精密直线伺服进给机构，寻找优化的控制方法对非圆切削过程中的扰动予以抑制和补偿，一直是该领域研究的热点和挑战性课题。数据驱动控制是指控制器的设计不包含受控系统数学模型信息，仅利用受控系统输入输出数据的控制理论。典型控制方法包括 PID 控制、迭代学习控制和无模型自适应控制。衍生式数控系统设计思想：在普通数控切削系统的基础上衍生一个高速直线伺服电机进给机构，用于驱动刀具，并与原数控系统协调工作。

最后重点分析了非圆活塞切削系统的性能要求，确定了活塞车床数控系统的主要技术指标，为后续章节提供研究依据，主要内容如下。

(1) 分析了非圆活塞的形状，对其加工原理进行了深入讨论，其中重点讨论了非圆活塞加工的实时性问题，推导出了活塞加工中为保证系统实时性必须满足的条件及其与机床主要性能指标之间的关系。

(2) 为满足系统的实时性要求，提出了采用工控机与嵌入式实时控制器结合的上下位机控制系统架构，利用软件对活塞零件形状数据进行预处理的方案来缩短实时控制器的程序运行时间，从而保证系统实时性要求的方案，进而对这种系统结构中的一些重要问题，包括系统的控制周期、活塞形状数据存储结构和存储容量等进行了分析。

(3) 对活塞车床数控系统中直线伺服模块的运动性能进了分析，确定了直线伺服系统的主要技术要求。

第2章

衍生式数控系统设计及控制器开发

非圆活塞车床数控系统的部分控制功能与普通数控车床系统是相同的，为降低系统的开发成本，提高研发效率，本书在数控车床系统的基础上开发活塞车床的数控系统。为实现数控车床系统与附加功能模块的同步，本章重点叙述所提出的衍生式数控系统结构。

衍生控制器在活塞车床的控制系统中处于核心地位，它负责活塞车床数控系统中的直线伺服子系统和非接触测量子系统的控制以及系统主要功能模块的同步控制，使整个衍生式数控系统成为一个整体，衍生控制器包括硬件和软件部分。

2.1 衍生式数控系统结构及同步控制

2.1.1 衍生式数控系统结构

1. 概述

根据非圆活塞切削原理，实现活塞切削加工的关键是驱动刀具在活塞的径向进行快速往复直线运动，并使这个往复运动与机床主轴的旋转运动同步。同时，活塞车床还要能够实现活塞轴向的进给运动以及活塞径向的调整运动，以实现活塞型面的连续加工并保证机床有较大的加工范围。综上所述，在进行非圆活塞加工时，机床的运动形式可以分为两类：第一类包括机床主轴（C 轴）的旋转运动、活塞轴向（Z 轴）的进给运动和活塞径向（X 轴）的调整运动，这类运动的特点是运动速度较慢且速度基本保持不变，因此可以采用较低的控制频率；第二类运动即刀具的快速往复运动（U 轴），其控制周期很短，即刀具振动的控制频率远高于机床其他运动形式的控制频率。因此在建立活塞车床的数控系统时，重点是实现刀具的短行程高速往复运动的精确控制，并在刀具振动的高频控制部分与其他运动形式的低频控制部分之间实现协调和同步控制。活塞车床中除了主轴单元和进给装置这些运动单元之外，还包括润滑系统、液压气动系统、辅助运动装置、冷却装置等，在设计活塞车床的数控系统时，也要把这些部分考虑在内。

由于非圆活塞裙部形状的复杂性，加工后的活塞裙部型面是一个复杂的空间曲面，其表面形状精度的测量是一个比较困难的问题。为了提高活塞型面的测量效率，从而方便地对非圆活塞的加工精度进行评定，并为活塞加工工艺的改进和优化提供依据，还要求在活塞车床上附加一个非接触在线测量系统。这个测量系统工作时需要机床运动部分、测量传感器以及数据采集和分析软件的紧密配合才能共同完成非圆裙部曲面的自动测量工作。对非接触测量系统的控制也是活塞车床数控系统的一项重要任务。

传统的数控车床系统由于采样频率较低（一般为毫秒级），所以不能实现刀具往复振动的高频控制，因此非圆活塞车床不能采用传统的数控车床系统。目前，在建立活塞车床数控系统时主要有两种解决方案。一是采用专门为非圆活塞加工研发的数控车床系统，如日本 KIRIU 公司生产的 KFT 系列立式数控车床就是专门为活塞加工设计的[68]，这个系列包括多个型号，分别完成活塞环槽、倒角、内圆等的加工，其中 KFT-15C 和 KFT-20C 用于加工活塞的椭圆型面，它们采用的数控系统均为 FANUC 31i-A。另一种解决方案是利用工控机、运动控制卡和 DSP 等自行开发用于非圆活塞加工的数控车床系统[69-75]，如文献[72]利用 TURBO PMAC PCI-LITE 型 4 轴运动控制卡开发了非圆活塞切削系统，此系统采用上下位机结构，以工控机为上位机，运动控制卡为下位机，利用运动控制卡处理所有轴的运动计算；文献[75]则采用 DMC21x3 系列 4 轴运动控制卡来实现机床的运动控制，同样采用工控机作为系统的上位机。以上两种方案都存在一定的问题和不足，专用数控系统的缺点在于价格昂贵，且系统为封闭结构，在实际使用时很难根据实际需求对其进行修改；而自行研发整个活塞车床数控系统则会增加开发成本、延长开发周期，同时在运动控制之外还要兼顾机床的其他辅助系统（如液压和润滑系统等）的控制，很难保证数控系统的可靠性。

本书在开发大尺寸非圆活塞的数控系统时，为了降低开发成本、加快开发进度并保证数控系统的可靠性，把可重构制造系统的概念引入到数控系统的开发中，在此基础上提出了衍生式数控系统的概念，其基本思想把传统数控车床系统作为机床数控系统的一个智能化部件，在此基础上添加新的功能部件并通过同步控制实现数控车床系统与新的衍生功能模块的协调合作来共同完成活塞的切削加工，基于衍生式结构研发的数控系统具有成本低、可靠性高、功能灵活等优点。下面首先介绍可重构制造系统(Reconfigurable Manufacturing System，RMS)的基本概念，然后在此基础上提出衍生式数控系统结构。

2. 可重构制造系统与同步控制

1）可重构制造系统的概念

可重构制造系统是为了适应市场要求的变化而出现的一种系统设计策略，它的研究起源于 20 世纪 90 年代，1996 年，美国密歇根大学工程研究中心在美国国家科学基金会和 25 家公司资助下开展了有关可重构制造系统的研究[76]。1997 年，Koren[77]首先提出了 RMS 的概念，在可重构制造系统的理论研究方面，Koren 提出了可重构制造系统的概念及其特点和关键技术，Makino H[78]、Shabaka AI[79]、Kusiak A[80]、Lee CH[81]都对可重构理论进行了补充与完善。盛伯浩、罗振璧等[82-83]专家也进行了相应的研究。

可重构制造系统的目标是通过增加系统结构的柔性来实现在同一个系统中制造多种产品[84-87]。Koren 把可重构制造系统定义为在设计一开始就考虑系统的结构和软硬件单元的变化的制造系统，它的目的是为了在一个零件族中快速调整生产能力和功能来响应市场或调整要求的突然变化[76]。随着嵌入式处理器以及传感器和执行机构价格的显著降低，嵌入式系统的应用出现了爆炸式增长。虽然嵌入式系统的使用能够给产品增加更多的功能和安全特性，但人们也不得不面对由此带来的系统复杂性[88-90]。为了简化系统复杂程度、减少系统开发时间、降低成本，越来越多的嵌入式产品开始使用模块化结构，并通过使用简单但更加智能化的元件来建立可重构制造系统[91]。这就要求系统软件具有新的功能来控制和同步组成系统的各功能模块，使最终集成的可重构制造系统具有柔性、高效性、鲁棒性和安全性等优点[84]。

可重构制造系统由多个智能化模块构成，每个模块都具有一定的自治性，所谓自治性是指系统允许单个的模块控制器在没有外在的监视和同步的情况下自主地监视并决定它们各自的行为。每个模块控制器的行为虽然有规定的界限，但它们在各自的规定范围内以根据目标和约束来控制自己的行为。要使这些具有局部自治性的智能化模块集成为一个完整的系统，就必须对它们进行同步控制，这个工作由同步控制器来完成的[87]。同步控制器可以是一个比模块控制器高一级的独立的控制器，也可以把同步控制器的功能在某一个模块控制器上实现。带有同步控制器的可重构系统可以给制造系统的重组和调整带来很多方便。当系统的工作环境或要求变化时，只要对同步控制器做出适当的调整，就可以使系统原有的模块实现新的功能组合，从而使系统适应新的要求[90]。可重构系统的概念已经在汽车刹车与驱动、大范围激光打标、复印机系统、可重构机床、空间目标动态跟踪等领域得到应用[92-96]。

2）实现可重构制造系统的关键问题

在可重构系统中存在着一个普遍的问题，即两个或多个系统如何协调工作从而构成一个具有更高水平更多功能的新系统。一般的控制系统都采用自上而下的设计方法，完成预先设计好的功能和任务，完成的功能越多，系统越复杂，这样的系统很难修改或添加功能。而可重构制造系统的设计理念是充分提高系统各子模块的自治性和独立性，简化系统子模块之间的通信接口，使各个模块在规定的领域内能够实现各自的功能并对局部的反馈和异常情况进行处理，然后再通过上层控制器的协调控制来实现各功能模块之间的协调控制使它们组成一个完整的控制系统，这样就可以在不改变系统子模块的功能和工作方式的情况下，通过改变它们之间的合作方式来改变系统功能；而且在系统添加了新的模块时，也不会对原有的模块造成影响，这样就可以方便地实现系统的修改和升级[97-99]。要实现可重构制造系统，充分发挥其优点，需要解决好以下关键问题。

(1) 模块功能划分

在可重构系统这样的集成系统中，系统的性能取决于它的组成模块的性能。在传统的控制系统中，关于这些模块性能的信息往往不是可开放的，例如，很多部件，包括步进电机和 ABS(Anti-Lock braking System)等，配备越来越复杂的内部控制器，但这些控制器通常是封闭结构。在可重构系统中，为了便于系统的重新配置，所有与交互有关的要素必须包含在一个开放的模型中，当然这在实际中通常不容易做到[100]。解决这个问题的一个较好的办法是在系统的整体功能之外建立系统各部件的行为规则，即规定一个子系统的功能和行为规则时不能以系统其他部分的功能为基础，从而加强系统部件的独立性。例如，在对系统的不同动作之间的交互进行约束时经常制定这样的规则："如果动作 A 发生，则动作 B 不能同时发生。"这种对于第二个操作的约束是直接根据第一个操作来定义的，而在改变系统的结构时，第一个操作不一定会发生，因此这种约束不适合可重构系统。比较合理的方法是基于系统的公共资源定义交互单元之间的约束，这样上面的规则可以定义为："动作 A(B)需要使用资源 R"，这里的 R 是系统的一个共享资源，这样就可以使两个都需要这个共享资源的动作 A 和 B 不会同时发生[101]。

在多单元组合的系统中，关于各单元性能的信息往往需要进行多级抽象以便对系统的各种操作进行规划、控制和同步，从而完成系统的工作目标。在构建系统时，一个首要的问题就是进行模型合成，就是把基础的模块模型集成为子系统，进而形成完整的系统。在系统的信息集成中，最为困难的是集成关于异常和异常处理的信息，即如何捕获并纠正系统的不正常行为。为了简化系统模型集成的复杂性，需要在合理划分系统模块功能的基础上，提高模块的智能性和自治性，降低模块之间的耦合度。在建立模块时，应使模块功能不依赖于系统其他模块而实现，同时应充分考虑异常的捕获和处理，尽量在模块内部完成的异常处理操作，模块不能独立处理的异常再通过交互接口通知上级控制层。在实现模块的功能接口和通信接口时应进行合理的封装，尽量隐藏模块功能的细节，这样对上级控制层来说模块的模型就可以充分简化，上级控制器只需要对其功能接口和通信接口进行操作，这样既便于实现系统的同步控制又便于对模块进行升级和更新。

(2) 分级控制

由于可重构系统是由多个智能子系统合成的，所以它一般要求进行分级控制(Hierarchical Control)，即在时间和空间的多个层级的抽象上来完成系统动作的监视和指挥[102]。设计一个合理的系统结构来集成现有的模块控制器并分配各部分的控制责任是一个难点和关键问题。

要建立合理的系统结构主要是安排好系统的逻辑结构和物理结构[103]。系统的逻辑结构指定了系统中各控制器的角色和连接；系统的物理结构规指定了控制器在哪里实现，以及系统内部通信以及和环境交互时采用哪种接口和通信协议。这两种结构在传统的控制系统中通常是合并在一起的，但在可重构系统中，由于系统在计算能力和物理配置上一般有一定的冗余度，设计者往往有机会使两个结构保持分离。实际上，在系统的模块中，一般只有传感器和执行器的角色是固定的，而控制器可以在它的计算和通信性能要求的基础上来分配具体的处理器。这样就可以使系统具有更强的鲁棒性，因为控制器的角色在必要时可以从一个故障的单元转移到运转正常的单元上去。

在分级控制中最重要的问题是系统的异常处理(Exception Handling)问题[104]。在传统的控制系统中,由于构成系统的模块相对较大,所以所有的异常处理可以指派给同一个模块来完成,但在可重构系统中,系统是由多个智能模块构成,系统中的对象并不是完全在一个模块中。当构成系统的一个元件发生一般性异常时,由于元件具有一定的智能及自治性,它可以在自己的工作领域内完成异常的处理和恢复。但在系统出现严重故障时,出现故障的系统模块常常不能独立完成故障的纠正,这时异常处理必须在上层控制器的协调控制下,由多个模块共同完成。因此构成可重构系统的模块必须能够与其他模块合作来纠正故障,也就是说,当系统发生不在计划之内的操作时,同步控制器必须能够立即觉察并采取适当的动作来修正异常行为。这就要求同步控制器具有对系统所有模块进行紧密监控的能力和根据系统运行情况重新规划系统行为的能力,这在某些系统中并不容易实现。

(3) 分布式同步

因为可重构系统是多个模块的集成,所以它同时也是一个高度分布式的系统,因此在多个控制器之间实现同步也是系统的一个关键问题。虽然在前文已经提到在一个分级控制结构中对不同的控制角色进行同步,但对一些耦合较为紧密的模块仍然需要有效的横向同步控制,这也是解决可重构系统同步控制问题的一个重点[95]。在紧密耦合模块的同步控制中需要解决好两个关键问题,即观察器(Observer)同步和控制器同步[96]。

在可重构系统中,传感器和控制器是分散的,作用于同一个对象的控制器在理想情况下应该接收到相同的传感器数据并做出反应,这就要求传感器的更新在相关的控制器中以统一的方式共享。在系统的控制过程中,当某个模块的传感器拾取到某一个信息时,这个信息必须以可靠的方式传递到其他相关模块,从而保证所有的相关模块能够依据相同的信息动作。在解决观察器同步问题时,必须考虑到通信系统的相关参数,如协议限制、网络延时以及带宽限制等。在某些系统中,来自多个传感器的数据可能需要经过集成和处理后才能送到控制器。

同步控制的另一个重要问题是控制器的同步。在某些系统(如自动传送)中,所有的模块控制器的行为方式相同,这种情况下模块控制器之间的同步是最容易保证的,因为行为方式相同的模块控制器如果接收到相同的传感器信息就会保持相同的控制状态。但即使在这种均匀系统中,当一个新的控制器加入或撤出同步操作中时,依然需要适当的处理。

一般来说，当多个控制器临时合作来完成对一个强耦合性过程的控制时，控制器的控制过程以及控制过程中的成员都需要进行同步控制。在非均匀的系统中，由于各控制器的类型不同，而且它们工作于不同的时间尺度下，这个问题就会变得更加复杂。

3. 衍生式数控系统

衍生式数控系统的基本思想就是在现有的数控车床系统的基础上研究开发非圆活塞车床的数控系统，这样可以实现对现有的技术条件和装备的充分利用，从而达到降低开发成本和缩短开发周期的目的。

如前所述，传统数控车床系统由于控制频率较低，不能实现对刀具径向高速往复运动的控制，而且传统数控车床系统在开发设计时基本不考虑对用户的开放性和可扩展性，所以传统数控车床系统通常是一个封闭是系统，它的内部的功能细节、控制信号和接口等都不向用户公开，因此对传统数控系统进行修改和扩展并使新增加的功能与原来系统有机融合是非常困难的。但从前述的可重构制造系统的角度来看，可以把数控车床系统当做一个高度智能化、高度自治的功能模块，这个模块可以完成一部分活塞切削数控系统的功能，包括机床主轴即 C 轴、Z 轴和 X 轴的运动控制和状态显示，机床润滑系统、液压气动系统、辅助运动装置、冷却装置的控制和监视，G 代码程序的编写、管理和运行等功能，而且数控车床系统在其负责的控制领域内具有完整的异常捕获和处理能力，这些都符合可重构制造系统对于智能化模块的定义。根据以上观点，在构建非圆活塞切削数控系统时，可以把封闭式的数控系统作为一个独立模块来处理，在它的基础上衍生新的功能模块，包括高速直线伺服子系统、非接触在线测量子系统、活塞形状数据处理子系统和活塞测量数据处理子系统等。这些衍生的功能模块与数控车床系统在整个系统架构中处于同一层级，然后在更高层级开发一个同步控制器来对系统的各模块进行协调和同步控制，这样就可以形成完整的非圆活塞切削数控系统，采用衍生式数控系统的活塞车床的结构如图 2.1 所示。

图 2.1 中活塞车床采用立式结构，工件固定在主轴工作台上，跟随主轴一起旋转，形成机床的 C 轴运动；切削时车刀沿 Z 轴的进给运动由 Z 轴伺服电机和滚珠丝杆传动机构来驱动；机床的 X 轴也由伺服电机和滚珠丝杆机构驱动，它可以带动车刀做大范围的调整运动，在切削开始之前，U 轴电机停在零点位置，由 X 轴电机带动 U 轴电机及安装在它主轴上的车刀一起运动，使刀具对准非圆轮廓的最大长轴，这就是加工时的工件原点位置。机床的 C 轴、Z 轴和 X 轴电机均通过独立的驱动器连接到

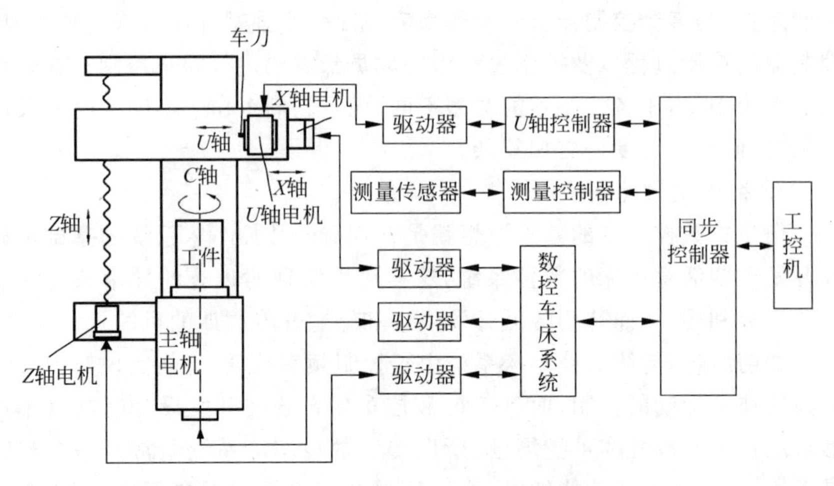

图 2.1 衍生式非圆活塞车床结构

数控车床系统，在加工时由数控车床系统通过运行 G 代码程序来控制它们的运动。刀具在工件径向的高频往复振动有独立的电机驱动，这台电机附加在机床的 X 轴上形成 U 轴，U 轴电机是一个短行程、大驱动力、高频响的直线电机，它和驱动器、U 轴控制器一起形成直线伺服子系统，作为系统的一个衍生部件。在进行椭圆活塞加工时，机床的 X 轴保持不动，由 U 轴电机驱动刀具进行高速往复振动，从而加工出活塞的椭圆截面和中凸型线。为实现非圆活塞的在线非接触测量，在活塞车床的数控系统中还包含一个测量传感器，它的工作过程由测量控制器控制，这就形成了衍生的非接触在线测量子系统。根据非圆活塞加工原理，在进行活塞加工之前需要对活塞的形状进行预处理，非接触在线测量系统测得的形状数据也需要进行计算处理，同时直线伺服子系统和测量子系统也需要软件界面来完成系统的监控显示并与用户互动，因此系统中还包含一个工控机来完成上述工作。为了使系统衍生的功能模块能够与数控车床系统协调工作，在系统中需要一个同步控制器来实现它们的协调控制，同步控制器位于系统的中心位置，它通过各子系统的通信接口与各子系统连接，控制它们同步工作并在各子系统之间实现必要的信息交换。

2.1.2 衍生式数控系统的子系统

2.1.1 节提出了衍生式数控系统原理并在此基础上确定了非圆活塞车床数控系统的整体结构，本节将对构成机床数控系统的各子系统进行细化，确定它们的功能结构及通信接口，下面分别进行论述。

1. 数控车床系统

在活塞车床数控系统中，数控车床系统的功能是完成机床 C 轴、Z 轴和 X 轴的运动控制和机床的其他辅助装置（如冷却、润滑、液压气动、照明等）的控制。在活塞切削时，机床 C 轴做旋转运动，旋转速度保持不变；机床 Z 轴做速度不变的慢速进给运动；机床 X 轴只在切削开始前进行调整运动，这些运动形式只需要较低的控制频率就可以实现。因此选择的数控车床系统需要满足表 2.1 所列的机床系统能指标，包括 X 轴和 Z 轴的最大行程、主轴回转精度、主轴最大转速、C 轴角度分辨率、X 轴和 Z 轴的定位精度和重复定位精度等。在衍生式数控系统中，数控车床系统作为整个系统的一个部件，需要在同步控制器的控制下与其他衍生的功能模块同步工作，因此所选择的数控车床系统必须能够提供足够的通信接口来实现与同步控制器的通信，这也需要在选择数控车床系统时充分考虑。

表 2.1 CK9555 大功率船用柴油机活塞加工用非圆车床的主要技术指标

名称	技术指标	名称	技术指标
最大回转直径	550mm	最大加工长度	1000mm
长短轴最大变化量	3.6mm	Z 轴最大行程	1050mm
X 轴最大行程	150mm	主轴回转精度	0.002mm
主轴最大转速	1500r/min	C 轴角度分辨率	0.02°
U 轴重复定位精度	0.5μm	椭圆轮廓度	±10μm
Z 轴定位精度	±4μm	Z 轴重复定位精度	±2μm
X 轴定位精度	±2μm	X 轴重复定位精度	±1μm

根据表 2.1 列出的机床主要性能指标，通过进一步计算就可确定出机床控制系统的主要性能参数。

本书选择的数控车床系统是广州数控设备有限公司（GSK）生产的 GSK998T 车床 CNC（Computer Numerical Control，计算机数控）系统。GSK988T 是针对切削中心而开发的 CNC 产品，采用 400MHz 高性能微处理器，可控制 5 个进给轴、两个模拟主轴，通过 GSKLink 串行总线与伺服单元通信，配套的伺服电机采用高分辨率绝对式编码器，实现 0.1μm 级位置精度，可满足非圆活塞车床对数控车床系统的要求。GSK998T 具有如下技术特点：

- 5 个进给轴（含 Cs 轴），任意 3 轴联动，两个模拟主轴，支持车铣复合加工；
- 指令单位 1μm 和 0.1μm 可选，最高速度 60m/min（0.1μm 时最高

速度 24m/min)；

- 适配具有 GSKLink 的伺服单元，可实现伺服参数读写和伺服单元实时监视；
- 通过串行总线可扩展 I/O 单元和 GSKLink 轴；
- 内置多 PLC 程序，PLC 梯形图在线编辑、实时监控；
- 零件程序后台编辑；
- 具备网络接口，支持远程监视和文件传输；
- 具备 USB 接口，支持 U 盘文件操作、系统配置和软件升级；
- 8.4″真彩 LCD，支持二维运动轨迹、实体图形显示。

GSK998T 车床 CNC 系统的主机面板和机床操作面板如图 2.2 所示。

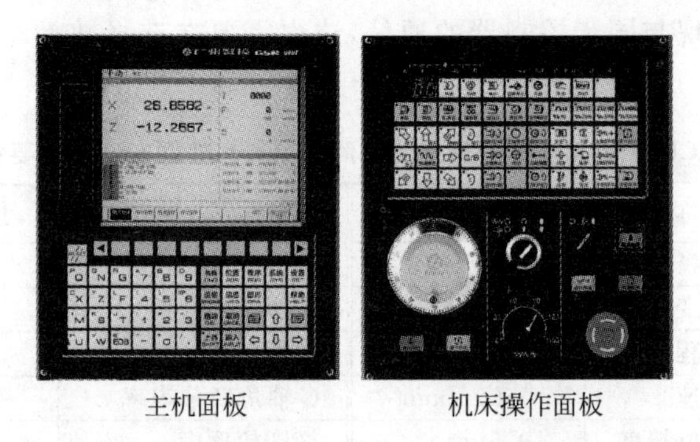

图 2.2　GSK998T 车床数控系统的主机面板和机床操作面板

GSK998T 系统的通信接口主要包括 RS-232 接口和数字 I/O 单元，RS-232 接口可以在 G 代码程序中通过指令控制，实现命令的发送和接收；数字 I/O 单元包括 40 位输入接口和 32 位输出接口，这些数字 I/O 接口可以通过数控系统的 PLC 程序定义它们的功能。利用这些通信接口可以实现与同步控制器的通信。

2. 直线伺服子系统

直线伺服子系统在非圆活塞车床中的作用是驱动刀具实现快速往复直线运动，由于本书针对的船用非圆活塞的尺寸较大，这就对直线伺服子系统提出了较高的要求，例如，要求直线伺服系统的执行机构具有更大的行程，控制器具有更高的采样频率等。在选择直线伺服子系统的主要部件时必须满足其主要技术指标。

为了满足系统要求，本书采用直线电机驱动方式实现刀具的高速往复振动。音圈直线电机(Voice Coil Linear Actuator，VCLA)具有行程长、高加速、体积小、力特性好、控制方便等优点。动磁式音圈电机在工作时线圈静止,便于对其线圈采用冷却措施,这就使其线圈上可以通过较大的电流。因此它除具有音圈电机的一般特点外,还可以输出较大的驱动力。所以本书采用动磁式音圈电机作为驱动刀具的执行器,选用的音圈电机为德国 BOB Bobolowski 公司生产的 DTL85/708-3StX-1-S 同步直线电机[105],其外形如图 2.3(a)所示,电机的主要参数见表 2.2。

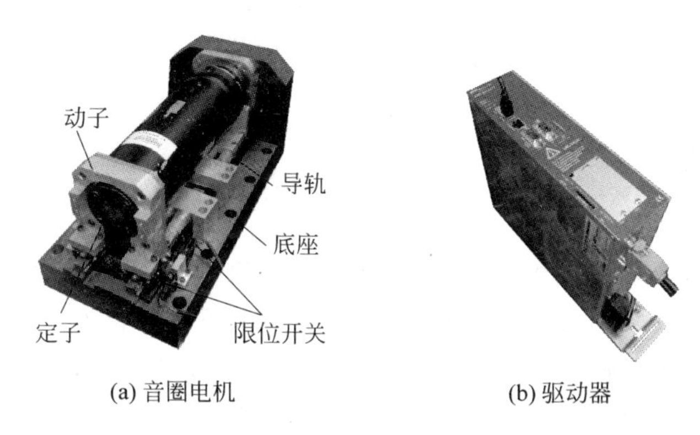

(a) 音圈电机　　(b) 驱动器

图 2.3　DTL85/708-3StX-1-S 电机和 ARS2310 驱动器外形图

表 2.2　DTL85/708-3StX-1-S 电机主要技术指标

名　　称	技 术 指 标	名　　称	技 术 指 标
持续推力	980N	最大电流	23.0A
峰值推力	1520N	动子质量	7.5kg
推力常数	56.2N/A	最大加速度	431m/s^2
电机常数	$32.8\text{N/W}^{0.5}$	最大速度	3.44m/s
持续电流	8.66A		

本书选用的直线电机驱动器为美国 Cooper 公司生产的 ARS2310 交流智能伺服驱动器,其外形如图 2.3(b)所示。ARS2310 驱动器使用三相交流电源,能够完成直线电机的电流控制、速度控制和位置控制。当 ARS2310 驱动器工作与位置环控制模式时,它通过 RS-232 接口或 CAN (Controller Area Network)接口接收电机的位置指令,由于受到接口通信速度的限制,指令数据的传输速度不能满足系统的实时性要求,因此本书令电机驱动器工作在速度环控制模式,而位置环控制使用自行设计的 U 轴控制器实现,此时驱动器通过模拟电压输入接口接收电机速度控制指令,此时直线电机的控制性能主要取决于 U 轴控制器,直线伺服子系统功能结构如图 2.4 所示。

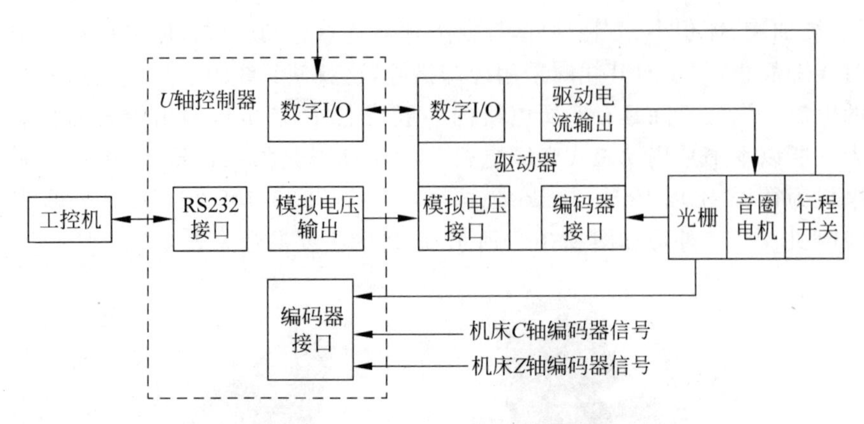

图 2.4 直线伺服子系统功能框图

图中的 U 轴控制器通过 RS-232 接口与工控机连接，在活塞加工开始前可通过此接口从工控机的活塞形状处理软件得到待加工活塞的形状数据并存储在控制器的内存中。音圈电机配备有直线光栅，其分辨率为 0.1μm，光栅信号分为两路，一路接到驱动器的编码器接口作为驱动器的速度反馈信号，另一路接到 U 轴控制器形成位置反馈。音圈电机驱动器从 U 轴控制器的模拟电压输出接口接收输出电压作为速度环的控制指令。音圈电机上还配有行程开关，其作用是防止电机超出行程范围，它的信号连接到 U 轴控制器的数字 I/O 单元。U 轴控制器的数字 I/O 接口还与驱动器的数字 I/O 接口连接来控制驱动器的上电断电等功能。在加工椭圆活塞时，U 轴控制器还需要获得机床 C 轴和 Z 轴的位置信号，然后才能根据已经存储的活塞形状数据计算出音圈电机的理想位置，因此，U 轴控制器的编码器接口还需要连接机床 C 轴和 Z 轴的编码器信号。

为了 U 轴控制器的能够满足系统的实时性要求，本书基于 TI 公司的 TMS320F28335 开发 U 轴控制器。TMS320F28335 是 32 位浮点数字信号处理器(Digital Signal Processor，DSP)，它的工作频率可达 150MHz，具备 32 位浮点处理单元，运算速度快，还具有用于实时电机控制的多种片上外设，能够满足系统的实时性要求。为简化电路设计，DSP 部分采用南京研旭公司出品的 YXDSP-F28335 核心板，板上集成了 TMS320F28335 及其时钟和电源电路，还外扩了 512K×16 位 FLASH 和 512K×16 位的 SRAM，使用它可以减轻电路设计的工作，同时也能满足 U 轴控制器对活塞形状数据存储容量的要求，其外形如图 2.5 所示。

3. 非接触测量子系统

非接触测量子系统的任务是检测非圆活塞表面的坐标数据，并将坐

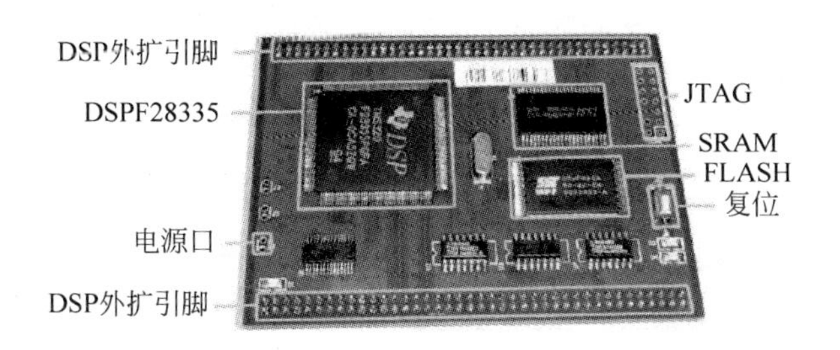

图 2.5　YXDSP-F28335 核心板

标数据传送到工控机的活塞测量数据处理软件，从而由软件评定出活塞的轮廓误差。在测量活塞表面的点坐标时，活塞的 C 轴坐标和 Z 轴坐标可别使用机床的主轴编码器和 Z 轴编码器测量，而活塞的半径坐标变化很小，为了实现半径坐标的非接触精确测量，必须选用合适的传感器。

本书采用日本 Keyence 公司的 LK-H020 型超高速高精度激光位移传感器，这种传感器采用激光三角法测量微小位移，其原理如图 2.6 所示。作为光源的激光二极管发出一束激光照射在被测物体上，在被测物体表面形成一个光点，光点在物体表面发生漫反射，其中一部分反射光经过接收透镜成像在 CCD(Charge-coupled Device，电荷耦合元件)上，如果被测物体产生位移或表面高低发生变化时，将导致物体表面上的光点沿着激光束的方向产生移动。那么位置探测器件 CCD 上的像也会相应地随之移动。像点在接收元件的位置通过模拟和数字电路处理，并通过微处理器分析，即可计算出传感器和被测物体之间的距离，同时产生相应的输出。图中所示的 A'点和 B'点为接收元件上像点的极限位置，与它们相

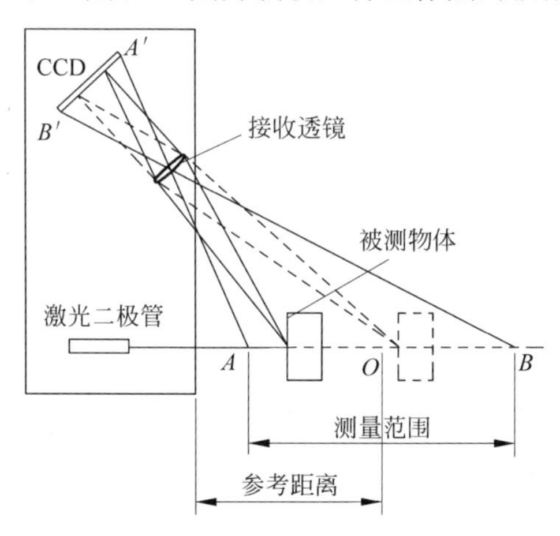

图 2.6　激光位移传感器原理

对应的被测物体的极限位置 A 点和 B 点之间即是激光位移传感器的测量范围。测量范围的中点 O 到传感器的距离为传感器的参考距离。当被测物体位于 O 位置时,传感器的输出值为零。

LK-H020 型激光位移传感器的技术指标见表 2.3。

表 2.3 LK-H020 型激光位移传感器的技术指标

参考距离	测量范围	线性[1]	再现性	温度特性	光点直径	取样周期[2]
20mm	±3mm	0.02%F.S.	0.02μm	0.01%F.S./℃	25μm	9 种

1. F.S.=6mm。2.取样的 9 种周期为:2.55/5/10/20/50/100/200/500/1000μs。

非接触测量系统的结构和工作原理如图 2.7 所示。

活塞在线测量系统的运动部分结构如图 2.7(a)所示。测量时,激光传感器固定在机床 X 轴上,可以沿机床的 X 轴和 Z 轴移动。图 2.7(b)表示活塞横截面的测量过程。活塞的横截面为椭圆形,测量时选择椭圆长轴的端点 A 为测量起始位置。在测量开始前,先由数控系统控制机床的 X 轴电机,将传感器测头定位到距离 A 点为传感器的参考距离,此时激光传感器和主轴编码器的读数都为零。测量时,机床主轴带动活塞旋转,对于活塞轮廓上的点 P,它到活塞中心 O 点的距离为激光位移传感器的读数加上截面半长轴的长度 $D/2$,而 P 点对应的转角即为主轴编码器的读数。活塞旋转一周,即可测得活塞轮廓上一系列离散点的极坐标,根据这些点的坐标即可计算出椭圆横截面的轮廓误差。完成了一个截面的测量时候,传感器测头在机床 Z 轴电机的带动下移动到下一个截面的位置继续测量。

在测量活塞横截面时,为提高测量测量速度,活塞一直处在匀速连续转动状态。活塞轮廓上每一个被测点的坐标包括 C 轴坐标、Z 轴坐标和半径坐标,其中 C 轴和 Z 轴坐标通过机床的主轴编码器和 Z 轴编码器测得,而半径坐标使用激光位移传感器测得,在这种情况下,如果把编码器的转角信号和激光传感器的位移信号通过不同的接口直接传输到上位机,由于传输速度的差异,测点的 3 个坐标值就不能保持严格的对应关系。因此,在活塞测量系统中需要配备测量控制器来完成测点坐标的读取、存储和传输。测量控制器的功能框图如图 2.8 所示。

激光传感器测得的位移值由传感器的控制器转换为电压信号,通过模拟通道输出。由测量控制器上的 16 位 A/D 转换器将其转换为数字信号并由处理器读取。测量控制器还需要配备编码器接口单元来连接机床

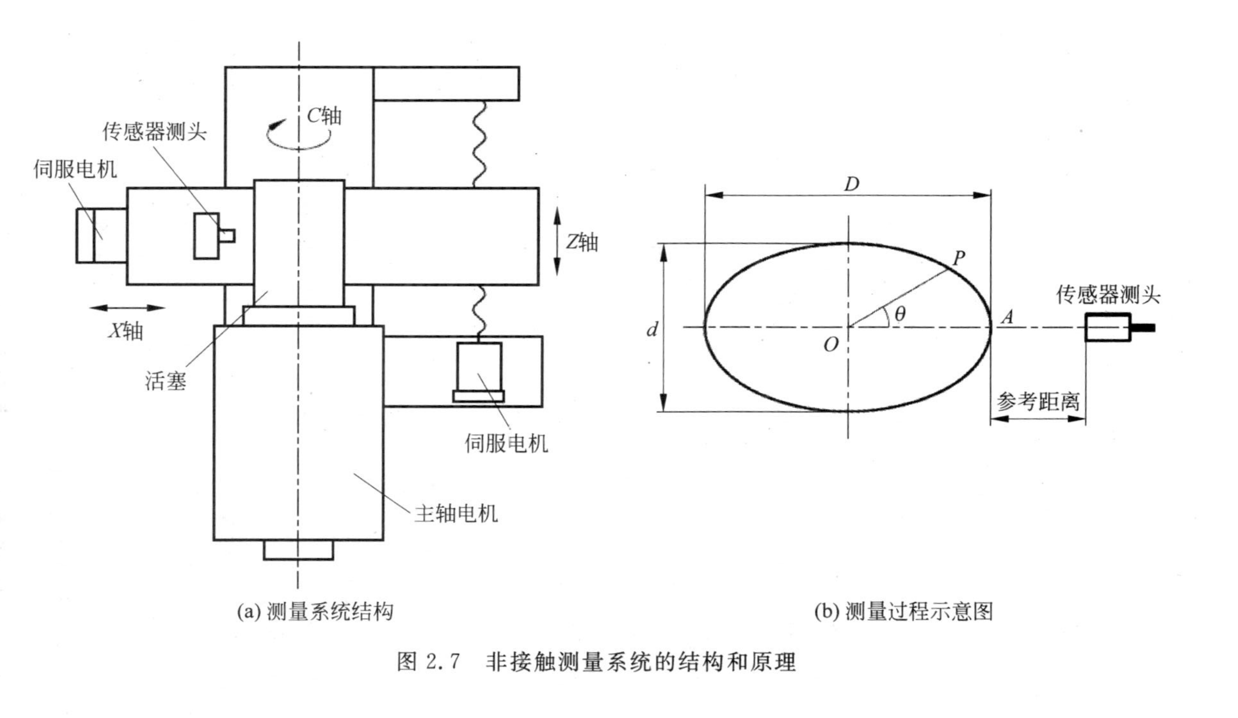

(a) 测量系统结构

(b) 测量过程示意图

图 2.7　非接触测量系统的结构和原理

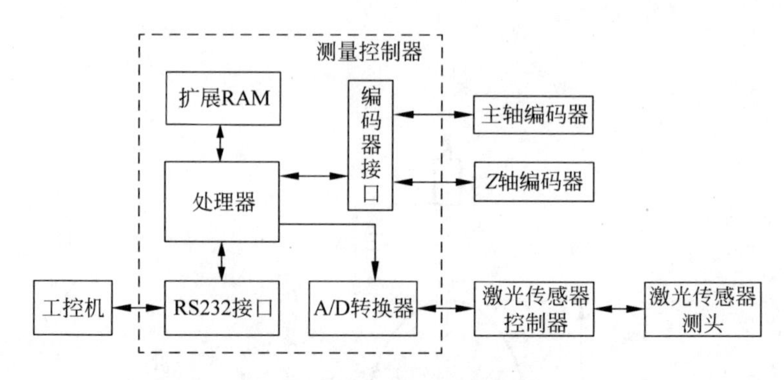

图 2.8 测量控制器功能框图

的主轴编码器和 Z 轴编码器信号。测量时，处理器以固定的采样周期同时读取 A/D 转换器和编码器接口单元计数器的值并存储在扩展 RAM 中，待测量结束后，测量控制器将所测数据通过 RS-232 接口发送到工控机，由工控机软件进行计算处理。由于测点的坐标信号由测量控制器同时读取，可以保证坐标值之间的严格对应关系，消除由此引起的测量误差。

4. 活塞形状数据和测量数据处理

在衍生式数控系统中，直线伺服子系统和非接触测量子系统的工作都需要工控机软件的支持。直线伺服子系统在活塞加工开始前需要用户利用工控机软件输入活塞的形状参数，由软件活塞形状进行预处理，然后以规定的格式将数据发送到 U 轴控制器。在加工时，U 轴控制器根据这些数据确定音圈电机的位移。非接触测量子系统测得的数据要发送到工控机软件，由软件对测得的数据进行计算处理，评定出活塞表面的轮廓误差。而且衍生的子系统都需要软件界面对其状态进行显示和监控，并通过软件界面与用户进行交互。因此，工控机软件是衍生式数控系统中一个重要组成部分。由于工控机软件与其他子系统的通信实时性要求不高，所以它通过 RS-232 接口与直线伺服系统和非接触测量子系统通信。

本节对各子系统进行了划分，确定了各子系统的功能结构，并对各子系统的主要功能部件进行了选型，2.1.3 节将讨论各子系统的同步控制。

2.1.3 衍生式数控系统的同步控制

衍生式数控系统的思想是充分利用传统数控车床系统的功能，利用它实现常规的机床控制功能，然后在数控车床系统的基础上衍生其他子系统，从而使系统具备新的功能。衍生的子系统与数控车床系统在整个机床控制系统中处于同等的地位，它们需要在同步控制器的控制下实现协调工作。由于数控车床系统的内部机理对外界是封闭的，所以在衍生式系统的同步控制中，重点是解决数控车床系统与其他子系统的同步问题。

1. 数控车床系统的同步控制

对于均匀性可重构系统[95-96]，即系统中需要进行同步控制的功能模块均具有相同的结构，在这种情况下，可以使用状态机技术实现模块之间的同步，即基于状态机结构实现各功能模块，这时某一个系统模块可以用下式表示：

$$\begin{cases} x(t+1) = f(x(t), y(t), t), \quad x(0) = x_0 \\ u(t) = g(x(t), y(t), t) \end{cases} \tag{2-1}$$

式中，t 表示时间，由于数控系统为离散时间系统，所以 $t=0,1,2,\cdots$；x 为模块的状态，模块的初始状态为 x_0；u 为模块的控制输出；y 为模块接收到的传感器信号或同步指令。

在每一个时刻 t，模块接收到一个新的传感器信号或同步指令 $y(t)$，模块就利用上面的递推规则 f 决定模块在下一个时刻的状态 $x(t+1)$，并根据规则 g 来决定当前的控制器输出 $u(t)$。根据式(2-1)，模块状态的变化完全取决于模块的初始状态 x_0 和传感器的信号或同步指令 $y(t)$。由于系统中的模块都具有相同的结构，即各模块的 f 和 g 都相同，所以要使各模块同步，只要使它们的初始状态相同并且使它们在工作时收到相同的信号和命令即可。从以上原理可知，若基于状态机结构建立系统的功能模块，在均匀系统中可以方便地实现系统的同步控制。虽然本书提出的衍生式数控系统并不是一个均匀系统，系统中的各模块的功能结构并不相同，但是仍然可以利用状态机原理来实现系统的同步操作。

数控车床系统的内部工作机理虽然对外界是封闭的，但是作为衍生式数控系统来说，可以把数控车床系统看作一个有限状态机(Finite State Machine，FSM)，它的工作过程可以使用如图 2.9 所示的状态转移图表示。

图 2.9 以有限状态机的形式表示了数控车床系统的工作过程。数控车床系统上电后，进入启动状态，在此状态下数控车床系统完成启动和初始化过程，在初始化过程完成之后，数控车床系统开始通过 RS-232 接口定时发送状态检测帧，同步控制器可以根据状态检测帧是否发送来检测数控车床系统是否处于工作状态。系统启动完成后，数控车床系统进入空闲状态，在此状态下数控车床系统除了等待用户操作之外还可以进行

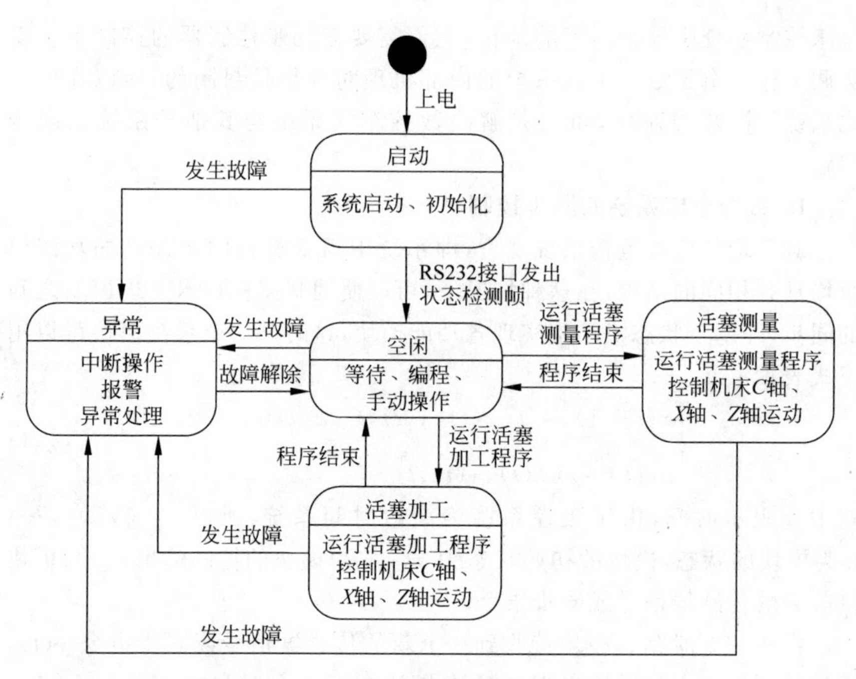

图 2.9 数控车床系统状态转移图

编程、手动调整等操作，虽然在进行这些操作时数控车床系统处于工作状态，但对衍生式数控系统的来说，此时不需要与数控车床系统进行交互，所以也可以认为数控车床系统空闲。在空闲状态下如果用户运行用于活塞加工或测量的 G 代码程序，则数控车床系统进入活塞加工或活塞测量状态，在这两种状态下，数控车床系统负责控制机床的 C 轴、X 轴和 Z 轴的运动，而其他的加工或测量工作需要直线伺服子系统和非接触检测子系统来完成，所以在进入或退出这两种状态时，数控车床系统必须通知同步控制器，然后由同步控制器向其他子系统发出相应的状态转换指令，使这些子系统转移到与数控车床系统对应的状态来与数控车床系统协调配合。数控车床系统运行的过程中如果出现故障，则转移到异常状态进行报警和异常处理等操作，此时也需要其他子系统配合数控车床系统来进行异常处理，因此数控车床系统在进入或退出异常状态时也需要向同步控制器发出通知。

根据对数控车床系统的状态分析，为了实现其他衍生子系统与数控车床系统的同步控制，在数控车床系统进入或退出某些状态时需要与同步控制器联系，2.1.2 节已经指出数控车床系统的通信接口主要包括 RS-232 接口和数字 I/O 口，与同步控制器的通信可以通过这些接口完成。根据数控车床系统的状态转移过程，在从空闲状态向活塞测量或活塞加工状态转移时的条件是运行 G 代码程序，而 RS-232 接口可以通过 G 代码指令控制，因此可以使用 RS-232 接口向同步控制器发出信息，通知它数控车床系统进入或退出这种状态，如果在数控车床系统进入加工或测量状态时，直线伺服子系统或非接触测量子系统的条件不满足，则可以通过回复数控车床系统命令帧的方法使数控车床系统退出，这样就实现了同步控制。在数控车床系统发生故障的时候，需要系统的其他模块迅速做出反应，而 RS-232 接口在接收和发送时需要对发送或接收的内容进行打包或解包的操作，而且为保障操作正确，信息的接收方还需要进行应答和握手，因此 RS-232 接口不能用于故障状态的通信操作，在进入或退出故障状态时可采用数字 I/O 接口通知同步控制器。在衍生式系统的其他子模块发生故障，需要数控车床系统暂停时，也可以通过数字 I/O 口通知数控车床系统，对数字 I/O 接口的定义可以通过修改数控车床系统的 PLC 程序实现。综上所述，数控车床系统的状态转移通信信号和接口见表 2.4。

表 2.4　数控车床系统的状态转移通信信号和接口

<table>
<tr><th colspan="2">状　态</th><th>通信信号</th><th>接　口</th></tr>
<tr><td colspan="2">启动</td><td>无</td><td>无</td></tr>
<tr><td colspan="2">空闲</td><td>定时发送来接检测帧</td><td>RS-232 接口</td></tr>
<tr><td rowspan="2">活塞加工</td><td>进入</td><td>活塞加工指令帧</td><td>RS-232 接口</td></tr>
<tr><td>退出</td><td>活塞加工结束指令帧</td><td>RS-232 接口</td></tr>
<tr><td rowspan="2">活塞测量</td><td>进入</td><td>活塞测量指令帧</td><td>RS-232 接口</td></tr>
<tr><td>退出</td><td>活塞测量结束指令帧</td><td>RS-232 接口</td></tr>
<tr><td rowspan="2">异常</td><td>进入</td><td>异常输出信号有效</td><td>数字 I/O 口</td></tr>
<tr><td>退出</td><td>复位输出信号</td><td>数字 I/O 口</td></tr>
</table>

在活塞加工和测量时，直线伺服子系统和非接触测量子系统都需要获得机床的 C 轴和 Z 轴的位置信号，而且信号获得的实时性要求较高，如果利用数控车床系统的通信口将这些位置信息发送到衍生的功能模块，由于通信接口存在延时，则不能满足实时性要求。本书将机床 C 轴和 Z 轴的编码器脉冲信号直接连接到衍生模块，并给衍生模块配备编码器其接口单元对脉冲信号进行解码和计数，这样就可消除信号延时，满足实时性要求。

2. 衍生控制器

在衍生式数控系统中，除数控车床系统之外的衍生功能模块共需要添加 3 个控制器，分别是测量控制器、U 轴控制器和同步控制器。由于

U 轴控制器负责音圈直线电机的运动控制，其控制速度要求较高，所以在 2.1.2 节中选用了 DSP 芯片 TMS320F28335 作为 U 轴控制器的处理器。由于音圈直线电机的运动控制只需要在活塞加工的过程中执行，在其他时间，DSP 的运算任务不重，而且在系统进行非圆活塞加工时，其他的功能模块也处于空闲状态，即不存在与音圈直线电机运动控制重叠的运算任务，在这种情况下，如果用 DSP 芯片专门实现 U 轴控制器就会造成系统资源的浪费，同时从 2.1.2 节的分析可知 U 轴控制器与测量和同步控制器也存在重叠的接口。为了充分利用系统资源，本书利用同一个 DSP 芯片来实现同步控制器、U 轴控制器和测量控制器，这样不但可以避免系统资源的浪费，而且省略了同步控制器与其他两个控制器的通信接口，它们之间的通信可以通过系统内部的变量来实现，系统接口简化后也可以提高系统的可靠性。在同一个 DSP 芯片上实现的 3 个控制器分别作为软件的子模块，其中同步控制器模块的层级高于其他两个控制器模块，它对应于分层有限状态机（Hierarchical Finite State Machines，HFSM）结构中的顶层状态机，而 U 轴控制器模块和测量控制器模块对应于系统的子状态机。根据系统的工作原理，这两个子模块不能同时工作，由于两者都要使用机床编码器和与工控机通信的 RS-232 接口，在系统中可以把它们定义为系统的公共资源，这样就可以通过资源的约束来保证两者不同时运行。

同步控制器与 U 轴控制器和测量控制器合并后就形成衍生控制器，作为系统中衍生的功能模块的总控制器，衍生式控制器的功能结构如图 2.10 所示。

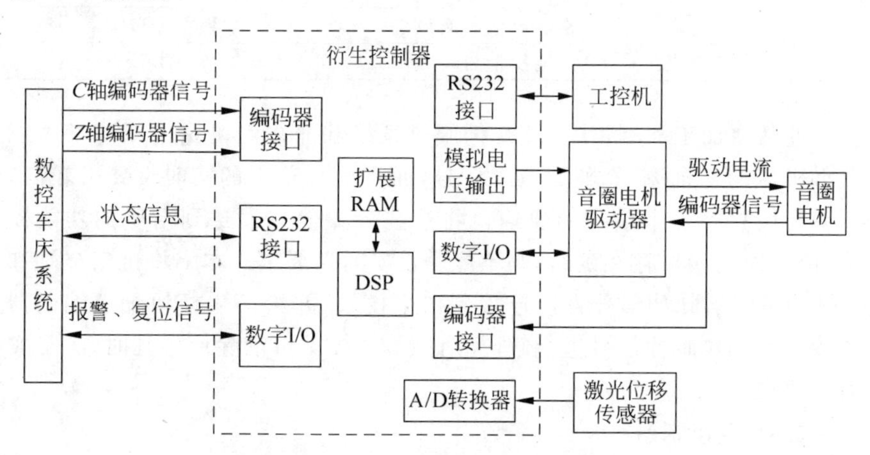

图 2.10 衍生控制器功能框图

2.2 衍生控制器硬件设计

2.2.1 编码器接口电路

目前在伺服控制系统中使用最广泛的位置反馈元件是增量式正交编码器，它可以检测旋转或直线运动的位置和速度。本书所设计的控制系统在检测机床各个轴向的位置时均采用了这种传感器。当机床运动时，正交编码器的信号如图 2.11 所示。

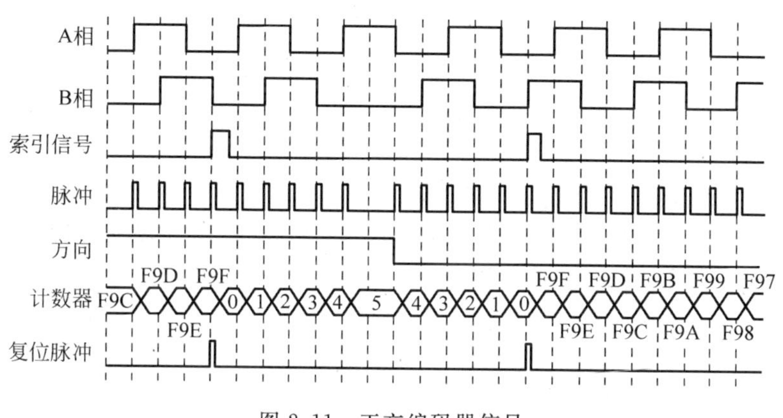

图 2.11 正交编码器信号

正交编码器有两路脉冲信号，即图中的 A 相和 B 相，信号中每个脉冲代表一定的线位移或角位移。两路脉冲信号的相位差为 $\pi/2$，即 1/4 个周期，当位移为正时，A 相信号领先，反之则 B 相信号领先，这样根据两者的相位差就可以判断主运动的方向。另外在固定的位置或角度上，正交编码器还会给出一个索引信号脉冲，这个位置或角度可以作为绝对零点使用。

要利用正交编码器检测位移，首先使用一定的硬件电路对 A 相和 B 相信号进行处理，得到脉冲和方向信号。根据 A 相和 B 相的相位差关系可以得到方向信号，正向运动时为高电平，反向运动时为低电平。计数器在对脉冲信号进行计数时会根据方向信号来确定计数为减计数或加计数。计数器最常用的计数方法是图中的 4 倍频法，即在 A 相和 B 相脉冲的上升沿和下降沿各产生一个计数脉冲，这样实际的位置分辨率实际上是原脉冲信号的 4 倍。当索引脉冲出现时，正交编码器接口电路中产生一个复位脉冲时计数器清零。这样只要读出计数器的数值就可以得到编码器的当前位置。

TMS320F28335 有两路片上 QEP 模块，完成上述的解码和计数过程，因此可以直接和正交编码器连接，衍生控制器的编码器接口 1 和 2 就使用这两个模块实现。但由衍生控制器的功能分析可知，控制器还需要再扩展一个编码器接口，本书使用正交解码/计数芯片 HCTL-2032 实现编码器接口 3。HCTL-2032 芯片具有正交解码器和 32 位双向计数器，能够完成上述的解码和计数过程。DSP 可以通过芯片上的 8 位并行数据总线读取计数器的数值。HCTL-2032 工作频率 33MHz，由于机床 Z 轴的运动速度较慢，所以可以满足系统要求。使用 HCTL-2032 扩展的编码器接口电路如图 2.12 所示。

图中电路使用了差分线接收器 AM26LS32ACN，它的功能是把来自正交编码器的差分信号转换为单端信号，然后接入 HCTL-2032 的信号输入端，由 HCTL-2032 进行解码和计数；HCTL-2032 的 8 位数据接口 D0～D7 连接到 DSP 的数据总线，控制接口连接到 DSP 的地址总线，在连接完成后 HCTL-2032 的计数器在 DSP 的地址空间中就有了固定的地址，DSP 根据这个地址就可以读取编码器的位置信息。另外，DSP 的数字 I/O 接口 GPIO14 接到 HCTL-2032 的异步复位端，DSP 可随时通过此接口清零计数器。HCTL-2032 的工作时钟由 DSP 的 XCLKOUT 信号提供，此信号频率为 DSP 时钟频率的 1/4，即 37.5MHz。通过将 HCTL-2032 的 EN1 和 EN2 脚接地把计数模式固定为 4 倍频计数。

2.2.2 D/A 输出电路

衍生控制器的 D/A 输出电路采用了芯片 DAC7731 作为数模转换器。DAC7731 是 16 位数模转换器，它的输出电压可以通过芯片引脚设置为±10V，±5V 或 0～10V，而本书中选择的音圈电压驱动的模拟电压输入范围为±10V，因此可以直接连接。DAC7731 内部采用 R-2R 梯形电阻网络产生输出电压，因此输出电压建立时间很短，仅为 5μs，这也符合系统的实时性要求。DAC7731 配备有标准的 3 线 SPI 接口，通过它可以实现与 DSP 的数据传输。衍生控制器的 D/A 输出电路如图 2.13 所示。

因为 TMS320F28335 的数字接口电平是 3.3V，而 DAC7731 为 5V，所以图中采用了 3 态总线接收器 74HC245 进行 3.3V 到 5V 的电平转换。DAC7731 的控制信号包括复位电压选择信号 RSTSEL、复位信号 $\overline{\text{RST}}$、DA 寄存器载入信号 LDAC 和片选信号 $\overline{\text{CS}}$，这些信号都通过 74HC245

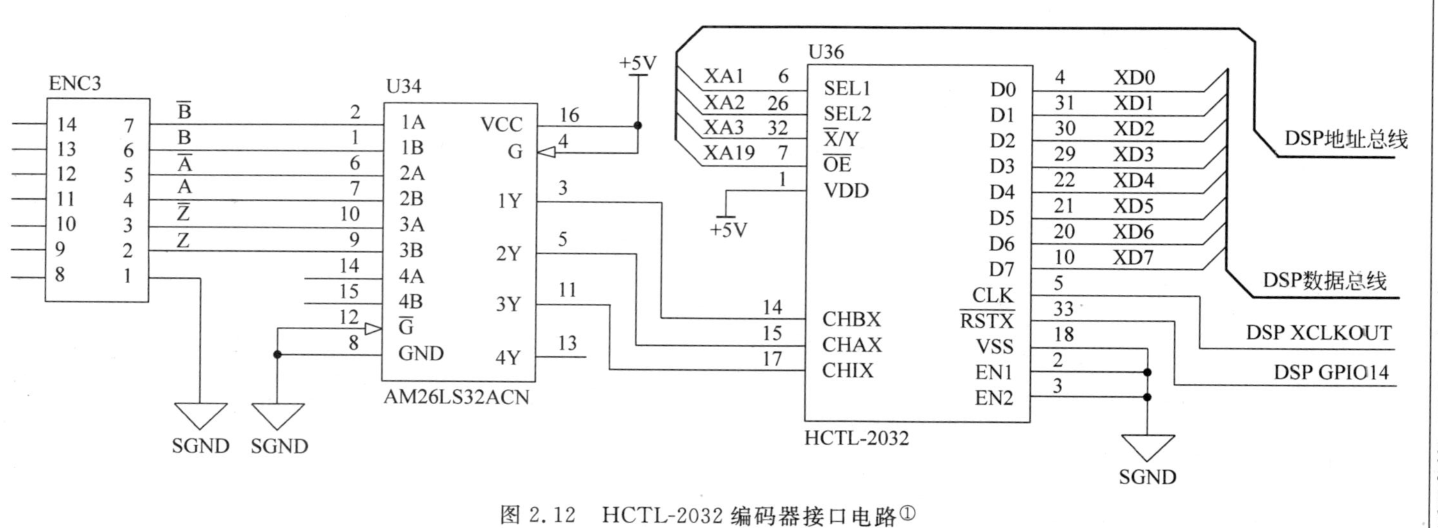

图 2.12 HCTL-2032 编码器接口电路①

① 本书中电路图均为仿真软件画图，采用软件默认的国际标准，未改为国家标准，请读者注意区分。

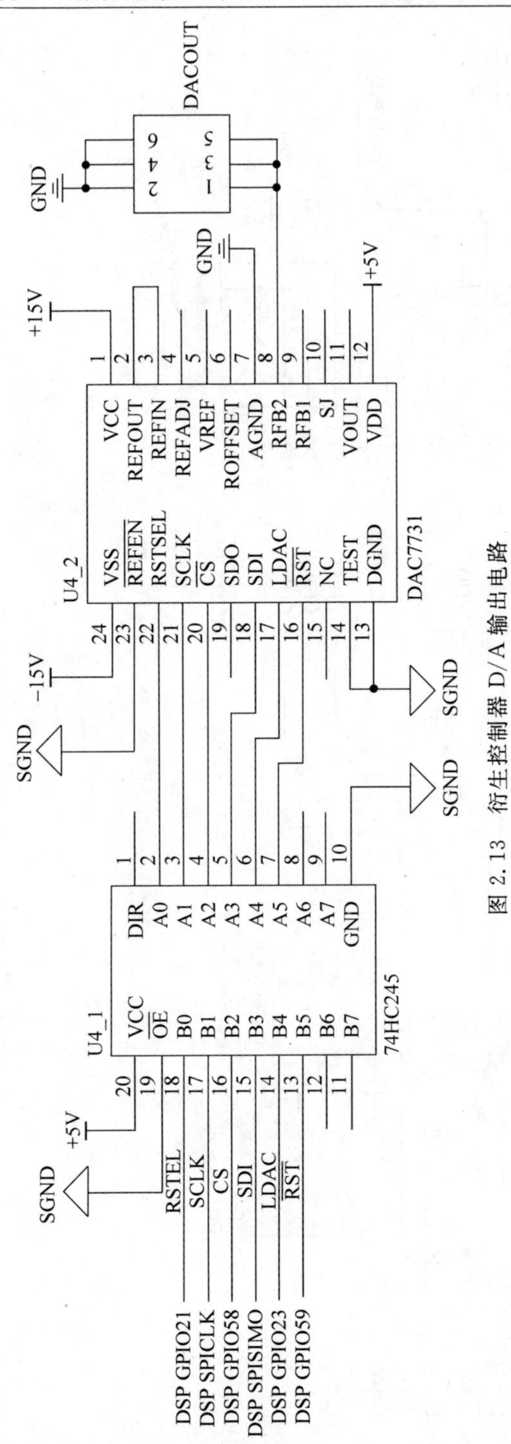

图 2.13 衍生控制器 D/A 输出电路

连接 DSP 的 GPIO 接口，这样就可通过 DSP 来控制 DAC7731 的复位、电压输出等操作。D/A 输出的数据通过 DSP 的 SPI 接口传输到 DAC7731，由于信号是单向传输的，图中的电路只使用了 SPI 接口中的串行时钟接收端 SCLK 和串行数据输入端 SDI 两个管脚，它们分别连接到 DSP 的数据输出端 SPISIMO 和串行时钟端 SPICLK。TMS320F28335 的 SPI 接口的波特率最大可达 9Mbps，传送 16 位 D/A 数据需要的时间不到 2μs，可以满足系统的实时性要求。

2.2.3 RS-232 接口电路

衍生控制器的 RS-232 接口电路如图 2.14 所示。

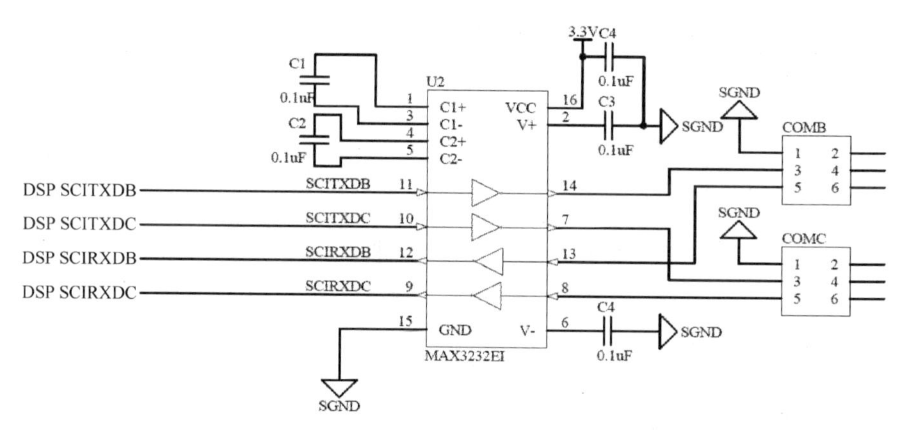

图 2.14　衍生控制器 RS-232 接口电路

与衍生控制器连接的工控机和数控系统都配备有 RS-232 接口，在衍生控制器上实现 RS-232 接口后可以方便与它们连接，RS-232 接口的最大传输距离为 15m，能够满足系统要求。TMS320F28335 的 SCI 接口通信协议与工控机和数控系统的串口一致，但信号电平不同，SCI 接口的输出电平为 3.3V，而 RS-232 接口为 −15V～+15V，因此需要使用 MAX3232 芯片把 SCI 接口转换为 RS-232 接口标准电平。MAX3232 有两路接收器和发送器，图中使用它实现了两个 RS-232 接口，分别对应于 TMS320F28335 的 SCI 接口 B 和 C。

2.2.4 A/D 转换电路

本书所选用的激光位移传感器共有 3 种测量值输出方式：模拟量输出(电压输出和电流输出)、数字并行输出和串行口输出。若采用数字并行输出，需要占用DSP较多的GPIO口，而采用串行口输出的话又不能保证输出速度，因此在设计电路时采用了模拟量输出方式。在模拟量输出方式中，电压信号容易受到导线压降的影响，传输距离较远时信号易受到干扰，所以本章选用电流输出方式。位移传感器的电流输出范围为3.6～20.4mA。

为了使用TMS320F28335的ADC模块读取传感器的测量值，必须将传感器的电流信号变换为电压信号，其转换电路如图2.15所示。图中，来自传感器的电流信号流过精密电阻R15，在它的两端产生0.27～1.5V的电压，使用运算放大器对其放大两倍后，电压范围为0.54～3V，此电压连接到DSP的ADCINA0端，由TMS320F28335的片上ADC对其进行采样和A/D转换，即可得到传感器的测量值。

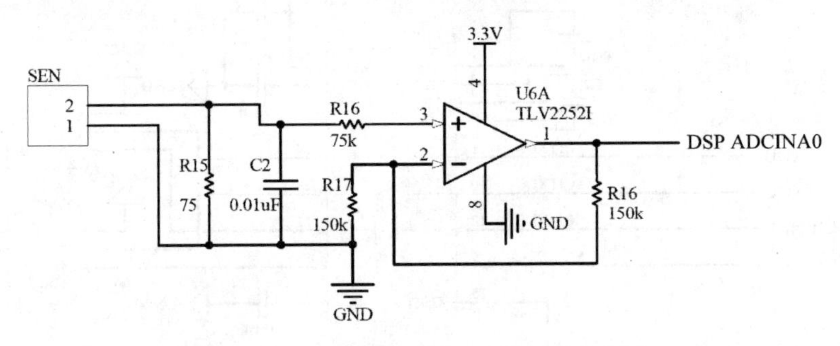

图2.15　位移传感器电流/电压转换电路

2.2.5　数字I/O电路

数字I/O电路用来连接音圈电机驱动器和数控系统，用来传输实时性要求较高的命令和状态信息。如前所述，TMS320F28335的GPIO输入输出电平为3.3V。而驱动器和数控系统的输入输出电压为24V，因此采用光电耦合器来进行电平转换，使用光耦还可以在控制器电路和驱动器及数控系统电路中实现光电隔离，防止驱动器和数控系统电路中的干扰信号影响控制器。数字I/O电路如图2.16所示。

图2.16(a)所示为数字输入电路，图2.16(b)所示为数字输出电路，由于TMS320F28335的GPIO电路的输出电压和电流都很小，若直接用来驱动光耦中的发光二极管则会使GPIO电路过载，降低DSP的使用寿命，因此在电路中使用了NPN三极管Q1驱动发光二极管。

以上介绍了衍生控制器各电路模块的设计，最终制作完成的衍生式控制器电路如图2.17所示。

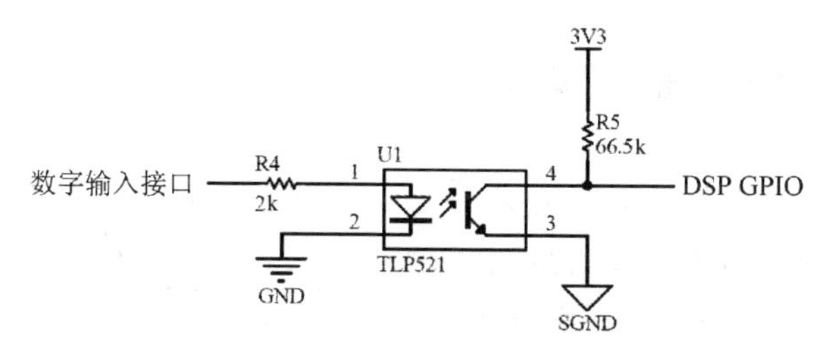

(a) 数字输入电路

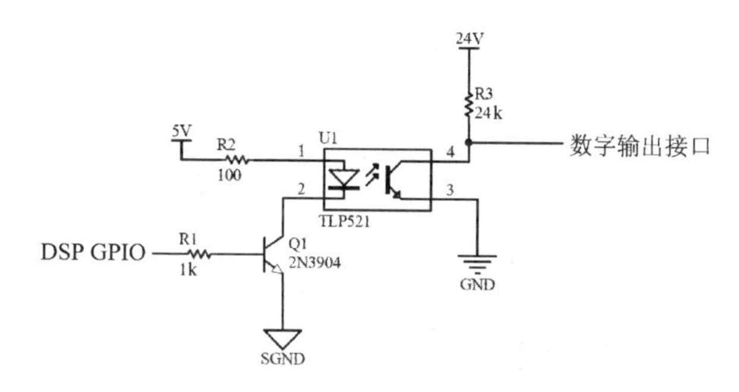

(b) 数字输出电路

图 2.16　衍生控制器数字 I/O 电路

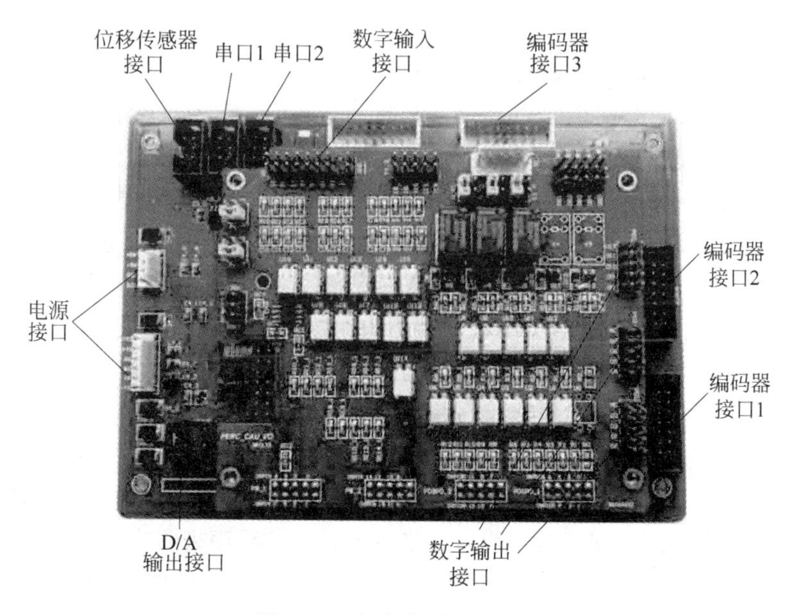

图 2.17　衍生控制器电路板

2.3 衍生控制器软件设计

衍生控制器的软件首先必须满足直线伺服子系统的硬实时性要求，为了提高软件的开发效率、保证软件的可靠性，本章提出了时间触发分层状态机的软件设计模式，下面首先介绍其原理。

2.3.1 时间触发模式

实时控制系统对软件通常有两个要求，一个是要求程序的运行速度足够快，另一个更为重要的要求是运行的确定性，也就是说，实时系统要求某段程序必须在规定的时间内完成或者精确地按照一个固定的周期执行。有时实时系统必须在一个固定的时间段内完成某一段程序，这种系统称为硬实时系统[106]，衍生控制器就是一个硬实时系统，它的一些操作(如音圈电机的控制操作)必须按照精确的控制周期执行。

1. 传统编程模式的缺点

在开发嵌入式软件时，最基本的软件模式是超级循环模式，一般的可编程控制器程序就采用这种模式。使用这种模式时，整个程序是一个循环结构，程序初始化结束后循环就开始运行，在循环中按照一定顺序周而复始地执行各项操作，直到系统关机[106,107]，其流程如图 2.18(a)所示。基于超级循环模式的软件结构简单，便于编写和调试。在超级循环机构中，循环执行的时间主要由程序的长度决定，每次修改程序后，系统的控制周期就会改变，而且由于程序中存在分支结构，即使不修改程序的情况下，每个控制周期的长度也是不同的。由于这个原因，超级循环结构不具备在预定时间间隔执行某个操作的机制，即不能满足实时系统要求的精确定时要求，而且超级循环结构也不能对系统中发生的各种情况做出及时反应[108]。因此，衍生控制器软件不采用这种程序模式。

为了及时响应系统的内外部事件，目前的嵌入式软件最常用的模式是事件触发模式，也就是前后台模式。这种模式在主程序循环里运行前台任务，当系统出现内部或外部事件时，就暂停前台程序的执行，转而执行后台的事件服务程序对事件进行处理，处理完毕后再返回前台程序[109]，在嵌入式软件中，一般通过多级中断服务程序来实现事件触发，如图 2.18(b)所示。中断是一种硬件机制，用来通知处理器发生了一个事件。在多级中断的嵌入式程序中，通常用高优先级中断来完成实时性要求较高的任务，而把其他任务安排为低优先级中断；由于低优先级中断

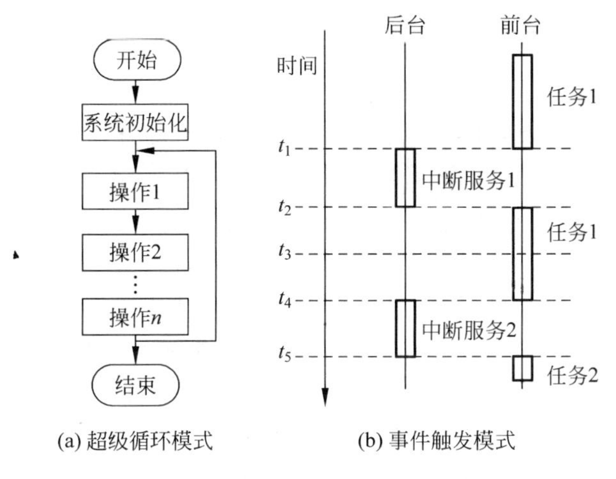

图 2.18　传统的嵌入式软件模式

可以被高优先级中断打断，在多个中断同时出现的情况下，某些中断的响应可能被延迟甚至忽略，而且在系统存在多个中断时，程序也不可能对所用的中断组合做出正确的处理。这种需要同时处理多个事件的情况，增加了事件触发程序的复杂性，而且使软件的行为变得不可预测，降低了软件的可靠性[110,111]。

2. 时间触发模式

上述事件触发系统结构的主要替代方案是时间触发结构（Time-Trigged Architecture，TTA），这种系统结构由 Kopetz Hermann 提出[108]，由于这种方法能够改善可靠性和安全性[112,113]，因此在可靠性要求较高的工业部门得到了广泛的应用。文献[114]和[115]讨论了时间触发协议在车载控制网络中的应用；文献[116]提出了一种基于触发模式的车载控制系统优化方法，改善了车载控制系统中的资源和任务分配及报文路径状况；文献[117]基于时间触发模式提出了一种用于农用车的电子系统结构，提高了农用车的安全性能；文献[118]将时间触发模式用于足球机器人的控制；文献[119]把时间触发以太网应用于民用飞机的分布式综合模块化机载电子系统中；文献[120]研发了基于时间触发的起重机力矩限制器软件系统；文献[121]和[122]将时间触发模式和事件触发模式结合起来，提出了用于数控系统的混合任务调度策略。从时间触发结构的应用情况可知，利用它来研发衍生控制器的软件系统，能够满足系统的硬实时要求，而且可以提高系统的可靠性，保证系统安全。

时间触发模式的核心思想是减少系统中中断源的数目，原则上只允许系统有一个中断，即定时器中断，使用这个定时器中断为软件系统建立一个全局时间基准[123-125]，这样就使控制软件有了一个固定的控制周期。在全局时基的基础上，再建立一个合作式的任务调度器[126,127]，通过任务调度器来调度执行系统的各项任务。基于全局时间基准，处理器的处理时间被按照固定的时间间隔划分为若干段，每段时间的长度就是控制程序的控制周期 T，如图 2.19 所示。软件系统的各个任务模块只能在这些固定的时间段内运行。当一个任务完成时，任务调度器将下一个任务调入执行，而任务的切换也只能在这些固定的时间点上发生，这样就保证了在任意时刻，系统中只有一个任务处在活动状态，避免了事件触发模式中多个中断同时出现的情况，可以使程序的复杂程度大幅度降低，从而实现简洁的程序结构，同时提高了系统行为的可预测性，使系统变得安全可靠[128-130]。同时，有了一个确定的控制周期后，实时控制程序中的控制参数也可以有一个确定的值，这样可以提高控制程序的编程效率和运行速度[108]。

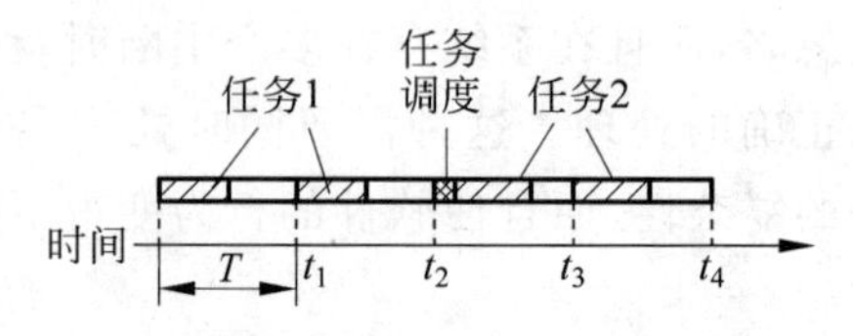

图 2.19　时间触发模式原理

要实现上述时间触发的软件模式，一个重要的原则就是每一个任务的执行时间都不能超过系统的控制周期 T。在衍生控制器中，存在着一些需要运行时间较长的任务，如大量数据的接收或发送等，这样的任务显然不可能在一个控制周期内完成。解决上述问题的方法有两种，一个是使用多级任务，另一个是使用多状态任务[131]。多级任务就是把一个较长的任务分解为一系列顺序执行的非常短的任务；多状态任务则是将任务划分为多个状态，根据系统状态的不同执行不同的操作。这两种方式相比，多状态任务具有较多的优点，由于根据系统状态的不同执行不同的代码，多状态任务比多级任务更为灵活，因为根据状态的变化可以实现任意的执行顺序，而多级任务的执行顺序是固定的。另外，如果需要对程序做出修改，在使用多状态任务时，可以通过增加状态来增加程序功能，还可以通过改变状态序列来改变程序的执行顺序，从而使程序实现新的功能，因此，多状态任务的可扩展性也优于多级任务。因此，本书使用分层有限状态机(Hierarchical Finite State Machines，HFSM)实现软件系统的建模和分解，2.3.2 节将介绍其原理。

2.3.2 分层有限状态机

1. 软件结构的评价指标

在嵌入式程序的设计中，为了充分利用现有的硬件资源，必须使用一种有效的软件结构。所以在编写软件时需要使用较好的系统建模和抽象方法，这样能显著提高编程的效率和质量。另一方面，使用好的建模方法也能够使软件的实现和维护变得方便。

为了提高嵌入式软件的开发效率和处理日益增长的程序复杂程度，人们开发出了很多种系统建模方法。但由于每一种建模方法各有利弊，在选择编程机制时，开发者往往必须在易用性和效率之间寻找平衡。系统建模方法可以使用一套定性和定量的指标进行评价，这些指标可以帮助开发者选择一种适合他们所开发程序的系统建模方法。这些指标包括可用性、可读性、模块性、可靠性和高效性[132]。系统建模和抽象方法必须满足这些指标，才能给软件的设计和实现带来方便。

(1) 可用性。一种软件抽象方法应该帮助设计者用一种标准化的语法来对实际的问题进行明确描述，这种语法和代码结构应该给开发者提供一种简单和高效率的方式来帮助开发者理解和明确描述手头的问题。而且，使用这种方式得到的理论描述应该能够方便地转化为实际的软件实现。

(2) 可读性。一种好的软件系统抽象方法应该能够提供一种好的软件结构，这种软件结构要能够提高最终生成的代码的可读性，这样可以更好地防止代码错误。

(3) 模块性。模块化程序设计使程序的合作开发成为可能并加快了开发的效率。并且，这使一些程序子模块应用于其他项目成为可能。

(4) 可靠性。一种好的系统抽象方法能够帮助开发者在开发过程中发现并消除无效的系统行为。这样可以使实现后的嵌入式软件能够避免系统错误，或者能够自动从错误中恢复。

(5) 高效性。为了能够充分利用现有的资源，最终产生的代码应该具有最小的内存占用和最短的运行时间。

分层有限状态机(Hierarchical Finite State Machines，HFSM)是一种能够很好地符合上述指标的系统建模机制。下面对其原理进行介绍。

2. 有限状态机

有限状态机(Finite State Machine，FSM)是一种表达时序逻辑系统的描述方法，它经常用于表达计算机科学中的各种算法，也经常用在数字电路设计中。在嵌入式程序设计中,有限状态机是一种很常用的机制,因为有限状态机非常符合嵌入式软件的周期性结构,所以使用它对系统进行建模后,很容易能把系统的理论描述转化为软件实现[133]。而且,基于有限状态机对系统进行抽象,可以很容易地把较复杂的算法分割成很小的任务段,这样便于程序的开发和测试[134]。一个典型的有限状态机 M 可以用状态图表达,也可以使用下面的五元组公式描述[135]。

$$M(\Sigma,Q,q_0,\delta,F) \tag{2-2}$$

式中,Σ——状态机的输入字母集,它包含一组有效地输入事件;

Q——系统状态的集合;

q_0——系统的初始状态,$q_0\in Q$;

δ——系统状态转移函数,$\delta:Q\times\Sigma\rightarrow Q$;

F——系统终止状态的集合,$F\subseteq Q$。

在一般的嵌入式系统变程中,往往使用流程图来表达程序的算法,典型的流程图结构有顺序结构、分支结构、循环结构等几种,如图 2.20 所示。在衍生式控制器软件中,有时需要按照确定的顺序执行一系列的操作;有时需要根据工控机和数控系统的指令或传感器的反馈信息执行不同的操作;而有时又需要重复执行相同的操作,如向工控机发送多个传感器的数据点,因此这几种典型的程序结构都有所应用,适当地结合这几种典型结构,就可以实现任何复杂的算法。

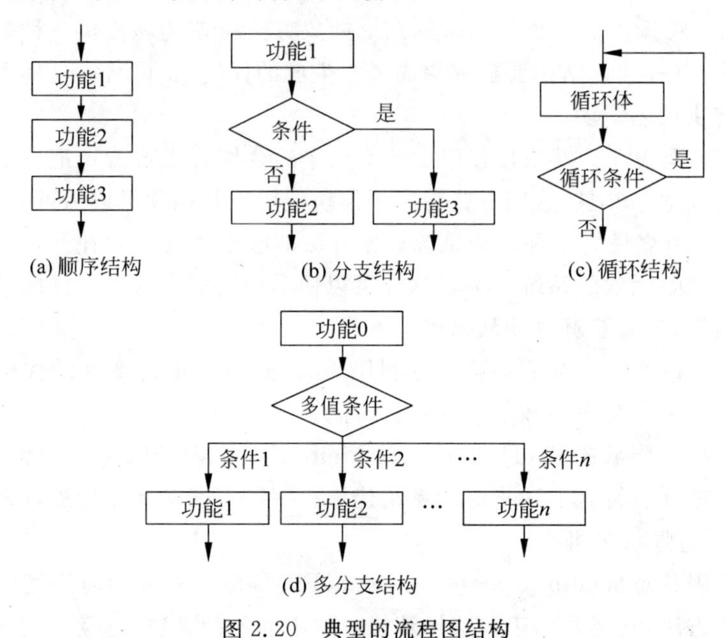

图 2.20 典型的流程图结构

在有限状态机结构中，程序的执行过程可以视为状态机在不同的状态之间进行转移的过程。在满足一定的条件时，状态机就从一种状态转移到另一种状态[136]，在衍生控制器中，这些转移条件通常包括工控机的输入指令、数控系统的输入指令、内部程序的执行结果以及系统的全局时钟信号等，这些转移条件的集合就是式(2-2)中的有限集合 Σ。当状态机的当前状态 $q\in Q$ 一定时，对于确定的转移条件 $x\in\Sigma$，状态机就会转移到由状态转移函数 δ 确定的另一个状态。在使用 C 语言编程的条件下，系统的状态可以用枚举数据类型 enum 表示，而状态转移函数可以简单地通过 switch 语句实现。根据有限状态机原理，如果把图中表示一种功能或程序段的方框视为状态机的状态，则典型程序结构就可以用状态图表示[137]，如图 2.21 所示。

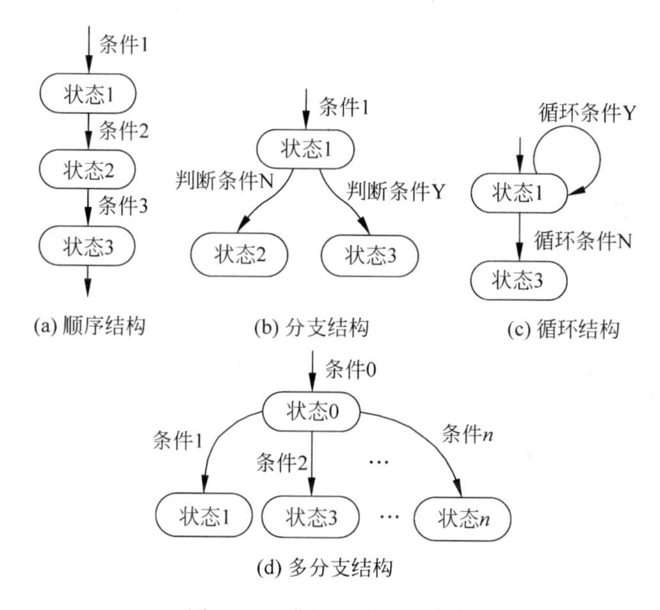

图 2.21 典型的状态图结构

如图 2.21(a)所示的顺序结构中，每个状态对应于图 2.20(a)中的一个功能，每个状态运行结束后就进入下一个状态，即前一个状态完成就是转移到下一个状态的条件。图 2.21(b)所示的分支结构中，根据判断条件是否为真，分别转移到状态 3 或状态 2。图 2.21(c)所示的循环结构，状态 1 相当于循环体，循环条件成立时，从状态 1 出发转移到自身，若循环条件不成立，则转移到状态 3，循环结束。这样，典型的程序结构都可以使用有限状态机表示，也就是说所有的嵌入式程序都可以使用有限状态机进行建模。

3. 分层有限状态机

对于复杂的嵌入式软件，可以使用分层有限状态机建模，分层有限状态机是一种把较大状态机分解为多个子模块的概念。这种分解在数学角度来说，就是把整个状态机描述为多种个子状态机的集合[138-139]，即

$$M_{\text{Hierarchical}} = \{M_0, M_1, M_2, \cdots, M_n\} \tag{2-3}$$

式中，M_0 是整个系统的顶层模块，它包含了整个应用程序在启动后的第一个入口。

从基本状态机的数学表达式(2-2)可以得到分层有限状态机的数学描述为下面的七元组公式：

$$M_i(\Sigma_i, Q_i, q_{0i}, F_i, T_i, \delta_i, \delta_{\text{sub}i}),\quad i \in [0, n] \tag{2-4}$$

式中，T_i——第 i 个子状态机的入口状态集合，$T_i \subseteq Q_i$；

$\delta_{\text{sub}i}$——子状态机之间的转移函数，即 $T_i \times \Sigma_i \rightarrow T_j$，$j \in [0, n]$ 且 $j \neq i$。

从式(2-4)可以看到，每一个子状态机需要都必须定义一组状态，这组状态允许从其他子状态机跳转到当前子状态机，或者从当前子状态机跳转到其他子状态机。同时，还需要定义一个转移函数定义各子状态机之间的程序流，分层有限状态机的结构如图 2.22 所示。

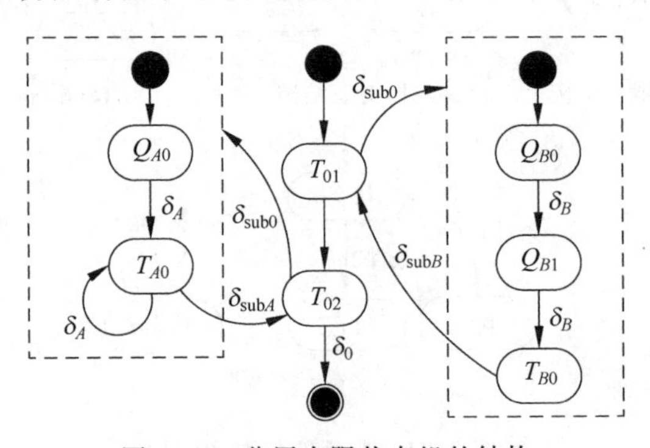

图 2.22 分层有限状态机的结构

使用分层有限状态机构成的嵌入式软件系统由多个独立的子模块组成，这些子模块需要通过几个定义好的接口进行交互。在活塞车床衍生控制器软件时，使用分层有限状态机开发具有以下优点[105,140]。

1) 增加系统柔性

衍生控制器软件经常需要根据工控机软件和数控系统的指令来改变当前正在运行的程序，同时上位机程序又要求衍生控制器在不同的运行阶段提供不同的运行数据，而且在满足这些要求时，由于系统的硬实时性要求，又不能使用占用硬件资源较多的实时操作系统。若使用分层有限状

态机来实现，那么在控制器程序内存中，同时存在着一些并行的软件模块，但在某个时刻又只有一个模块处在运行状态，前述的顶层有限状态机 M_0 就可以实现适当的软件模块的选择。另外，如果需要扩展或改变程序功能，只需要在子状态机中加入新的状态、修改状态转移函数或者增加新的子状态机，而不影响到其他子状态机实现，这样就可以大大增加系统的柔性。

2）模型分解

由于对衍生控制器的多个功能要求，使衍生控制器软件的复杂程度大大增加。为了实现这个复杂的软件系统，最好的方法是把整个程序分解为若干小程序段，这些小程序段能够简单地实现和维护。但在典型的嵌入式系统中，由于不同程序段之间的耦合度较强，这种模型分解可能很难实现。一个基于分层有限状态机的应用程序可以方便地实现模型的分解，同时又保证了分解后的单个状态的代码能够在系统规定的一个控制周期内运行完毕。所以衍生控制器的每一个软件模块可以实现为一个子状态机的形式，这些子状态机又可以统一地由顶层有限状态机来调用，这样为实现软件系统的模型分解提供了有效的方法。

3）驱动的实现

由于在分层有限状态机中，各个子状态机之间只能通过预先定义好的接口进行交互，因此软件模块之间的耦合度大大下降，所以每个模块都能够简单地实现移植和重用。衍生控制器需要实现对一些硬件设备的控制，如 SCI 接口、D/A 转换器、位移传感器等。基于分层有限状态机结构，可以把这些硬件设备的驱动代码封装成子状态机的形式，这样它们就可以很方便地提供给其他软件模块使用。所以分层有限状态机是一种很适合实现衍生控制器软件的程序结构。

2.3.3 时间触发的分层有限状态机

事件触发模式下，前述的有限状态机根据系统发生的各种内部或外部事件来改变状态，当有特定事件发生时，如果满足一定的转移条件，状态机就会在状态转移函数的控制下从一种状态切换到另一种状态，即系统的状态转移在引发状态转移的事件之后立即发生。根据 2.3.1 节所述，在系统存在多个中断源，且中断的优先级不同，如果状态转移函数的运行过程被高优先级的中断源打断，那么分层有限状态机很可能会出现状态错误，这样系统就会出现不可预测的行为。

为防止这种情况发生，保证软件的实时性和可靠性，本节把前述的时间触发模式和分层有限状态机结合起来，这就相当于把系统的全局时钟作为系统唯一的中断源，系统中的每个子状态机都把全局时钟消息作为它的状态机的输入字母集 Σ 的一个元素，同时作为状态切换的必要条件，这样状态机的状态转移函数只在系统时钟规定的时间点上运行，即系统的状态切换只有在每个控制周期开始或结束时才能发生，这既满足了系统的实时性和可靠性要求，又使软件具有高度模块化和柔性化的结构，便于软件的实现、调试和扩展。

2.3.4 衍生控制器软件总体设计

1. 衍生控制器软件功能模块分析

衍生控制器是活塞车床衍生式数控系统的核心部件，系统的各主要部件都通过衍生控制器连接，系统中传递的各种命令和数据也通过它进行交换。根据之前所述的衍生式数控系统整体结构，衍生控制器的软件需要完成以下功能：

(1) 从工控机接收非圆活塞的形状数据并按照规定的数据结构保存在控制器的外部 RAM 中。

(2) 根据工控机指令，对活塞形状进行计算，将计算结果发送到工控机，由工控机软件进行校验。

(3) 根据数控系统的指令和运行状态，控制音圈电机跟随机床主轴和 Z 轴运动，完成活塞的切削加工过程。

(4) 根据数控系统指令和运动状态，控制激光位移传感器测量活塞截面，把测量的数据发送到工控机，由工控机软件进行计算处理。

(5) 根据工控机指令控制音圈电机手动，便于电机校准或对刀。

(6) 监测数控系统和其他部件的状态，完成错误处理和系统报警等操作。

根据以上的软件功能分析，衍生控制器软件的功能结构如图 2.23 所示。图中衍生控制器的软件从结构上看可以分为 3 层，即硬件抽象层、应用支撑层和应用层。软件的硬件抽象层包含软件中所有直接对硬件进行操作的程序模块，即硬件驱动程序。衍生控制器软件需要对多种硬件进行操作，这些硬件一方面包括 DSP 的各种片内外设，如 QEP 单元、GPIO 接口等，另一方面包括 DSP 外部的一些硬件单元，如外部 RAM、正交编码器接口单元等，这些硬件单元可以通过 DSP 的通信接口和 GPIO 接口进行操作。根据 2.3.1 节和 2.3.2 节所述，衍生控制器软件采用时间触发的分层有限状态机，根据时间触发模式的原理，软件中需要有一个全局时钟基准，这个全局时基可以使用 DSP 片内的定时器实现，因此在硬件抽象层还包含控制DSP的CPU定时器和响应定时器中断的程序。在软件的应用支撑层，对硬件抽象层的驱动程序进行了进一步封装：把与音圈电机和激光位移传感器相关的驱动程序组合起来，形成音圈电机运动控制模块和激光位移传感器控制模块；在SCI通信驱动程序的基础上，实现了活塞车控制系统各主要部件间的串行通信协议；其他一些需要在应用层直接操作的硬件组织为驱动程序接口模块；在定时器控制和中断服务程序的基础上实现了系统状态机的运行支持模块。软件支撑层的各模块都通过一组使用方便的数据和函数进行封装，方便应用层的各程序模块调用。软件的应用层是直接实现软件功能的部分，与前述的软件功能相对应，这一层包含活塞数据传输、数据仿真计算、活塞加工、活塞测量、音圈电机手动和报警及错误处理模块。

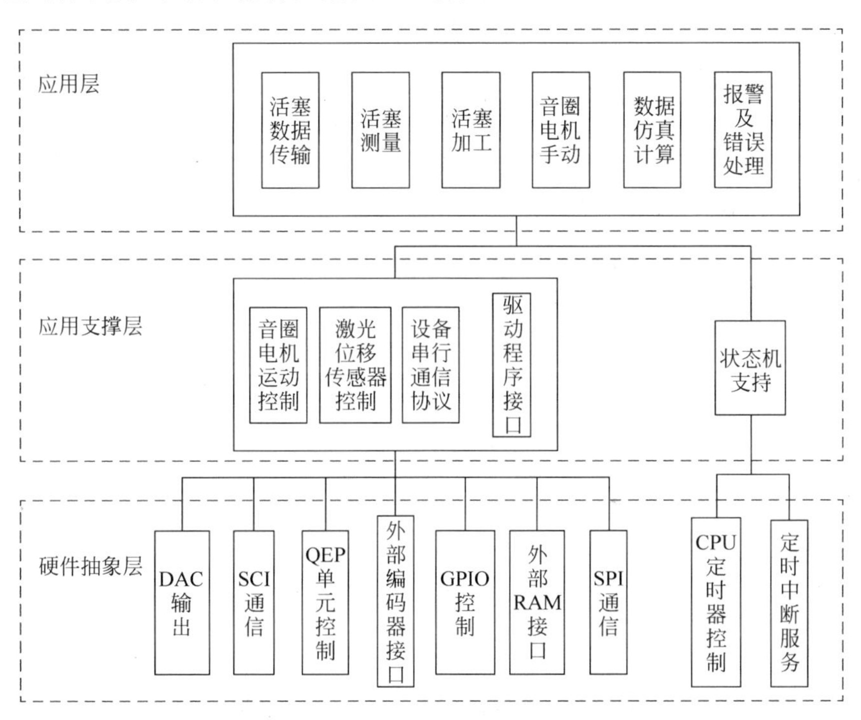

图2.23　衍生控制器软件模块结构

2. 顶层状态机

因为衍生控制器的软件系统采用分层有限状态机结构，由其原理可知，软件应用层包含的各个应用功能模块就构成了分层有限状态结构中的顶层状态机，每个功能模块对应于系统的一种状态，顶层状态机其状态图如图2.24所示。衍生控制器软件启动后首先进入顶层状态机的系统

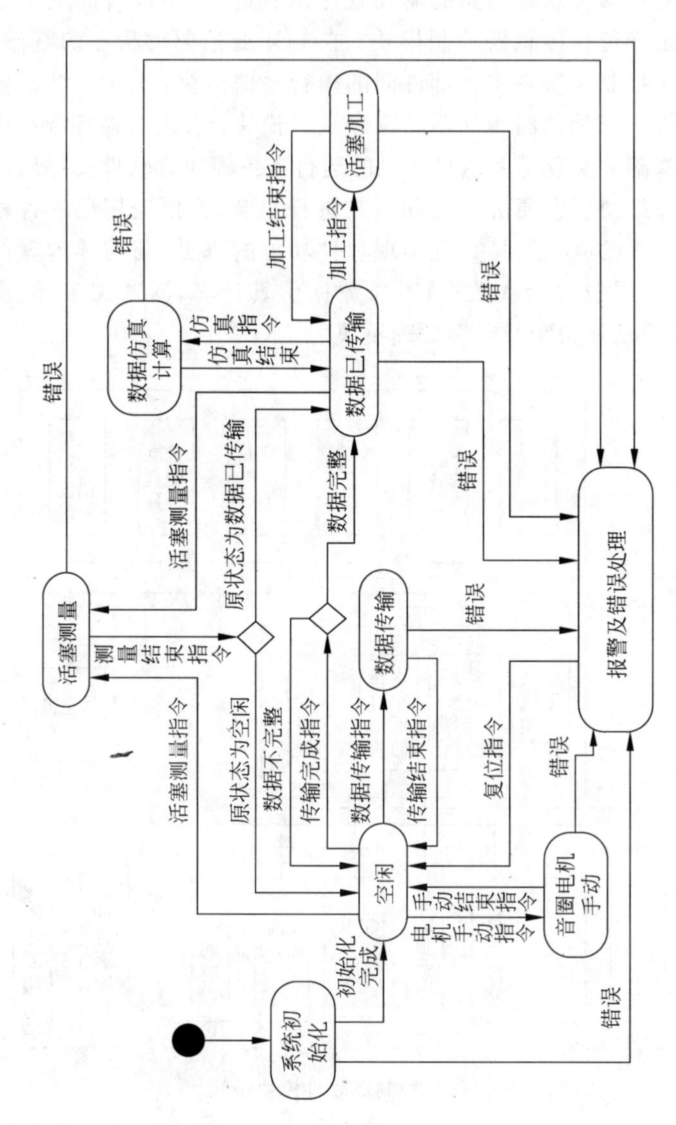

图 2.24 衍生控制器软件的顶层状态机

初始化状态，在这个状态下，软件主要完成系统的各种初始化操作，包括音圈电机的回零操作、衍生控制器与工控机和数控系统的通信检查等操作。初始化完成后，顶层状态机进入空闲状态，这个空闲状态在有限状态机结构中是必要的，当系统当前不进行操作时，顶层状态机就处在这个状态。在空闲状态下，衍生控制器等待数控系统或工控机的指令，再根据指令跳转到其他状态。若收到工控机的数据传输指令，则状态机进入到数据传输状态。在此状态下，衍生控制器通过串口接收工控机发来的活塞形状数据，并以数据表的形式保存在外部 RAM 中，供控制器在活塞加工状态时查询。工控机在发送活塞数据时是分段发送时，当一段数据发送结束时，衍生控制器收到传输结束指令，状态机回到空闲状态。当活塞数据全部传输完毕后，工控机发出传输完成指令，控制器收到此指令后就对 RAM 中存储的活塞形状数据进行检查，如果数据完整，则转移到数据已传输状态，否则，返回空闲状态。

顶层状态机的数据已传输状态和空闲状态基本相同，它只是标记在外部 RAM 中已经存储了完整的活塞数据，在此状态下可以进行数据仿真计算和活塞加工操作。如果在数据已传输状态下收到工控机的仿真指令，则转移到数据仿真计算状态，在此状态下，控制器根据工控机传来的命令计算指定截面上的轮廓数据并通过串口发送给工控机，由工控机软件对这些数据进行校验，以检验控制器中所存储数据的正确性。当轮廓数据计算结束且发送完毕后，控制器返回数据已传输状态。若在数据已传输状态下，控制器接收到来自数控系统的加工指令，则状态机进入到活塞加工状态。在此状态下，衍生控制器控制音圈电机配合数控系统，完成非圆活塞型面的加工。加工完成后，数控系统发出加工结束指令，控制器接到此指令后返回数据已传输状态。

在活塞测量状态下，衍生控制器读取活塞轮廓的半径读数，与机床主轴的角度坐标和 Z 轴的轴向位置坐标结合后就得到活塞表面一个点的三维坐标，控制器连续采集多个数据点的坐标并发送到工控机，工控机接收到这些坐标点后就可以对活塞的型线和椭圆轮廓误差进行计算和评定。由于在活塞测量时，衍生控制器只负责采集坐标数据和发送，不需要使用活塞的形状数据，因此状态机在空闲和数据已传输状态下，只要接到数控系统的活塞测量指令，状态机就进入到活塞测量状态。在测量结束时，数控系统发出测量结束指令，控制器接到此指令后首先判断状态机在进入活塞测量状态之前的原状态，根据此状态返回。在顶层状态机的空闲状态下，工控机可以通过向控制器发出电机手动指令使状态机进入活塞手动状态。在活塞手动状态下，控制器根据工控机的指令控制音圈电机运动，实现音圈电机的双向步进或定位到指定的坐标来完成电机的位置坐标校准或机床的对刀操作。

衍生控制器软件在运行时，任意一个模块发生错误，顶层状态机就进入到报警及错误处理状态。进入此状态后，控制器首先进行必要的报警和保护操作，如向数控系统和工控机发出报警信号、控制电机停止并返回安全位置等。完成这些操作后，状态机锁定在报警及错误处理状态，在用户排除故障后，通过数控系统的数字输出接口向衍生控制器发出复位命令，控制器接到此命令后返回到空闲状态继续运行。

3. 软件的主程序

如前所述，衍生控制器的软件采用时间触发的分层有限状态机模式，顶层有限状态机的每一个状态都是分层有限状态机的一个子状态机，软件在工作时，根据顶层状态机当前状态切换到相应的子状态机运行，每个子状态机又根据自己的状态变量的取值，完成对应的操作。由于使用时间触发模式，状态机的操作和状态切换必须由全局时钟控制，即状态机的各种操作都要在全局定时器的中断服务程序内完成。综上所述，衍生控制器软件的主程序流程如图 2.25 所示。

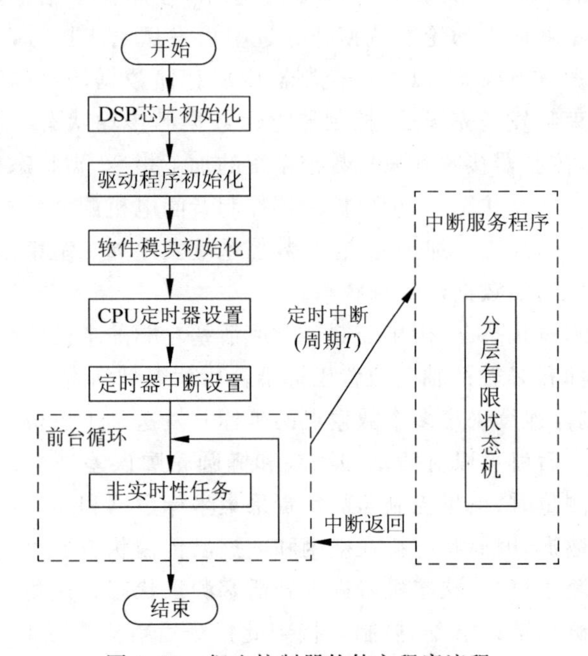

图 2.25 衍生控制器软件主程序流程

在控制器启动后，控制器主程序开始运行。在主程序中，首先完成DSP芯片本身的初始化工作，对TMS320F28335来说，这部分主要包括芯片锁相环(Phase-Locked Loop，PLL)、片上设备时钟的设置和DSP的设备中断扩展模块(Peripheral Interrupt Expansion，PIE)的设置。DSP芯片设置完成后，由软件硬件抽象层的驱动程序模块进行控制器的各硬件单元的初始化，每个驱动程序模块都开发了一个初始化函数，由它来设置硬件参数，所以主程序的这一部分只要调用各驱动程序模块的初始化函数即可。与驱动程序模块相同，软件应用层的各应用程序模块也都开发了一个初始化函数，它们的函数声明为void 模块名_Init()，这个函数用来设置应用程序模块变量的初始值设置，标志各模块状态的状态变量就在这里设置，在完成硬件的初始设置之后，主程序就调用应用程序模块的初始化函数来完成软件模块初始化。接下来，主程序对作为软件系统全局时钟的CPU定时器进行设置，将其定时频率设置为软件的控制器频率，此定时频率为0.1ms。然后主程序对定时器中断进行设置，即通过DSP的PIE模块把中断服务程序的入口地址与CPU定时器的中断连接起来。这些设置操作完成后，主程序就进入前台循环，这个循环在控制器工作的过程中一直运行，直到系统断电关机。由于前台循环的运行过程经常被全局时钟的中断服务程序打断，所以前台循环的循环体是软件中没有硬实时性要求的任务。

在主程序的前台循环运行的过程中，CPU定时器一直在进行定时操作，每当定时器溢出时就产生一个中断，系统随即跳转到定时器中断的服务程序，衍生控制器软件的主体部分就以分层有限状态机的形式在定时器的中断服务程序中运行，这样就可以保证状态机的所有操作和状态切换都在系统的控制周期间隔中完成，这也就满足了时间触发模式的基本要求。

2.4 本章小结

本章研究了非圆活塞切削数控系统的构成原理及衍生控制器的硬件电路和软件组成，主要内容如下：

(1) 对衍生式数控系统结构控制机理及特性进行了研究。在衍生式数控系统中，传统数控车床系统作为系统的一个独立的、具有高度自治性的智能部件，与系统中衍生的功能模块处于相同的控制层级，通过同步控制器实现系统各个子系统之间的同步控制。

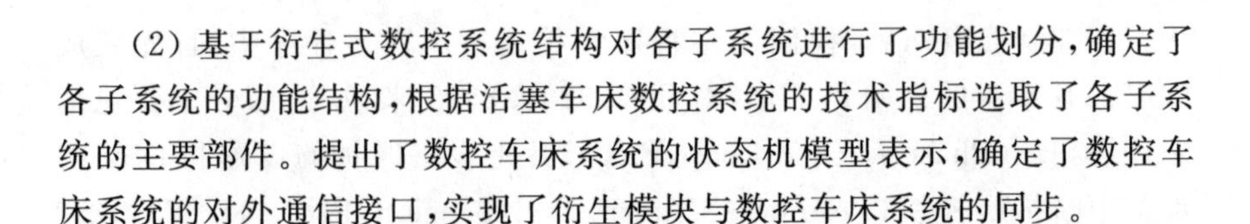

(2) 基于衍生式数控系统结构对各子系统进行了功能划分，确定了各子系统的功能结构，根据活塞车床数控系统的技术指标选取了各子系统的主要部件。提出了数控车床系统的状态机模型表示，确定了数控车床系统的对外通信接口，实现了衍生模块与数控车床系统的同步。

(3) 分析了衍生功能模块的控制要求，确定了衍生控制器的功能结构，进行了衍生控制器处理器芯片的选型，后续章节将完成衍生控制器的软硬件开发。

(4) 完成了衍生控制器硬件的设计，所研制的衍生控制器硬件具有4路正交编码器接口，用来连接机床主轴和 Z 轴以及音圈电机的位置反馈信号；两路RS-232接口与工控机和数控车床系统通信；一个16位D/A输出接口，用来向音圈电机输出速度控制指令；一个A/D转换电路来接收激光位移传感器的输出信号。

(5) 分析了传统嵌入式软件开发模式缺点，提出了时间触发分层有限状态机实时嵌入式软件设计模式，它在满足系统硬实时性要求的前提下使软件具有高度模块化和柔性化的结构，提高了软件开发、调试和扩展的效率，同时使软件在任意时刻的行为可以预测，提高了系统的可靠性和安全性。

(6) 利用时间触发分层状态机模式对衍生控制器软件进行了分析，建立了衍生控制器软件的分层状态机模型，开发了软件的顶层状态机来实现系统的同步控制功能。基于有限状态机结构开发了软件的子功能模块，完成了衍生控制器软件的开发。

第3章

伺服系统直线音圈电机的设计及试验研究

衍生式非圆切削刀具进给伺服系统中的直线电机是刀具进给伺服系统的主要部件，音圈电机（Voice Coil Motor，VCM）属于直线电机中的一种，因其原理与扬声器类似而得名。众所周知，传统的电机都是以输出扭矩做功的，并且所做的运动为旋转运动，要想应用在执行直线运动的场合，一般需要通过滚珠丝杠等中间转换装置，这就意味着在传统的数控车床等加工设备中，存在因滚珠丝杠等传动机构所带来的机械误差，而音圈电机作为一种新型微特电机，动子输出直线运动而非旋转运动，无须任何中间转换设备，直接带动负载实现直线往复，即直驱技术（Direct Drive），它与传统的伺服电机加滚珠丝杠的形式相比，具有零反向间隙、速度平稳、结构紧凑、定位精度高等优点，如果用到机床上，无疑会对机床的效率和性能有所提高[2]。

音圈电机具有结构简单、体积小、高速、高加速、响应快、高精度、易于控制等特性，被越来越广泛地应用到工业领域的各个方面中，取得了旋转电机所不能产生的良好效果。鉴于此，世界各国纷纷对其展开广泛研究，并取得了积极的研究成果和明显的经济效益，目前在欧美及日本该技术已经趋于成熟；我国由于起步较晚等原因还处于研究阶段[3]。为使读者更好地了解音圈电机在刀具进给系统中的作用，本章首先介绍刀具进给伺服系统的组成，而后介绍音圈电机相关的设计及试验研究。

3.1 非圆切削刀具进给伺服系统概述

大功率船用柴油机活塞加工用非圆车床的研制是在国家为打破依赖进口局面、实现关键技术突破的背景下提出的，也是在国内大型船舶、重型机车、汽车、航空航天、工程机械等重要行业的活塞加工领域迫切需要高速加工设备的推动下而确立的。

目前国外情况为20世纪90年代以来，欧、美、日各国竞相开发和应用新一代活塞加工车床，加快了活塞车床的高速发展步伐。主要生产厂家有美国的Cross公司、德国的Mahle公司和Weisser公司、日本的Takisawa公司、英国的BSA公司和AE公司。德国的Weisser公司产品水平最高，产品主要以大规格活塞车床为主；美国的Cross公司和日本的Takisawa公司以小规格为主，机床厂家规模较小。

国内情况是，近年来我国虽然通过产学研、合资合作、引进技术等渠道，使国产数控机床有了明显的进步，却大而不强。大功率船用柴油机活塞加工用非圆车床在大型船舶、重型机车、汽车、航空航天、工程机械等行业发挥着极为重要的作用，已成为国家重要的战略设备。但国内受高精度主轴、高频响大推力直线电机等先进功能部件的性能制约，在速度和精度等两项指标上与国外差距较大，且核心技术仍然掌握在发达国家手中，尤其是在高速度、高精度技术方面差距更大，已影响到国家行业安全。

目前，活塞车床主要以小规格活塞车床为主，切削直径ϕ550mm以上的大功率船用柴油机活塞加工用非圆车床国外尚未见到相关报道。

大功率船用柴油机活塞加工用非圆车床研究目标是研制生产具有国际先进水平的大功率船用柴油机活塞加工用非圆车床，在此基础上可延伸出系列中凸非圆活塞加工车床、活塞加工生产线。基本机型主要技术指标为：最大回转直径ϕ550mm；最大加工长度1000mm；长短轴最大变化量3.6mm；切削主轴最高转速1500r/min；主轴回转精度0.002mm；快速进给速度X/Z轴15000mm/min；刀塔直线电机重复定位精度0.0005mm；加工粗糙度0.8μm；使该产品实现精车中凸非圆活塞外圆加工功能，可实现同类产品替代进口。

非圆切削的关键部件之一是径向进给系统[1]，而非圆截面零件(活塞外圆异形)因为其独特的形状特征，给机械加工带来困难，型线越复杂、切削速度越高，对该进给系统的要求就越高，具体可概括为[141,142]：

(1) 高进给传动精度。切削时径向进给系统的传动误差将1∶1复制给被加工工件，若要获取精确的零件截面型线，则首先要有较高的系统传动精度。

(2) 高速响应能力。在普通零件切削加工中，进给系统或是静止不动或是保持匀速进给运动来完成切削加工过程。而非圆零件的切削，在机床主轴转一圈的一个切削周期中，其进给速度和加速度每个时刻都在发生变化，且随着零件截面型线曲率及主轴转速的增大而增大。因此，对非圆零件的切削加工，要求机床径向进给系统具有较高的切削频率响应能力，否则将会造成零件截面型线的失真。

(3) 高系统刚性。非圆切削时，进给速度在高速变化，往往会产生很高的加速度，由此将给系统产生巨大的动态负载。因此，需要进给系统有较高的刚性和抗动态负载的能力。

(4) 高可靠性和安全性。由于非圆切削进给系统作用有较大的动态负载，因此，无论是结构设计还是控制装置设计，均须注意系统的可靠性和安全性。

直线电机及其伺服驱动控制技术在机床进给上的广泛应用，使机床的传动结构出现了重大变化[9,143-148]。鉴于目前技术先进国家虽推出了各种高效能非圆切削数控加工系统，但价格昂贵。本书前章已经叙述将采用衍生式数控技术(Extracted CNC system，ECNC)[24-26]，衍生式数控系统设计思想为在普通数控切削系统的基础上衍生一个高速直线伺服电机单元，用于驱动刀具，并与原系统协调工作。专用数控系统作为一个独立的部件被应用，其结构和功能不变，而系统的网络和其他扩充功能则由衍生的功能部件承担，衍生的功能部件可相对独立运行。衍生式数控系统的非圆活塞切削系统的结构如图 3.1 所示。

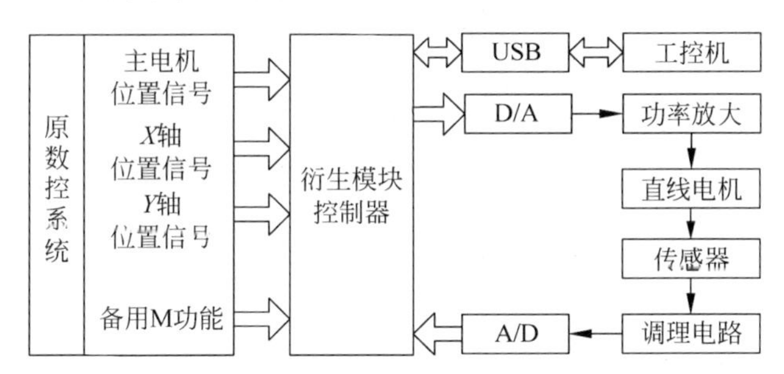

图 3.1 基于衍生式数控系统的非圆切削系统结构

衍生式非圆数控切削系统具备比原系统高很多的采样更新频率，用以控制高速直线电机。该系统在原有数控车床的基础上增加一个与 X 轴平行的高速直线位移伺服单元，形成 U 轴。工件轮廓确定后，U 轴的运

动轨迹由 C 轴和 Z 轴的位置确定，U 轴和 C 轴的插补形成 Z 向某一位置上工件截面的非圆曲线。因此，轴的运动必须和 C 轴、Z 轴同步，即 U 轴跟踪 C 轴和 Z 轴的位置而运动。C 轴和 Z 轴的实时位置信号由脉冲编码器获得，并送入衍生模块控制器，经过计算得到 U 轴的实时目标值（非圆截面的目标值）；U 轴的实际位置通过直线位置编码器测出，控制器计算出两者的偏差，并通过一定的控制算法得到控制信号，经功率放大器放大后控制直线电机输出所需要的运动。显然，衍生模块控制器系统是衍生式非圆数控系统的核心，除了实现跟踪 C 轴和 Z 轴并给出 U 轴控制信号外，还需实现和原有数控系统的通信、数据存储运算，并且通过接口和一台工控机连接，以获得加工目标点的位置数据，显示加工截面图形及实时误差值，供调试或监测。

实验室目前具有北京凯恩帝数控技术有限责任公司研究开发的 K1000M/M4 数控系统一套，包括主轴（C 轴）ZD100 伺服驱动器及主轴电机，Z 轴、C 轴 SD300 伺服驱动器及电机，主轴转速可达 6000r/min。K1000M（开放的 PLC）数控系统可以完成数控系统的编程和操作，实现数控系统具有的各种功能，我们可以在此数控系统上实现非圆截面零件加工中 Z 轴、C 轴、X 轴运动的控制，完成与衍生数控系统的同步与通信，实验室数控系统设备如图 3.2 所示。

图 3.2　数控系统设备

3.2　直线音圈电机运行原理

通过 3.1 节得知，音圈直线电机是非圆切削刀具进给伺服系统中重要的执行器，了解其原理，对后面章节的学习奠定基础。

3.2.1　电磁原理

由安培定理可知，处在磁场中的通电导体会受到电磁力而发生运动，这个电磁力就是我们所说的洛伦兹力，又叫安培力。音圈电机，其工作原理与扬声器类似，是利用安培力的电磁系统，通电线圈在磁场中会受到安培力的作用，力的大小与施加在导体上的电流成比例，从而使得通电导体受力发生运动，原理如图 3.3 所示。

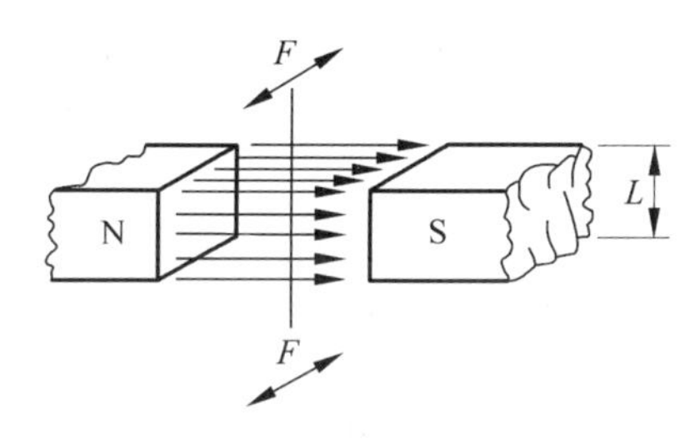

图 3.3　音圈电机电磁学原理

正是由于这样的安培力作用，所以多匝线圈绕组处在磁场中就可以输出直线位移，如图 3.4 所示就是一个矩形音圈电机的原理图，永磁体产生的磁力线通过气隙，形成气隙磁场，线圈垂直于气隙磁场放置，当线圈通电后，依据左手定则，可以判定线圈受力和运动方向，电机输出直线位移。

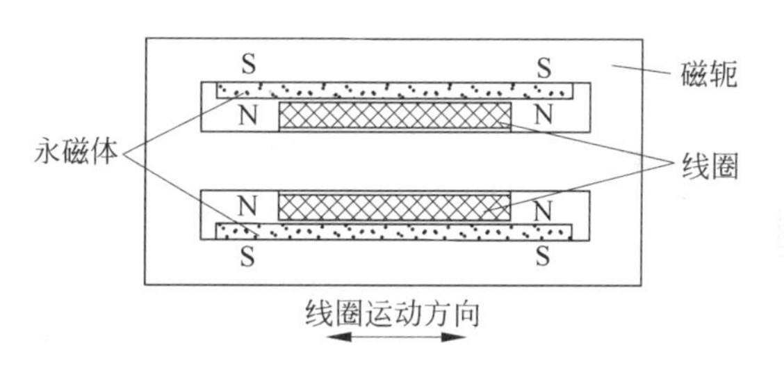

图 3.4　典型音圈电机原理图

力的大小与磁感应强度 B、电流大小 i 以及导体处在磁场中的有效长度 l 呈正比。对处于恒定磁场中的 N 匝线圈，其安培力表达式为

$$F = NBil \tag{3-1}$$

$$K_f = NBl \tag{3-2}$$

式中，K_f 为音圈电机的力常数，是音圈电机关键性能参数之一。

$$F = K_f i \tag{3-3}$$

由于音圈电机常采用永磁材料作为励磁，其中磁场可当作恒定磁场，因此式（3-1）可视为永磁音圈电机的电磁力表达式。

3.2.2　电压平衡方程

音圈电机又叫直线永磁直流电机，它是将电磁能转换为机械能的装置。音圈电机线圈通电以后，线圈磁场跟永磁体磁场发生相互作用，线圈受安培力产生移动，实现电磁力的输出，进而实现对外做功。因此音圈电机的电压平衡模型如图 3.5 所示。

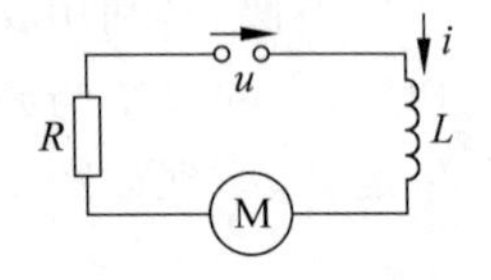

图 3.5　音圈电机电压平衡模型

电压平衡方程：

$$Ri + L\frac{\mathrm{d}i}{\mathrm{d}t} + E = u \tag{3-4}$$

式中，u 为电机外界所加电压，单位为 V；R 为线圈电阻，单位为 Ω；i 为线圈电流，单位为 A；E 为电机上反电动势，单位为 V。

3.2.3　动力学原理

音圈电机的动力学方程跟其具体应用的工况有关，例如，音圈电机用于直线压缩机中，那么它在振动工况下工作的机械振动力分析是极为复杂的，它包括非线性的气体弹簧、机械弹簧、活塞摩擦、支撑摩擦等力作用。但在一般情况下，音圈电机的负载可视作一个惯性负载，即动子质量与负载质量之和，那么结合音圈电机这一工作应用，可将其简化为质量-弹簧-阻尼单自由度机械位移系统，模型如图 3.6 所示。

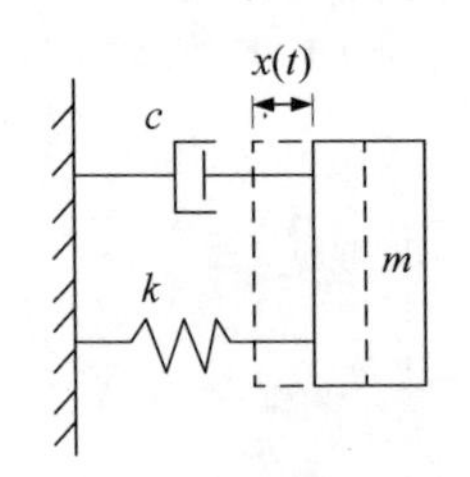

图 3.6　音圈电机单自由度机械位移模型

音圈电机力运动分析如图 3.6 所示，受力分别有电磁力、弹簧弹力、阻尼力。根据牛顿第二定律，机械位移系统的动力学微分方程为

$$m\frac{\mathrm{d}^2x(t)}{\mathrm{d}t^2} + c\frac{\mathrm{d}x(t)}{\mathrm{d}t} + kx = F_a + F_c + F_k = F \tag{3-5}$$

式中，

F——电磁力，单位 N；

F_a——惯性力，单位 N；

F_c——阻尼力，单位 N；

F_k——弹簧阻力，单位 N；

m——动子及负载质量，单位 kg；

c——黏性阻尼系数，单位 N·s/m；

k——板簧刚度，单位 N/m；

$x(t)$——动子位移，单位 m。

经过上述推导，得到音圈电机的运行原理方程为

$$\begin{cases} F = NBil \\ u = Ri + L\dfrac{\mathrm{d}i}{\mathrm{d}t} + E \\ F = m\dfrac{\mathrm{d}^2x(t)}{\mathrm{d}t^2} + c\dfrac{\mathrm{d}x(t)}{\mathrm{d}t} + kx \end{cases} \tag{3-6}$$

由此可以看出，音圈电机的运行状态跟加载激励（电压、电流），载荷状况密切相关。

3.3　直线音圈电机优化计算及机械设计

音圈电机（Voice Coil Motor，VCM）作为一种特种电机，因其高精度、响应快、结构简单、易于控制等优点被广泛应用。聚磁式音圈电机较传统音圈电机，磁钢的利用效率更高，同等体积下电机出力更大，因而被更加广泛应用到装备制造业中，现实应用价值更大，能够产生良好的经济效益。但同时，音圈电机的设计制造是一个复杂的过程，它包含磁路设计、机械结构设计、电机性能测试等诸多环节，而这些环节都是相互关联，具有较高的难度，国内还没有形成标准的设计方法和测试手段。

本章研究目标是对直线电机的建模、计算、仿真、控制进行了研究和试验，验证理论分析的正确性，得到切实可行的电机设计方法，制造出稳定可靠的样机，为企业提供可靠的音圈电机产品，为直线音圈电机的设计制造提供成功的参考经验。

国内对音圈电机的研究，一般多包含磁路设计、结构设计、控制设计等，多数是理论推导和仿真分析，制造样机进行调试的案例较少。但是，一款电机的设计成功与否，只有通过样机的制造和具体试验的开展才能得以验证，通过试验验证所得结论才能得到的设计经验和方法具有更高的指导意义。本章将在对音圈电机设计优化的基础上，制造出样机，并进行相关的试验调试。

结合项目相关应用要求，设计一款音圈电机，具体参数如表 3.1 所示。

表 3.1 音圈电机基本目标参数

项目/单位	技术要求
最大推力/N	200
持续推力/ N	120
负载上限/kg	≥12
最大速度/($m \cdot s^{-1}$)	≥2
最大加速度/($m \cdot s^{-2}$)	≥5g
可连续工作时长/h	2
有效行程/mm	±3

3.3.1 优化方法概述

音圈电机优化的计算方法较多，通常有遗传算法优化、基于遗传算法优化（如改进遗传算法优化、锦标赛选择交互式遗传算法）和非线性约束目标最小化等方法。

许多实际问题是由相互冲突和影响的多个目标组成，例如音圈电机制造过程中，磁铁体积增大，会增加气隙磁感应强度，但是会增加制造成本，要使多个目标在给定的区域尽可能同时最佳。在求解这类问题的过程中，智能进化算法因其并行高效、鲁棒性、通用性强等优点，被广泛应用于求解多目标优化问题[149,150]聚磁式直线音圈电机的参数优化是一个高度非线性、多产数、复杂的优化问题，优化电机力常数、计算成本、力密度等，合理使用恰当的优化算法对聚磁式直线音圈电机优化极为重要。

此处选择非线性约束目标最小化方法对聚磁式直线音圈电机的结构参数进行优化设计。利用 MATLAB 软件提供的多目标优化工具包进行优化计算，效率高，效果好。

1. 遗传算法

遗传算法(Genetic Algorithm，GA)最早是由美国 Michigan 大学的 John Holland 教授于 1975 年提出的，它是基于自然选择原理、自然遗传机制和自适应搜索的算法，在 John Holland 教授出版了 *Adaptation in Natural and Artificial Systems* 之后遗传算法获得了广泛应用。遗传算法的高度并行、随机、自适应搜索能力适合在特定情况下解决多自由度强非线性问题，经过四十多年的发展，遗传算法作为一种全局优化搜索算法，以其简单通用、鲁棒性好、适于并行处理以及应用广泛等显著特点，现仍是关键智能算法之一[152,153]。

2. 非线性约束目标最小化

1) 非线性约束目标最小化优化简介

在没有确定磁路的某一参数为确定值时，电机参数是没有解的，如果想要得到方程的解就必须对某一个(些)参数直接赋值来求得其余参数，如经常是先给定磁路的气隙磁感应强度为在最大工作点处的值，基于该值再求得磁路的其余参数，进而求得磁路的整个尺寸。然而，实际设计中我们需要求得的是满足设计条件的最优解，显然用直接赋值的办法无法得到较为合适的值，这就需要进行优化计算。音圈电机优化计算的算法采用 fmincon(非线性约束最小化)算法，它是将目标函数在约束条件下，取得最小值，可直接利用 MATLAB 最优工具箱，编写相应的函数后便可求解。

2) 非线性约束目标最小化实现步骤

首先对 Optimization Tool 工具包优化界面进行说明。界面如图 3.7 所示，在界面的右侧，Options 部分是 fmincon 算法参数的设定，具体含义可参看 MATLAB 帮助。左侧部分需要说明的是 Solver(求解器)选择 fmincon-Constrained nonlinear minimization; Algorithm 要设置为 Active set(激活状态)；将写好的目标函数文件 object. m 的文件名填写到 Objective function 中；在 Start point 中设置合理的运算起始值，在 Bounds 中设置好合理的上下限，本实验中根据具体的应用要求，设置上下限制为[0. 02,0. 03,0. 02,0. 03,0. 03]和[0. 01,0. 02,0. 01,0. 01,0. 01]；在 Nonlinear constraint function 中填写约束条件函数 constraint. m 函数名。然后在 Run solver and view results 栏单击 Start 按钮运行求解器并观察结果。Current iteration 中将显示当前运行的代数；Final point 栏中显示最优解对应的变量的取值。以上就是实现优化过程的简要步骤[154,155]。

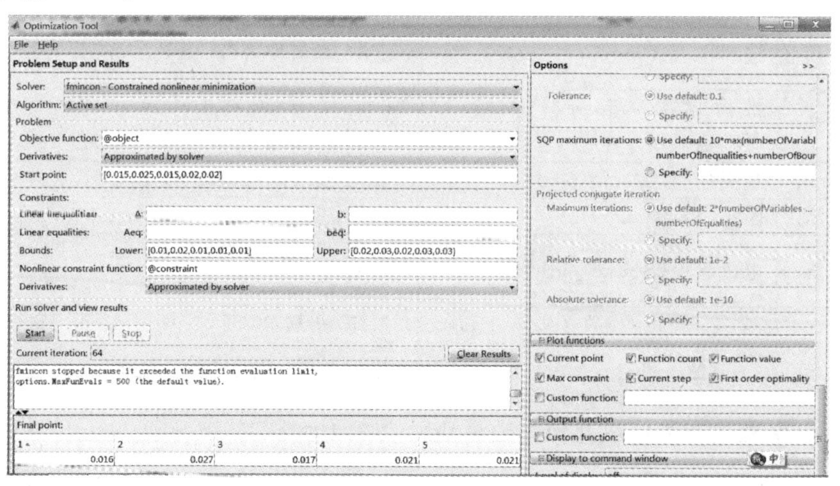

图 3.7　Optimization Tool 工具包优化界面

3.3.2 电机优化计算

1. 磁路及电机性能参数

为方便读者查阅和阅读本节内容及公式，将相关参数表列于下方，更详细的内容可参考文献[156]。

1）磁路参数

音圈电机设计计算中经常出现的磁路有关参数如表 3.2 所示。

表 3.2 音圈电机设计中涉及的物理参数表

参数	说　明	参数	说　明
B_g	气隙磁感应强度	H_g	气隙磁场强度
B_m	永磁体工作点磁感应强度	H_m	永磁体工作点磁场强度
B_i	软铁饱和磁通	F	电机输出力
σ	漏磁系数	f	磁阻系数
μ_0	真空磁导率($4\pi\times10^7$ H/m)	μ_r	永磁体相对磁导率
B_r	永磁体剩磁	H_r	永磁体矫顽力

2）音圈电机性能参数

普通的电机会标有额定电压、额定电流、额定功率、最大转速等。对于音圈电机，其性能参数跟普通的电机有一定的差异，其参数如表 3.3 所示。

表 3.3 音圈电机常见技术参数

参数	说　明	参数	说　明
F_c	连续推力(Continuous Force)/N	F_p	峰值推力(Peak Force)/N
K_f	推力常数(Force Constant)/($N\cdot A^{-1}$)	K_m	电机常数(Motor Constant)/($N\cdot W^{-\frac{1}{2}}$)
a_{max}	最大加速度/($m\cdot s^{-2}$)	I_{max}	最大加载电流/A
R_e	阻抗(Resistance)/Ω	L_e	感抗(Inductance)/H
S	电机行程(Stroke)/m	K_v	反电动势常数(Back EMF Constant)/($V\cdot rad^{-1}\cdot s$)
τ_e	电气时间常数(Elec. Time Constant)/s	τ_m	机械时间常数(Mech. Time Constant)/s

聚磁式音圈电机几何参数说明如表 3.4 所示。

表 3.4 聚磁式音圈电机几何参数表

参数	说　明	参数	说　明	参数	说　明
H	电机总高	L	电机半径	cl1	线圈支架两侧厚度
WH	线圈高	WL	线圈宽	cl2	线圈支架内圆厚度
HB	磁钢1高	LB	磁钢/内侧软铁宽	HA	侧面软铁厚度
hg	线圈与磁钢间隙	LD	外软铁厚度	LA	磁钢/软铁内径
LC	气隙总宽度	S_{m1}	磁钢1截面积	S	电机行程
S_{g1}	路径一气隙截面积	S_{m2}	磁钢2截面积	S_i	软铁截面积(内 n、外 w、侧 c)
S_{g2}	路径二气隙截面积	HC	软铁1高	HD	磁钢2高
B_{g1}	气隙磁感应强度				

2. 电机优化模型

聚磁式音圈电机基于MATLAB的优化计算，关键环节就是确定目标函数、选取优化变量、设置约束条件3个方面。

1）目标函数

对于目标函数，常选择机械时间常数、推力常数、推力密度、动子质量、电机成本、力功率比、气隙磁感应强度等作为目标函数。由于所设计电机属于长音圈类型，故而使得线圈使用率理论上为100%，结合应用综合考虑，选择以力密度作为优化目标函数，因为力密度是电机出力和体积之比，是反映电机效能的重要参数。

力密度的表达式为

$$\rho_V = \frac{F}{V_t} \tag{3-7}$$

式中，F 为电机的输出力；V_t 为永磁体的体积。

优化目标函数在习惯中往往是求最小值，这就要求上式的倒数为最大值。电机的输出力与电机的推力常数正比关系，故而用推力常数取代电机输出力，那么求上式的最大值就变为求下式的最小值，目标函数转化为

$$f(x) = \frac{i}{\rho_V} = \frac{V_t}{K_f} \tag{3-8}$$

永磁体的体积为

$$V_t = S_{m1}(\mathrm{HB} + \mathrm{HD}) \tag{3-9}$$

联合文献[156]第2章中式(2-33)，最终的目标函数表达式如下：

$$f(x) = \frac{S_{m1}(\mathrm{HB} + \mathrm{HD})}{1.5kNB_{g1}\mathrm{LC}} \tag{3-10}$$

2）优化参数

优化参数的选择非常重要，直接关系到优化计算结果。优化计算参数选择必须合理反映电机的相关性能。优化参数通常为电机的相关尺寸且应相互独立，优化后得到的优化参数结果能够直接或者间接得到电机的完整尺寸，这样的优化参数选择才是最合理的。

本次优化计算选择的优化参数为

磁铁内径 LA，磁铁宽度 LB，气隙厚度 LC，磁钢 1 高 HB，磁钢 2 高 HD，这 5 个参数的上下限分别为[0.02，0.03，0.02，0.03，0.03]和[0.01，0.02，0.01，0.01，0.01]的范围。

基于这 5 个尺寸和一些直接给定的尺寸，可以计算得到电机其余尺寸。

3）约束条件

约束条件主要是反映当前设计电机的部分性能，如要求电机的推力是多少、要求气隙磁感应强度在某个范围、线圈绕组的平均温升、发热功率等，它们大都属于非线性约束，需要编写相应的 m 函数求解。约束条件的上下限选取是和具体设计的电机参数有关，对于线性约束和优化参数的取值区间，通常为长宽高各限制为多少、磁路某几个尺寸间的关系以及优化参数的取值上下限等，可直接在最优工具箱界面中填写。约束条件需要表现出设计电机的性能以及每个取值应在的范围，初设约束条件为

$$\begin{cases} \mathrm{LC} < 2\mathrm{LA} \\ \mathrm{LC} < \mathrm{HB} \\ B_{g1}S_{g1}/[2\pi(\mathrm{LA}+\mathrm{LB})\mathrm{HA}] - 2.2 < 0 \text{（防止软铁磁饱和）} \\ 0.1 < L < 0.3 \\ 100 \leqslant F \leqslant 200 \\ 0.55 \leqslant B_g \leqslant 0.7 \end{cases} \tag{3-11}$$

电机的长宽高尺寸关系到安装空间等设计要求，而永磁体的工作点关系到永磁体的利用率，因此设计时需要合理考虑电机的设计要求，分析优劣，合理选择约束条件的范围。需要说明的是，永磁体最大工作点在剩磁的一半处，对于电机所选用的剩磁为 1.325T 的稀土永磁体 45SH 而言，对于气隙磁感应强度应限制在 0.7T 范围内。

4）优化求解及分析

（1）编写目标函数和约束条件的 m 函数，具体的 m 函数编写与电机磁路模型相对应，值得注意的是，优化变量在 MATLAB 中常表示为

x(1)、x(2)、x(3)、x(4)、x(5)等。

(2) 完成 m 函数编写后的目标函数文件名为 object. m，约束条件为 constraint. m，结果计算公式为 jisuan. m。

(3) 之后便可运用 MATLAB 最优工具包中的 fmincon 函数求解，其求解过程如图 3.8 所示。

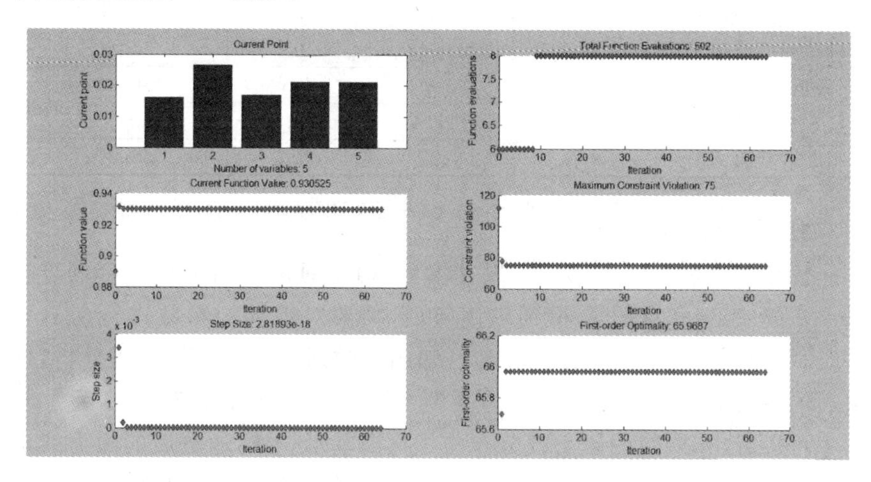

图 3.8　MATLAB 最优工具包求解过程和结果

通过计算，得到了优化结果，取整后得到

$$\begin{cases} LA = 0.016 \\ LB = 0.027 \\ LC = 0.017 \\ HB = 0.021 \\ HC = 0.021 \end{cases} \tag{3-12}$$

优化前后的参数对比如表 3.5 所示。

表 3.5　参数优化前后取值变化

优化项目	符号	原取值/mm	优化值/mm
磁钢内径	LA	0.017	0.016
磁钢宽度	LB	0.023	0.027
气隙总宽度	LC	0.013	0.017
磁钢 1 高	HB	0.016	0.021
软铁 1 高	HC	0.021	0.021

将上表得到的 5 个优化参数的求解结果代入 value_ctjxs，可以得到圆筒型聚磁交错两级式音圈电机的各个尺寸和性能参数的取值。

优化参数对电机性能参数的改进情况如表 3.6 所示。部分参数变化率提高明显，部分参数优化效果不明显，说明约束条件参数还需继续修改。

表 3.6 电机优化前后性能参数变化情况

性能参数	单位	优化前数值	优化后数值	变化率
力密度函数 ρ_V	$(N/A)/m^3$	563540	578600	2.7%
机械时间常数 τ_m	s	0.0012	0.011	−8.3%
线圈总匝数 N	匝	516	703	36.2%
电机推力 F	N	111.4	176.3	58.6%
推力常数 K_f	N/A	55.7	88.2	58.3%

3. ANSYS 仿真验证

优化求解后得到新的电机尺寸参数，为了对优化结果是否合理进行进一步的验证，优化计算得到最优解后，需要对得到的参数进行仿真验证。可以根据上述求得的参数和已知的参数通过 ANSYS 建模分析，优化后的电机磁力线模型和磁感应强度云图如图 3.9 和图 3.10 所示。从图中可以看出，电机的磁力线分布与优化前基本一致，通电后的磁力线走势与理论分析保持一致，导磁材料仅在外磁轭的两齿下部分出现中度饱和，说明电机磁路尺寸设计合理，导磁材料利用充分，初步证明优化参数可行。

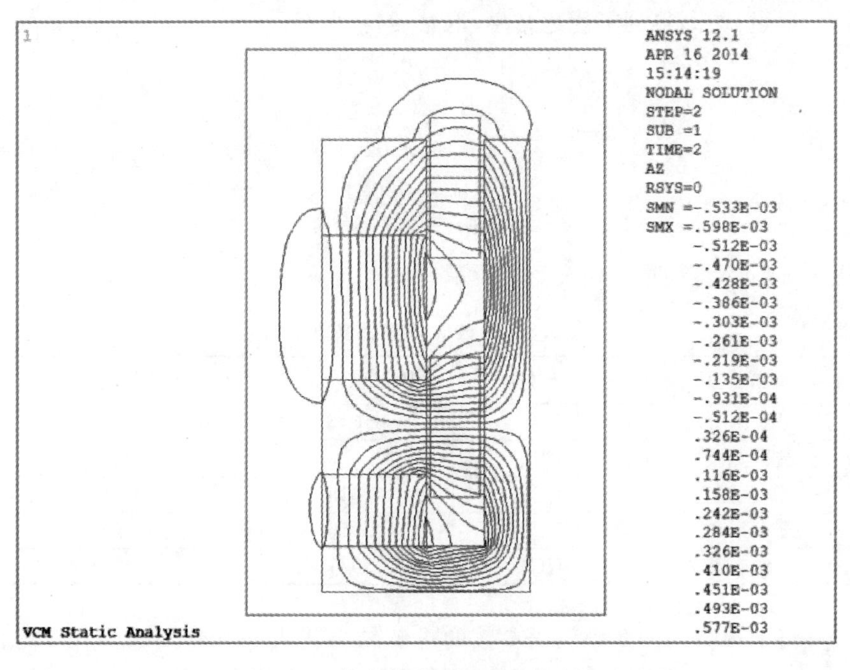

图 3.9 优化后模型磁力线分布图

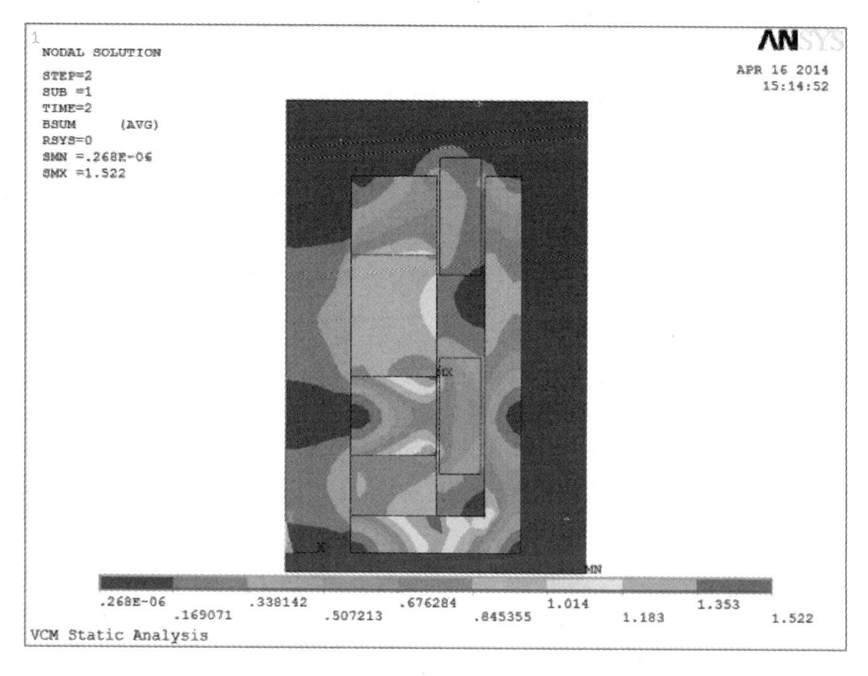

图 3.10　优化后模型磁感应强度云图

3.3.3　电机机械设计说明

1. 部件设计

1）线圈

线圈绕组采用漆包线。漆包线是绕组线中的一种，包括导体与绝缘层两部分，由导体经过退火软化后经过多次反复涂漆烘焙后制成。漆包线按导体材料分为铜线漆包线、铝线漆包线以及合金漆包线；按绝缘材料可分为缩醛漆包线、聚酯漆包线、聚氨酯漆包线、聚酯亚胺漆包线、聚酰亚胺漆包线等；按用途分为普通漆包线、耐热漆包线和特殊用途漆包线；按形状可分为圆漆包线、扁平漆包线和空心漆包线。结合所研制聚磁式直线音圈电机的性能和工况，选择耐热型的聚酯亚胺漆包线作为绕组线圈材料；结合实验室已有的绕线机规格，避免在绕制的过程中剐蹭损伤线圈，采用圆形漆包线；鉴于铜材料的导电率二倍于铝材料且铜漆包线的散热效果较好，故选用铜漆包线比较合适。

综合上述，选择耐热型的聚酯亚胺圆漆包铜线，表 3.7 为其具体参数。

表 3.7 聚酯亚胺漆包线的技术参数

名　　称	型号	代号	用　　途
聚酯亚胺耐热圆漆包铜线	QZN-/Y180℃	H	用于高功率输出的电机等

线径也是漆包线的重要参数之一,因为线径决定着通过绕组的最大电流和动圈的电感、电阻、匝数等物理参数,而这些参数又直接关系到电机动态响应性能,因此在选定漆包线型号之后,还需要对漆包线的线径进行合理选择,经过简单的发热量计算,初步决定聚磁式音圈电机选用线径为 1.2mm 的漆包线。

在线圈绕组的绕制过程中,应保证每层线圈之间的压紧和贴合,同时用环氧树脂胶将其灌装。环氧树脂经配比之后,涂刷到线圈上,其固化后具有良好的物理和化学性能,防腐蚀,硬度高,柔韧性好,电绝缘性好,热导率也较高[31]。

2) 永磁体选择

永磁体的选择是电机设计中最重要的环节,钕铁硼稀土永磁材料由于其优良的特性已经得到了广泛应用,但是选择什么牌号的钕铁硼仍需要根据具体的要求选择。由于要求动子的质量相对小保证频率响应,因此可以选择矫顽力和剩磁都较大的牌号弥补。同时,由于电机的工作时的发热功率相当大,为了减小温度对永磁体工作性能的影响,可以选择最高工作温度较高的牌号。综合上述要求,钕铁硼 45SH 非常适合作为电机的永磁体,表 3.8 为该型号的技术参数。

表 3.8 钕铁硼 45SH 的部分技术参数

牌号	剩磁 B_r/T	矫顽力 H_c/(kA · m^{-1})	$(BH)_{max}$/(kJ · m^{-3})	最高工作温度/℃
45SH	1.32-1.38	1033	342-366	150

关于永磁体的充磁问题,本书研制的电机的永磁体为轴向充磁,充磁方式简单,不需要特殊的工艺。我们所知,钕铁硼永磁体是经过粉末烧结而成,其易腐蚀,因此必须对其表面进行电镀,常用镀锌或者镀镍的方式。镀锌处理后形成的膜对永磁体表面的粘接性好,但是防腐蚀程度没有镀镍处理好;镀镍处理的成本较高,但处理完成后外观精致、耐腐蚀性能好,对永磁体表面的粘接性一般。比较两种电镀方式的优劣,结合本文永磁体的工作环境,选择镀镍的方式较为合理。

2. 电机总装

电机总装三维图利用了 Autodesk Inventor 软件进行绘制,电机的总体装配图如图 3.11 所示。在电机的样机装配过程中，还涉及具体的专用夹具，装配的细节过程这里不再赘述。下面主要就支撑方式和反馈装置做一个简单说明。

图 3.11 电机总体装配三维造型图

1）动子支撑设计

音圈电机常见的支撑方式有滚动副支撑、滑动副支撑、弹性支撑及它们之间的组合。弹性支撑多见于高频响场合，如动圈式直线压缩机中；滑动副支撑适合大推力的场合，如直线电机驱动的自开门；滚动副支撑用于各方向应力不大且行程较长的场合。聚磁式音圈电机是圆筒形，其动子和定子之间的气隙非常小，只有 1mm 的范围，因此如何保证动子定子之间的同轴度就至关重要了。在设计安装样机的过程中，主要通过支撑方式加以实现这一要求，在设计中要考虑好定位面的选取，在加工中要严格按照设计加工精度进行，除此之外，再就是对支撑导轨的选型。支撑导轨承担着支撑线圈组件等运动部件，同时还承担着保证动子定子之间同轴度的重要作用，因此选用性能良好的导轨是极为需要的，只有这样才能保证电机实现精密运动。

样机选用 THK 轴承 SRS 系列直线导轨，该系列导轨在运动方向长度满足电机行程，强度和刚度性能良好，直线精度良好；黏性阻力和摩擦力也较小，是比较理想的导轨选择。

2）信号反馈设计

位置检测装置对于实现音圈电机的高精度、快速响应特性是至关重要的，它是电机反馈装置的核心。对于高精度的位置检测传感器，一般多选用光栅或磁栅，但考虑到电机漏磁可能会对磁栅的工作性能产生影响，故而选用光栅会更为可靠。光栅尺经常应用于数控机床的闭环伺服系统中，可检测直线位移或角位移，其测量输出的信号为数字脉冲，具有检测精度高、范围大，响应快的特点。本系统中采用的位置编码器是由英国 Renishaw 公司生产的 RGH 系列光栅尺和读数头，该系列编码器涵盖多种分辨率，分别有 5μm、1μm、0.5μm 和 0.1μm，最大响应速度为 10m/s。系统中采用分辨率为 0.1μm 的编码器。

光栅尺是一种利用莫尔条纹现象进行位移精密测量的增量式编码光学器件，包括标尺光栅和指示光栅，它们是用真空镀膜的方法在表面上刻上互相平行、栅距为 d 的条纹，指示光栅上的线纹和标尺光栅上的线纹之间形成小角度 θ，两光栅尺刻面相对平行放置时，在光源的照射下，形成明暗相间的条纹。这种条纹称为“莫尔条纹”。莫尔条纹与光栅条纹几乎垂直，如果将指示光栅沿标尺光栅长度方向平移，则莫尔条纹将沿与指示光栅移动方向垂直的方向移动，指示光栅移动一条刻线时，莫尔条纹也正好移动一个条纹。栅距是已知的，因此通过对莫尔条纹的计数可以测量指示光栅和标尺光栅的相对位移，光电传感器接收来自莫尔条纹放大后的信号，通过后续电路的进一步转换、放大、变相等处理后转换成电信号。编码器输出 3 路脉冲信号，分别为 A 相、B 相和 Z 相，其中 A 相和 B 相是两路正交脉冲编码信号，电机运动方向则通过检测这两路信号的相位顺序判定，动子的位置则由脉冲数来决定，其基本原理如图 3.12 所示。

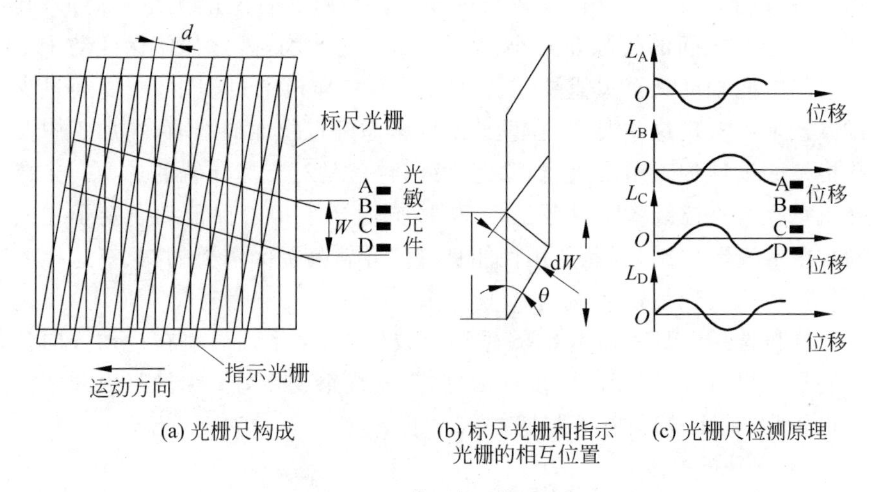

图 3.12 反馈元件光栅原理图

电机前轴部分由于要对外输出位移或者加载负载，因此将光栅和编码器安装在电机的后部，安装后的光栅实物如图 3.13 所示。同时，在电机使用的过程中，应防止油污及水污染光栅尺面，如受污染可用乙醇溶液清洗擦拭光栅尺面及指示光栅面，从而保持玻璃光栅尺面清洁，以免破坏光栅尺线条纹分布，引起测量误差。

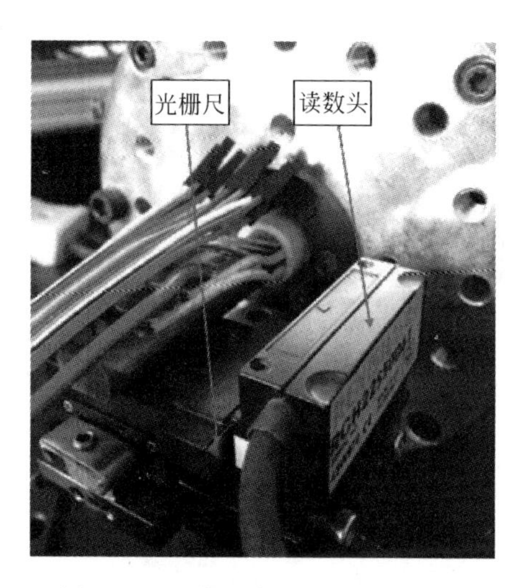

图 3.13　反馈元件光栅安装实物图

3.4　非圆切削刀具进给伺服直线音圈电机试验研究

对音圈电机的研究，一般多包含磁路设计、结构设计、控制设计等，前面章节主要是理论推导和仿真分析一款电机的设计成功与否，只有通过做出实际的样机并进行调试，开展具体的试验研究才能得以验证。本节将在对音圈电机设计优化的基础上对所涉样机进行试验研究，并进行相关的静、动态调试，其中静态试验包括漏磁数值测量和电磁力测量，动态试验主要是音圈电机运动控制试验，包含用 Elmo 驱动器进行位置跟踪和基于 LabVIEW 的简单的数字 PID 控制。

3.4.1　电机漏磁及静态力测试

电机的漏磁关系到电机与其他仪器配合使用的电磁兼容情况，电机的静态力性能也是电机的性能的重要参数之一。

1. 电机漏磁情况测试

漏磁测量一般采用特斯拉计，实验中采用的是北京亿良科技有限公司生产的 YL1020 数字特斯拉计，该设备使用简单方便，直接利用探针测试所测位置处的漏磁，通过仪器的显示面板进行读取，还可以就高斯和特斯拉两种测量模式进行切换。

选择电机周围漏磁点进行测量，为了较为全面地反映电机的漏磁情况，分别选择电机轴向、轴向中间处、轴向中间处 10mm 处、前端面、后端面进行测量，每个位置均布测试点10个，记录漏磁数值的范围，然后取平均值。各位置选取情况如图3.14所示。其中轴向测试点，选择轴向0～9mm处，共计10个测试点。

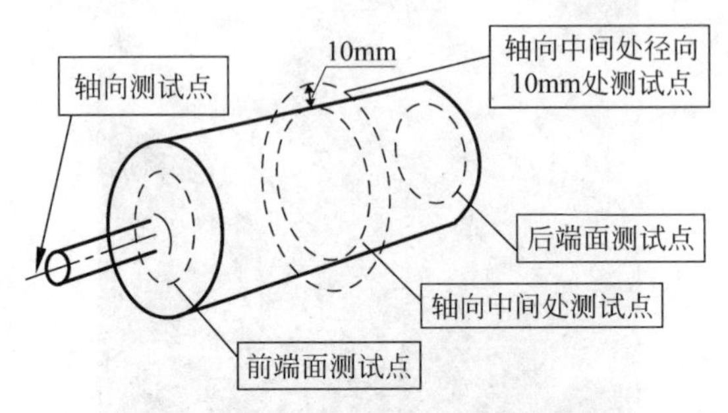

图3.14 漏磁测量点选取示意图

经测试，发现电机轴向0mm处测试点漏磁最大，主要是因为电机的轴是Q235号钢做成，磁导率较大，虽然内部磁轭已经将电机主磁通形成回路，但是说明电机内部还是有一定的漏磁，而这些磁力线通过了主轴向外传导，因此电机的主轴端面，也就是电机轴向0mm处，有较大的漏磁，数值达到0.0112T，但是随着测量位置的外移，漏磁逐步减小到合理范围，最小值为0.0005T。测试电机漏磁如图3.15所示。

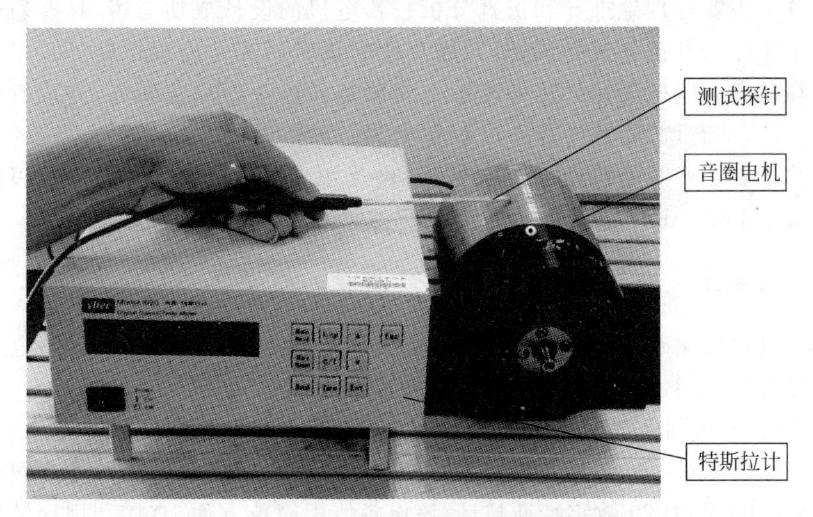

图3.15 YL1020数字特斯拉机测试电机漏磁

通过表3.9可以看出，就漏磁的均值而言，电机的前端面漏磁最大，这也是将光栅编码器装载到后端面的原因之一，以减小漏磁对导轨和光栅工作的影响。电机漏磁的均值都没有超过0.01T，总体来看其外围漏磁较小，满足电机一般的使用场合。如果要完全屏蔽电机漏磁，可以在其安装过程中通过加装外壳等方式实现磁屏蔽。

表 3.9　电机各位置漏磁数值

测试位置	漏磁数值范围/T	漏磁均值/T
前端面	0.0076～0.0094	0.0083
后端面	0.0013～0.0019	0.0015
中间处	0.0060～0.0084	0.0069
中间 10mm 处	0.0044～0.0055	0.0052
轴向测试点	0.0005～0.0112	0.0060

2. 电机静态力学性能测试

电机的力性能参数是极为重要的性能参数，电机的出力直接决定了它的使用场合和范围，因此对电机力学性能的测试是极为关键。

1）试验平台搭建

试验平台的搭建过程，首先要选择好试验器材，其中主要包含力传感器、传感器信号采集装置、电机驱动器。

实验中选用的静力传感器是北京华嘉信达机电设备有限公司生产型号为 CH-200“S”力传感器，可以测量拉力或压力，测量范围为 2000N，力传感器对外输出为电压信号，输出每伏电压对应压力为 400N。最大输出电压为 5V，表 3.10 为传感器的技术指标。

表 3.10　CH-200 测力传感器的技术指标

项　　目	单　　位	数　　值
激励电压	V DC	12
额定载荷	N	2000
输出信号	V DC	0～5
直线度	%FS	0.02
重复性	%FS	0.02
滞后率	%FS	0.04

信号采集装置采用美国国家仪器有限公司（NI）生产的基于 USB 的 NI X 系列多功能 DAQ 设备——NI USB-6366 数据采集卡。电机位移驱动选择 Elmo 驱动器中 Gold 系列，实验中具体型号是 Gold DC Whistle 5/100SE，该类伺服驱动器可提供高功率密度和高性能。

电机的测力程序是通过 LabVIEW 编写的，其采集卡设置如图 3.16 所示，测力界面如图 3.17 所示，界面简洁，电压转换系数为 400N/V。

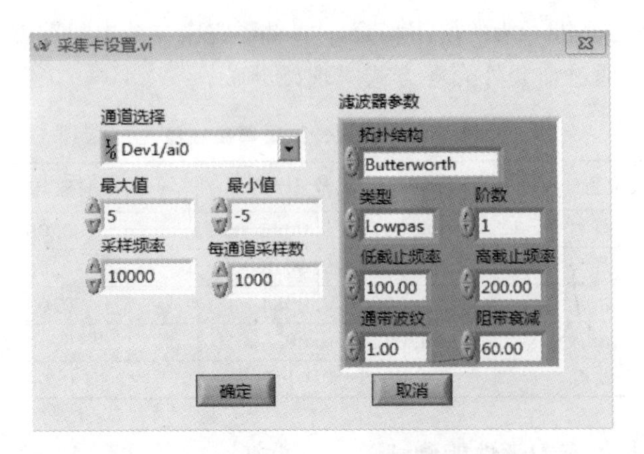

图 3.16　力测试软件采集卡参数设置

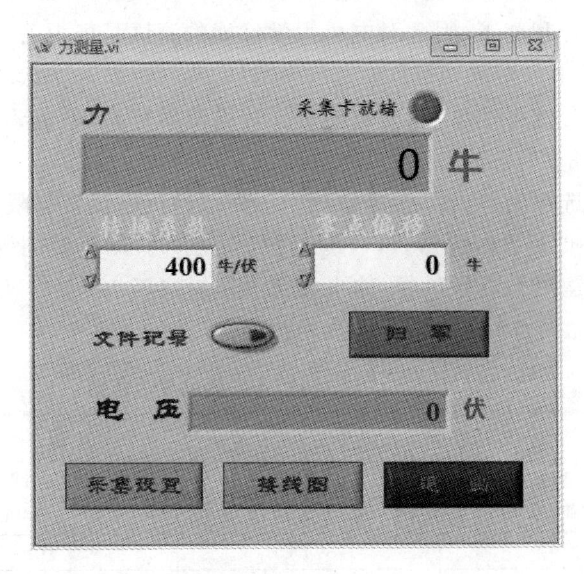

图 3.17　力测试软件界面

电机测力平台如图 3.18 所示，电机驱动部分给电机以不同的驱动电流对电机进行驱动，电机则实现不同位移，以方便测试电机对不同位移处某电流激励下电磁力的测试，电机通过光栅位移传感器将位移信号反馈给驱动器，光栅反馈部分 3.3 节已经介绍过，这里驱动器的控制精度可以达到 0.001mm 以下，足以满足测试要求。

为了测试电机力学性能，将电机通过前后端面的螺孔进行了定位和固定。整个电机固定在可钻螺孔的硬质木板上，力传感器通过螺钉与音圈电机的力输出轴实现刚性连接，以保证力的轴向性较好和力传递的可

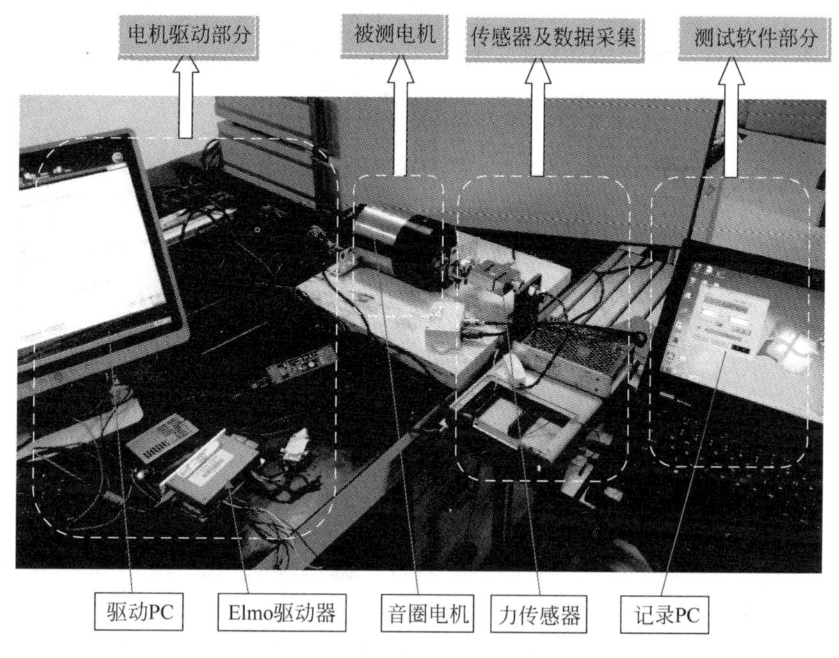

图 3.18 音圈电机静力测试平台

靠性。力传感器另一端固定在打孔的侧立铁板上，铁板与木板保持垂直并进行可靠固定。USB-6366 数据采集卡将传感器的信号进行处理，通过编程实现信号的采集和处理，通过 LabVIEW 编写的测力程序，将力传感器输出的电压信号实时转换为推力值，从而测得电机在不同位移下的推力。力传感器输出电压信号经过放大器后进入到数据采集卡中，采集卡通过 USB 与载有测力软件的 PC 相连。

2）测试结果及分析

电机的力学性能至关重要，经过测试，得到电机在零位移处的力电流曲线如图 3.19 所示。从图中可以看出，电机在位移零点处，通以不同的电流，其电磁力随着电流的增大而增大，电流在 0～1A 范围内电磁力与电流呈线性关系且与理论计算结果基本相同，约为 55N/A；随着电流的进一步增大，当电流大于 2.5A 时，电磁力的增速减慢，电磁力的大小与理论计算结果的数值差出现差异，体现为伴随电流越大，实测值与理论计算值数之差就越大；在电流为 4A 时两者相差 19.6%。造成这种现象的原因主要有：在通电电流变大后电枢磁场相应的磁势就会增大，导磁材料相对磁导率下降，这会加快磁路的饱和，即表现为电磁力增速减慢；同时，为了固定内外磁轭，在磁轭上打了部分安装孔，初期计算时并未考虑具体的机械设计元素对其磁路的影响。这些螺纹孔在一定程度上也增加了磁阻,加速了磁路饱和问题;此外,线圈的发热也会造成钕铁硼工作性能的略微下降,同时机械摩擦也导致实测电磁力小于理论计算值。

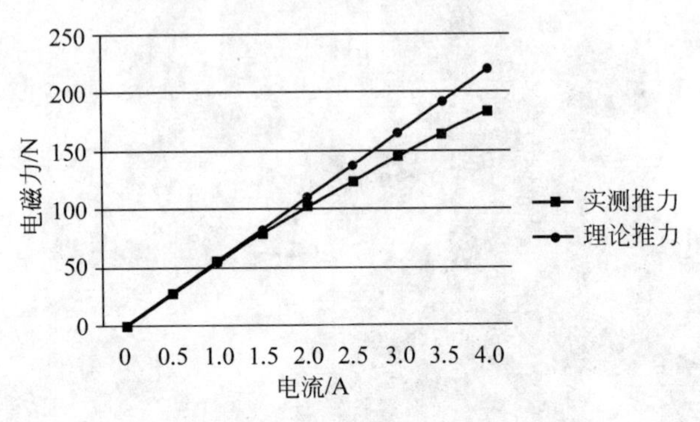

图 3.19 零位移位置处力电流曲线

图 3.20 为电流为 3A 时电机的力电流折线图,在 1～4mm 的行程内,电磁推力平均值为 142.23N。因为电机为长音圈设计,所以在整个行程中电机的有效线圈数目不变,电机的出力波动在 3%之内,尚属合理。本文所涉及音圈行程为±3mm,因此电磁力在该行程内较均匀,满足应用要求。

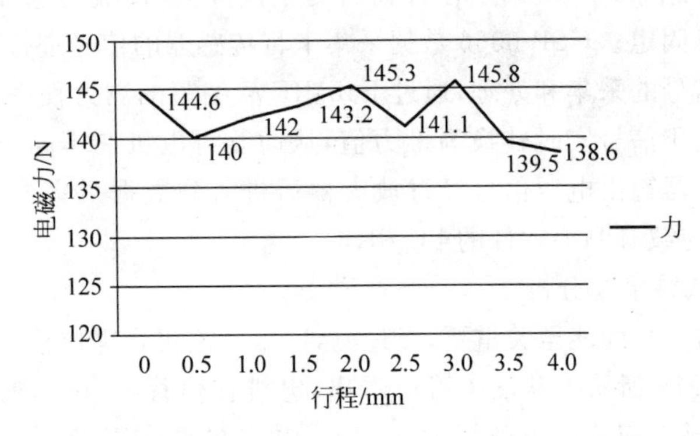

图 3.20 电流为 3A 时力位移曲线

3.4.2 电机驱动器调试试验

1. Elmo 驱动器简介

Elmo Motion Control 是一家以运动控制、伺服驱动为技术特色的以色列公司,成立于 1988 年,该公司二十多年以来一直为设备制造商提供独特完备的运动控制产品。它提供伺服驱动器、伺服执行器、伺服驱动电源灯产品，它的伺服驱动器功率密度最高，能实现微小尺寸下的高功率输出。Elmo 设计、制造运动控制器，适合有刷、无刷电机，同时也适合交流、直流伺服电机。运动控制器和智能伺服驱动器可提供先进的运动控制解决方案，也可实现最具挑战性的多轴运动控制。

本实验中用到的是 Elmo Gold 系列驱动器，该类高功率密度的伺服驱动器提供了高性能，先进的网络和内置的安全装置也是其特色。该系列伺服驱动器最大可提供 20A 电流，100V 电压，高达 1.6kW 的连续功率。实验中具体型号是 Gold DC Whistle 5/100SE，它同其他的 Elmo 驱动器一样结构紧凑，重量仅为 267g。

Elmo Gold 系列驱动器，综合来看具有以下特色优势：超紧凑，高功率密度，高效率，高带宽性能，支持多种类的通信方式（RS-232、CANopen、DS301、DSP305、DSP402 等），多种通信选项（EtherCAT，CANopen 总线，USB，以太网），支持多种反馈传感器（数字和模拟霍尔、增量式编码器、模拟正余弦、分解器、转速计等信号），增强动态性能先进的滤波和增益调度选项，矢量控制等。它提供高级的可编程功能，支持标准的通信协议，可以获得出众的控制效果，包含 PTP、PT、PVT、ECAM、跟随等运动模式[157]。Elmo Gold 系列驱动器包含一个完整的数字运动控制器，它提供电流、速度以及位置环，其控制框图如图 3.21 所示。

Feedback Port A（端口 A）支持数字式霍尔传感器、增量式编码器或绝对值编码器系列、差分编码器、实验中电机接入的是光栅编码器，精度为 0.1μm。电源等其他接线严格按照 Gold DC Whistle 5/100SE 说明书进行连接。Gold DC Whistle 5/100SE 实物如图 3.22 所示。

2. Elmo 驱动器调试

Elmo Application Studio 是用于 PC 调试的操作软件，比早先的版本 Elmo Composer 界面更加友好，调试选项也更加智能化，其界面如图 3.23 所示。

图 3.23 中①～⑨的内容分别是：

① 活动选择：可以访问任何活动的工具套件。

② 系统树按钮：单击此按钮可查看系统树，并执行基本的操作（如连接和断开驱动器）。

③ 系统驱动器：所有被指定为活跃在系统配置的驱动器出现在此，当一个驱动器连接，一个红点会出现在其按钮。

④ 工具选择：显示选定活动中使用的各种工具。

⑤ 主要工具：主要工具显示在工具区域的左上角。

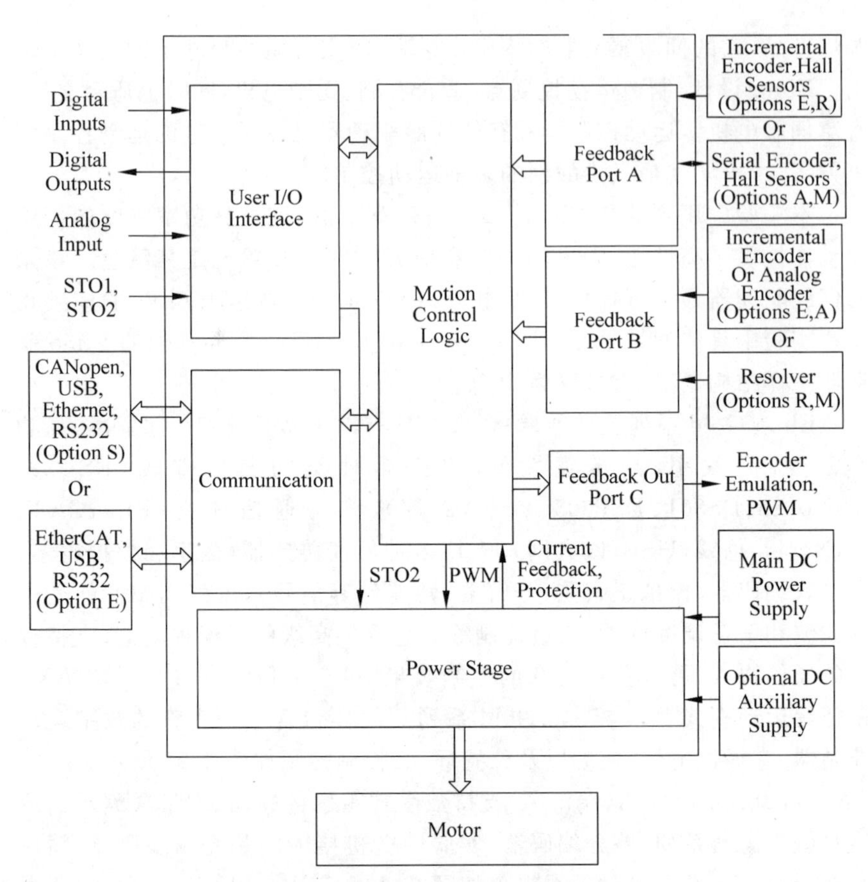

图 3.21　Elmo Gold Whistle 系统框图

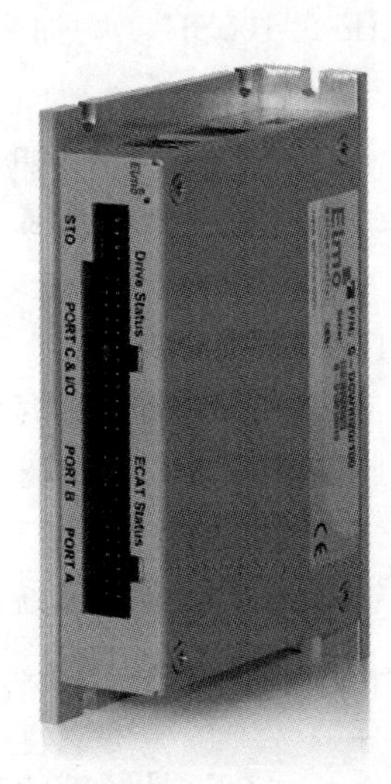

图 3.22　Elmo Gold Whistle 实物图

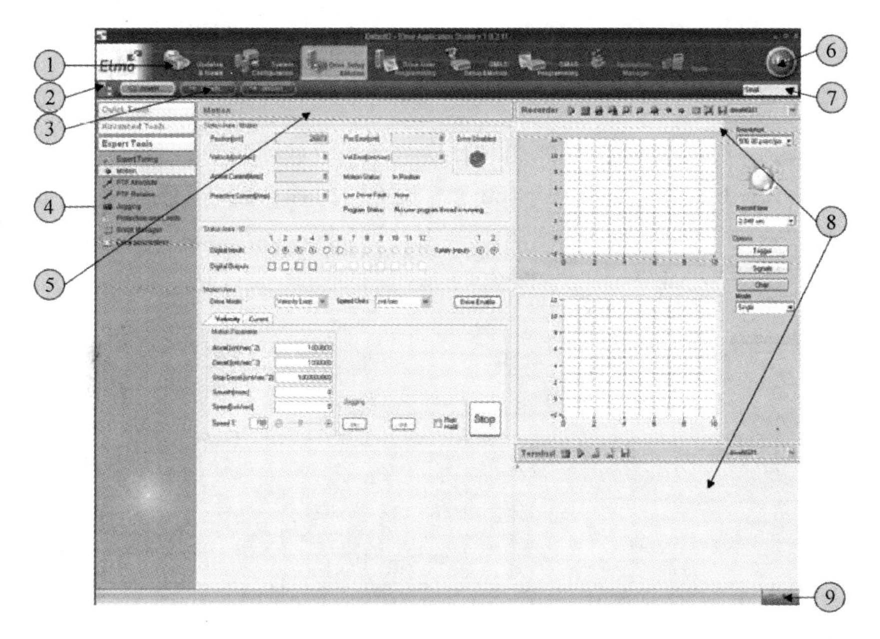

图 3.23 Elmo Application Studio 调试界面

⑥ 紧急停止按钮：单击此按钮紧急停止。

⑦ 布局选择：每个主要工具伴随着配套工具，有几个配置选项可用于每个主要工具。

⑧ 辅助工具：支持工具旁边显示的主要工具，以帮助用户。每个支持工具都有一个目标选择，可以通过监控对系统中的其他驱动器的主要工具进行的活动的效果。

⑨ 设置和关于按钮。

熟悉了 Elmo Application Studio 调试界面，掌握其调试的工具，进而按照驱动器安装说明书做好电机、驱动器、反馈装置的连接，然后开展电机调试，电机调试操作如下：

(1) 接通电源，打开 Elmo Application Studio，其调试界面如图 3.23 所示[157]。

(2) 建立电机与驱动器的连接，进入电机和反馈参数，输入主电机参数和反馈配置。

(3) 设定了限制和保护，确定限制电流和动作命令和值，定义最大的误差范围、总线电压、电机卡住和制动参数。

(4) 进行电流响应特性设计，调节电流环，以满足系统要求的电流控制器，获得电流环的 P、I 值。

(5) 电机位移换向识别调试。

(6) 找出电机的速度和位置响应特性,并设计速度控制器和位置控制器。

(7) 保存调试文件,电机的各环参数已经下载到驱动器中。

通过 Elmo Application Studio 编制不同的程序(如正弦波、余弦波、三角波信号等),编译烧写到驱动器中,运行电机,通过 Motion Monitor 观察跟踪波形,如图 3.24 和图 3.25 所示。

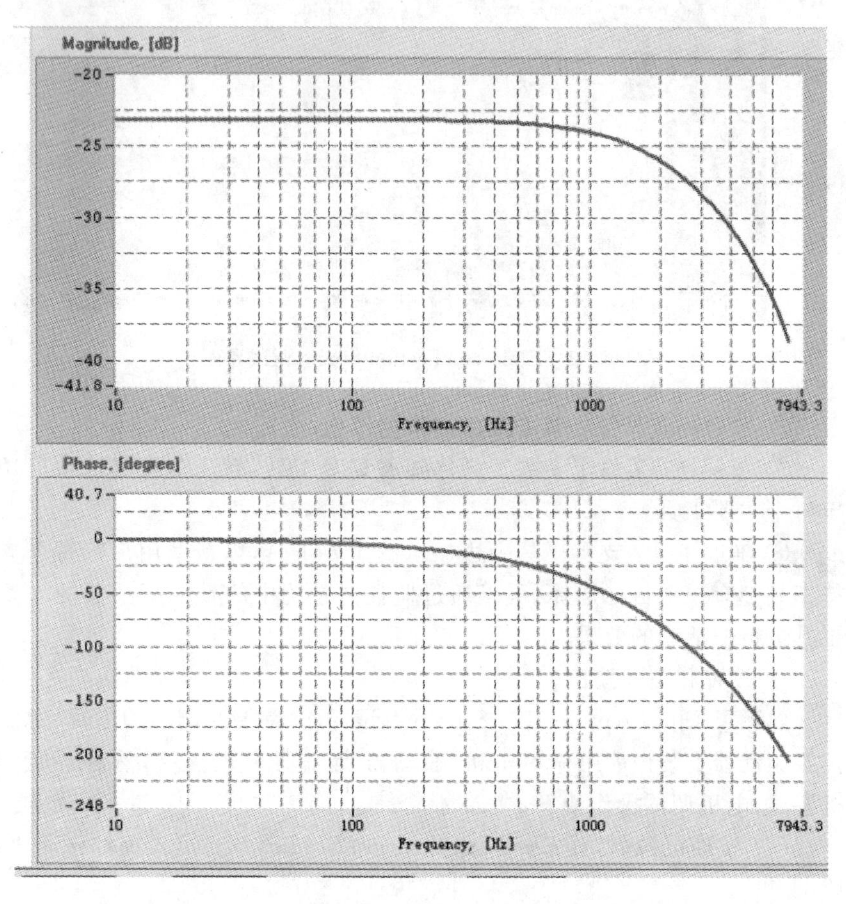

图 3.24 电流环识别过程

以上是使用 Elmo Application Studio 进行电机调试的过程,在实际应用中还可以通过手动调节,主观添加相应的校正环节优化控制效果。但是通常来说,Elmo 驱动器自行识别和调试的结果就足够理想。

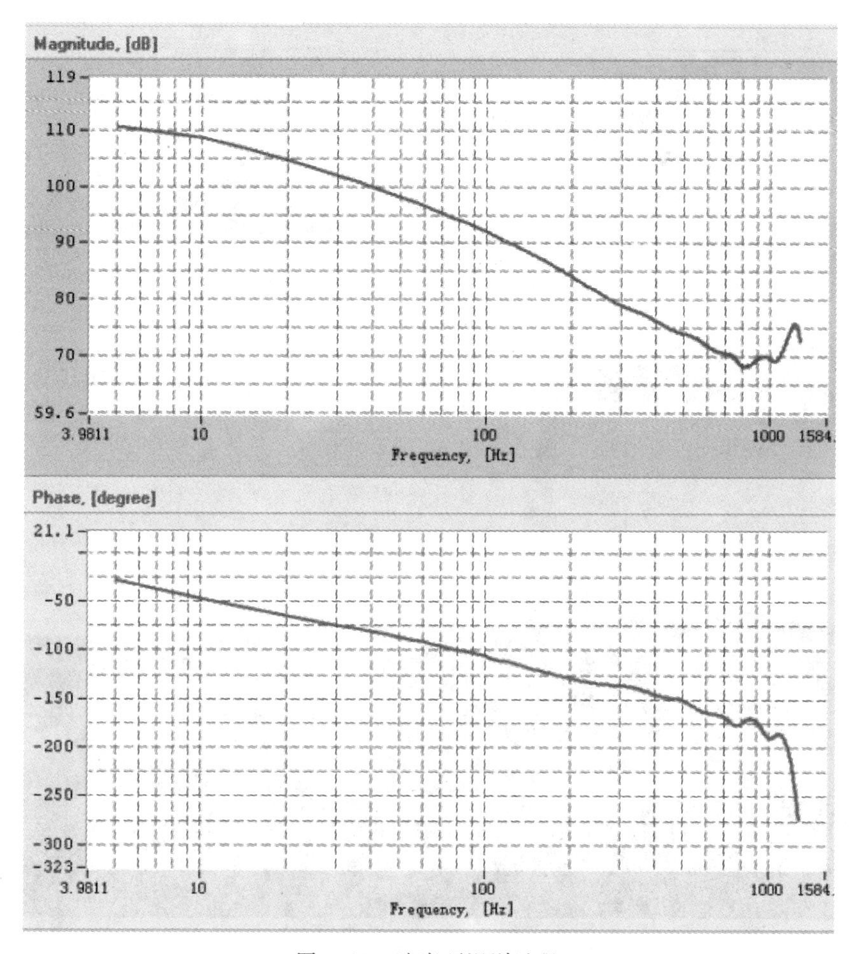

图 3.25　速度环识别过程

3. Elmo 正弦波跟踪测试

正弦跟踪是较为常见的动态响应测试，试验中，正弦波的命令是由 Elmo Application Studio 中 Motion 选项中设置 Sinusoidald 的幅值和周期完成的，搭建伺服调试系统对电机进行动态性能测试，调试系统主要包含组件如图 3.26 所示。

搭建伺服调试系统，如图 3.27 所示。

通过多组不同幅值不同频率的正弦信号测试，得到电机在正弦波信号控制下的误差，从而找到电机在给定位移下的最大理想工作频率。从表 3.11 可以看出，在±0.5mm，1Hz 的正弦跟踪过程中，误差为 75conts，即 7.5μm，而在±1mm，1Hz 的跟踪过程中，误差为 90conts，即 9μm，并且随着振幅的增大，同一频率下跟踪误差也会越大。

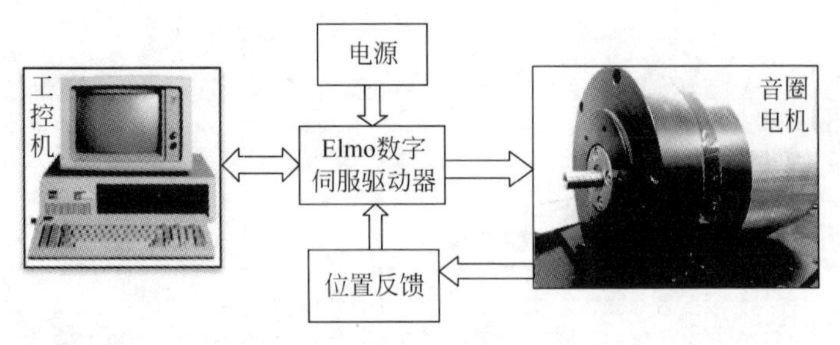

图 3.26 电机伺服调试主要部件

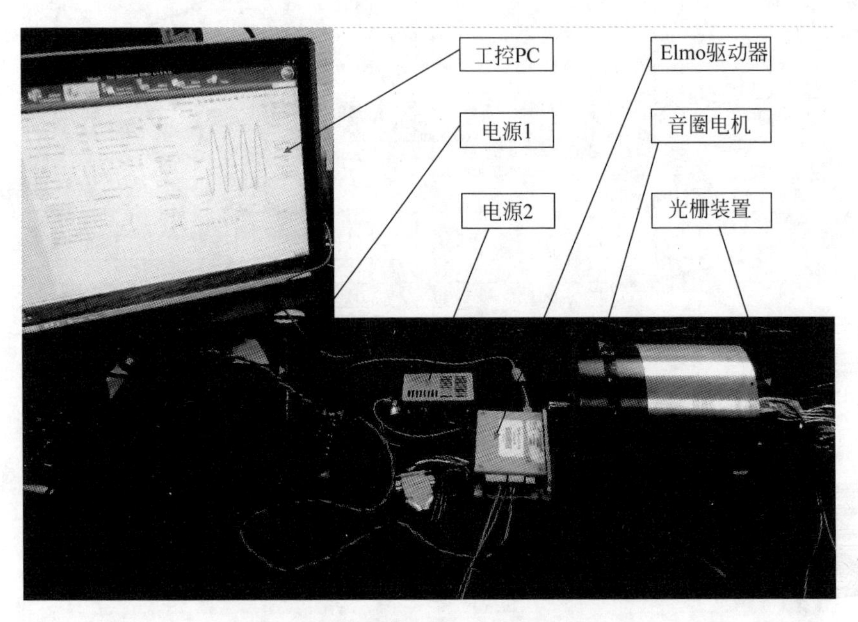

图 3.27 Elmo 驱动正弦波跟踪试验

表 3.11 Elmo 调试正弦波跟踪误差表

最大误差/0.1μm \ 频率/Hz 振幅/mm	1	2	3	4	5	6	7	8	9	11	13	15
±0.5	75	105	125	150	160	175	200	240	250	275	370	440
±1	90	125	140	175	200	240	260	270	280	440	580	
±2	100	140	150	220	250	260	300	420				
±3	120	170	220	260	286	330						
±4	140	190	250	270	300							
±5	160	250	280									

从表 3.11 可以看出，在相同振幅下，频率越高，跟踪误差越大，如在振幅为±3mm 下，1Hz 的跟踪过程中，误差为 120conts，即 12μm，随着频率增高，跟踪误差值越大，当频率增大到 7Hz 的时候，电机就出现了严重的跟踪失败现象，误差极大且随机性很强，不便记录数据。可见，同振幅下频率越高误差越大。

以频率 3Hz 为例，不同振幅下的跟踪误差变化曲线，如图 3.28 所示，可见同一频率下，振幅越大跟踪误差越大。

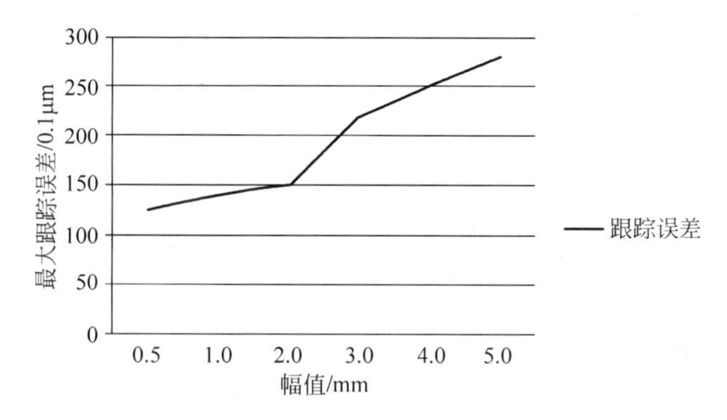

图 3.28 频率为 3Hz 不同振幅下跟踪误差曲线

以幅值 3mm 为例，不同频率下的跟踪误差变化曲线，如图 3.29 所示，可见同一幅值下，频率越大跟踪误差越大。

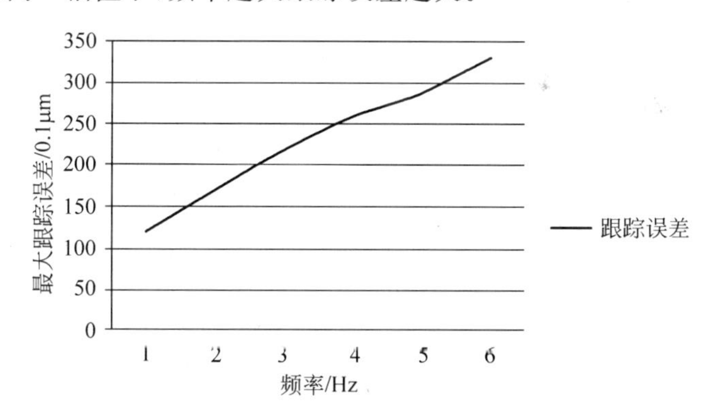

图 3.29 幅值为 3mm 不同频率下跟踪误差曲线

在跟踪试验中，可通过 Elmo Application Studio 中的 Motion Monitor 对电机运行中的电流、速度、位置等曲线进行观察和记录，图 3.30 为幅值 3mm，频率 5Hz 时电机对正弦信号的跟踪与误差，从图中可以看出，电机位移曲线十分平滑，走势严格按照正弦曲线走势，没有出现振荡等不良跟踪，曲线也不存在较大的畸变，运动跟踪误差最大值为 286conts(28.6μm)，满足一般音圈电机的应用场合要求。

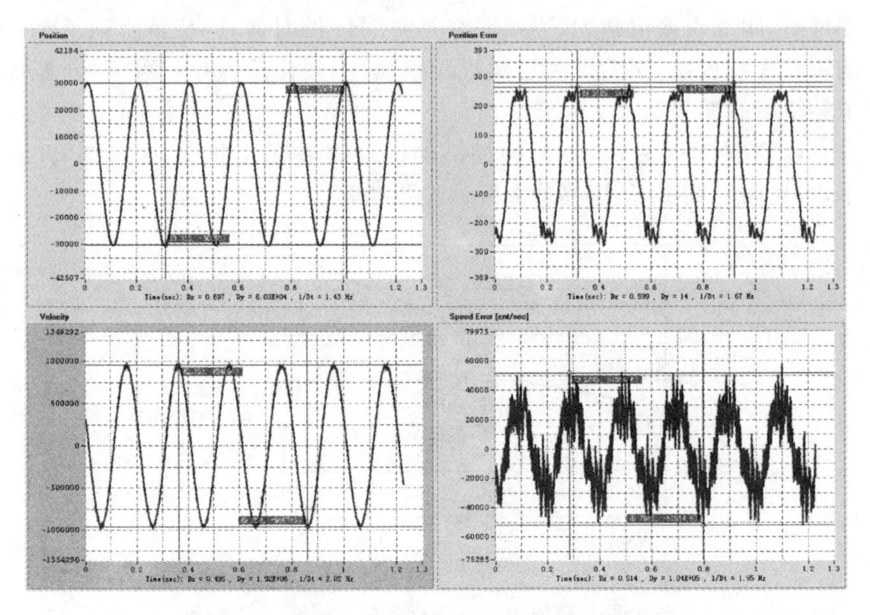

图 3.30　振幅±3mm，频率 5Hz 的正弦跟踪曲线

3.4.3　电机运动控制试验

音圈电机的运动控制是本节试验研究的重点。音圈电机的控制试验最为常见的有位置跟踪、恒力进给、定位控制等。本节中主要是基于 LabVIEW 与 NI USB-6366 数据采集卡进行的简单数字 PID 位置跟踪试验研究。

1. LabVIEW 控制器简介

试验系统采用的控制器是由美国国家仪器有限公司(NI)生产的基于 USB 的 NI X 系列多功能 DAQ 设备——NI USB-6366 数据采集卡，该系列设备凭借 NI-STC3 定时和同步技术、基于 USB 的高性能 NI 信号读写、完全重新设计的机械外壳以及多核优化的驱动与应用软件，在性能上达到了一个新的高度。NI 的 DAQ 数据采集卡工作稳定，类型丰富，LabVIEW 编程简易且兼容性较好的特点可满足多类应用要求。

USB-6366 为多功能数据采集设备，在 DAQ 产品家族中隶属 X 系列，其外形如图 3.31 所示。该数据采集卡能提供 8 路同步模拟输入，两个通道的模拟输出，3.33MS/s，16 位分辨率，输出范围±10V。同时还提供了 24 条数字 I/O 线(其中 8 条为 1MHz 硬件定时线),4 路 32 位计数器/定时器,针对 PWM、编码器、频率、事件计数等[158]。其端子接口如图 3.32 所示。

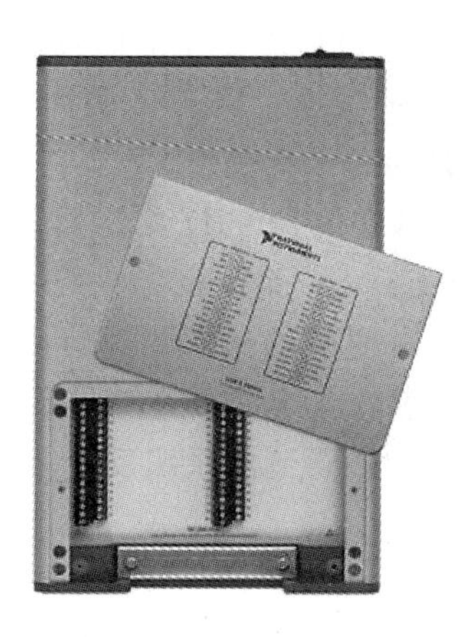

图 3.31 NI USB-6366 数据采集卡实物图

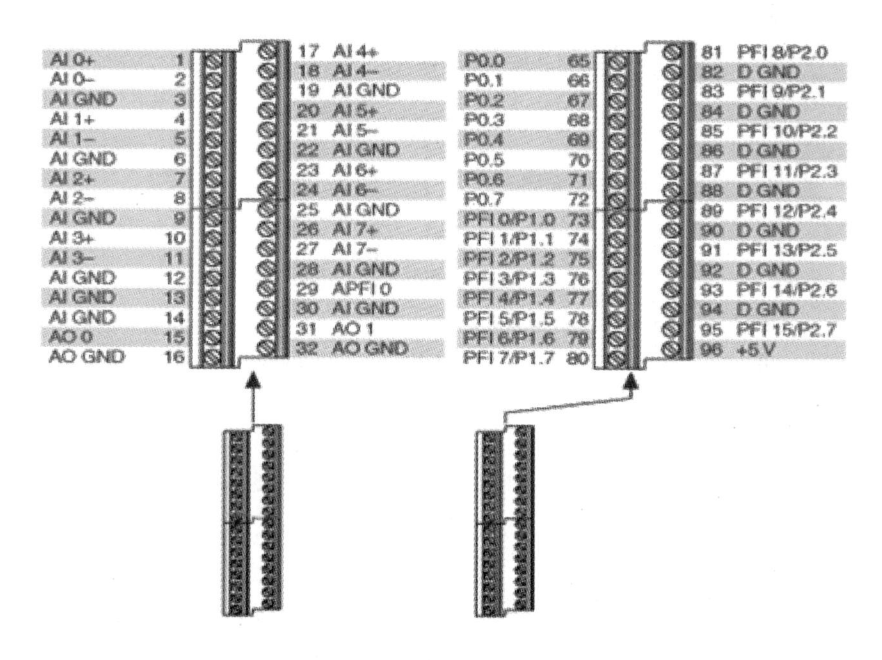

图 3.32 NI USB-6366 数据采集卡接口图

2. PID 控制实现过程

LabVIEW 中含有 PID 控制工具包,结合 NI 数据采集设备,用户可以快速地搭建一个数字 PID 控制器。PID 工具包由 10 个 VI 组成,包含

PID. vi,PID Advanced. vi,PID Output Limiter. vi 等。这 10 个 VI 可以满足多类应用场合,不同的 VI 实现不同的功能,例如,PID Lead/Lag. vi 是用来吸纳 PID 控制器前端由系统反馈来的输入信号做动态补偿,PID Output Limiter. vi 可以对 PID 控制器输出信号的变化速率进行控制,保证外部接受控制信号部件的安全。用户可根据不同的要求使用不同的 VI 搭建 PID 控制器,实现过程十分简便[159,160]。

实验中利用 PID. vi 搭建简易 PID 控制器,在该 VI 的输入端给定 PID 的 3 个参数(PID gains)——系统反馈值(process variable)、设定值(setpoint)和微分时间(dt),便能得到需要的输出值(output),如图 3.33 所示。PID 控制器输出的精准还和前端的输入信号是否精确密切相关,所以采集控制系统前端输出而得到的系统反馈非常重要[161]。

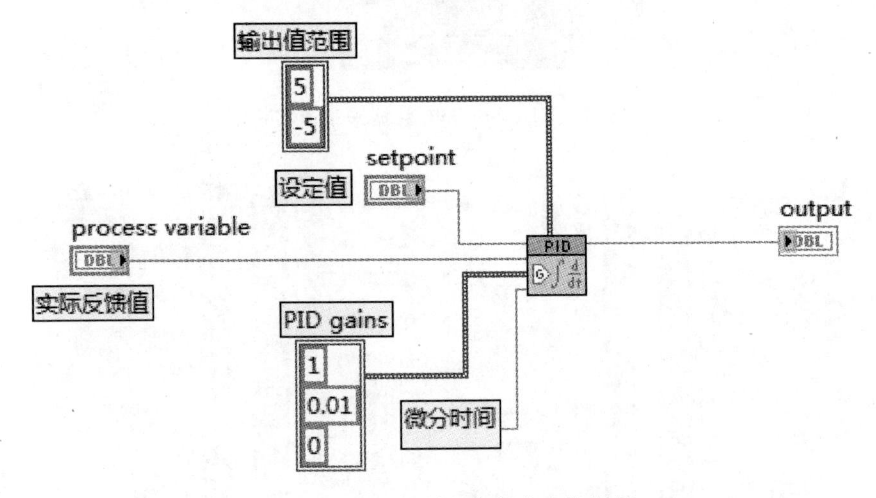

图 3.33 PID 控制程序部分参数设置

本节采取了较为简单的 PID. vi 实现传统的数字 PID 控制器,控制器的期望值为指定的跟踪曲线,实际反馈值为由数据采集卡上得到的电机动子的位置信息,由于电机驱动器的模拟电压输入范围为±5V,所以 PID 控制器的输出范围值为±5V,PID 参数可由实验过程中经调试得到合适的值,输出量为电机的控制量,经采集卡输送到驱动器驱动电机运动,整个 PID 控制的程序如图 3.34 所示。

3. 试验过程及结果分析

1) 软件界面介绍

在 LabVIEW 前面板中,搭建音圈电机控制试验平台,电机控制软件界面如图 3.35 所示。界面整体分为两大部分,含 5 个小部分。界面左侧

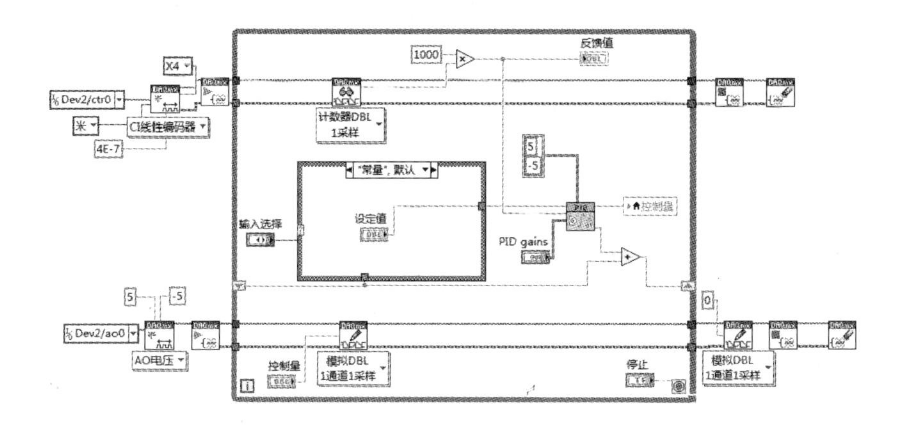

图 3.34　PID 控制的程序图

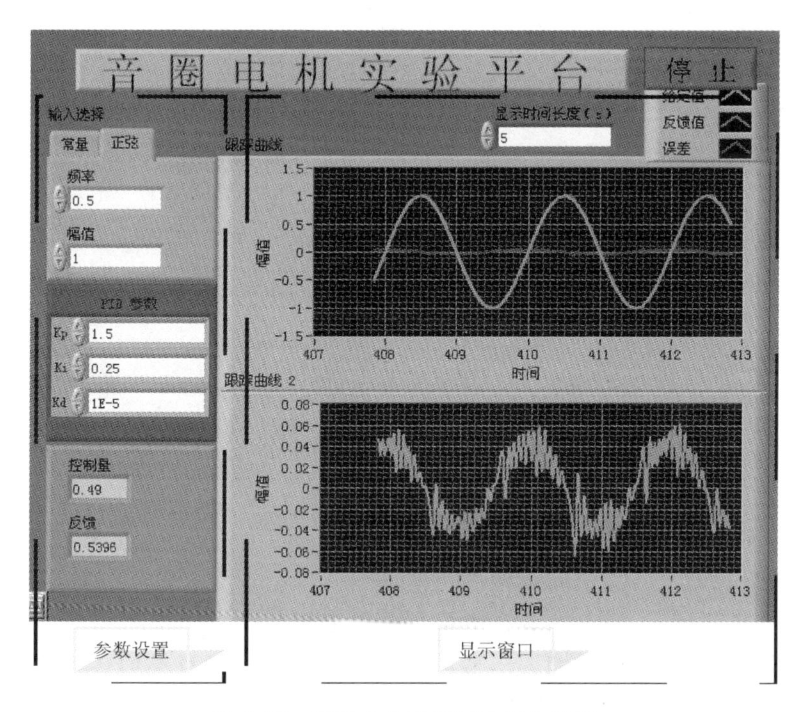

图 3.35　音圈电机控制试验平台界面

主要实现参数设置功能，包括输入选择控制参数设定、PID 参数设置、控制量、反馈量。输入选择部分可以选择电机的跟踪方式，有常量跟踪和正弦信号跟踪两种方式。常量跟踪试验是用来测试电机的定位控制，测试电机的定位能力是否满足应用要求。正弦信号跟踪是用来测试电机对正弦信号的跟踪,它能直接反映出电机的动态响应情况。PID 参数设置用于显示和调整控制过程中的 PID 参数,其中 Kp、Ki、和 Kd 分别代表 PID 控制器的比例增益、积分时间和微分时间。控制量显示程序的控制量,也就是控制器所输出的电压值。反馈则读取的光栅编码器反馈的电机的当前所处的位置。程序界面右侧是显示窗口部分,其中右侧上半部分为电机的跟踪曲线显示窗口,共有 3 条曲线,分别是代表电机位置设定值的蓝色曲线、代表电机实际位置的红色曲线和代表电机跟踪误差的绿色曲线。右侧下半部分显示的是电机跟踪的误差曲线,单独显示后更加精确了解跟踪误差的实际大小和波动情况。

除了参数设置和显示窗口这主要的两部分外,还有几处需作说明,即界面上的"显示时间长度(s)"输入框是用来调整图像显示的时间范围,单位为秒(s)。界面最右上方的"停止"按钮,是用来实现程序的退出。程序中长度单位均为毫米(mm),控制量的单位为伏(V)。

2) 平台搭建和试验过程

LabVIEW 的直线电机控制系统硬件组成框图如图 3.36 所示。

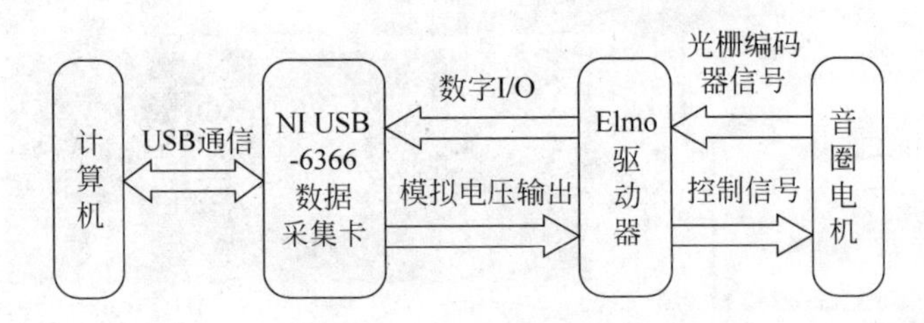

图 3.36 LabVIEW 音圈电机运动控制框图

LabVIEW 的直线电机控制系统搭建过程主要就是要保证接线正确和可靠。具体搭建如图 3.37 所示。电源 1 和电源 2 分别给 Elmo 驱动器提供 24V 电压和 15V 电压,Elmo 驱动器给音圈电机供电。USB-6366 数据采集卡经 USB 通信同工控机相连。

在电机运行过程中,装在电机尾端的光栅编码器将电机的位置反馈给驱动器,驱动器的辅助编码器通过数字 I/O 将光栅反馈值传入采集卡中,采集卡通过 USB 连接到工控机,通过反馈值与设定值进行比较,在工控机程序上进行 PID 控制运算得出对应的电压控制量,该控制量经采集卡的模拟输出端口输送给驱动器,再由驱动器驱动电机运动。同时,根据电机位置反馈和跟踪情况,调整 PID 参数,以实现更为精准的跟踪和控制。

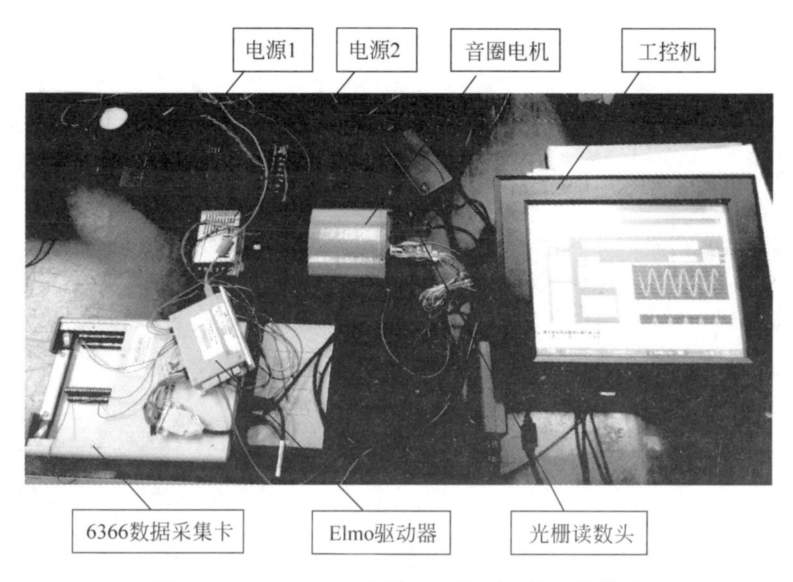

图 3.37　LabVIEW 音圈电机控制系统平台搭建

3）试验结果

经过试验，定点位置跟踪误差较小，而正弦位移跟踪误差值较大，尤其是随着振幅和频率的提高，误差值增大尤为明显。现就两类试验结果分别进行说明与分析。

（1）位置跟踪试验

在音圈电机试验平台软件界面“输入选择”栏选择常量，输入位置常量数值，观察误差大小，根据误差进行 PID 参数调整，以减小跟踪误差。

如图 3.38 所示为常量为 1 时电机的跟踪误差情况，此时 PID 参数分别为 1.5、0.25、0.00001，电机的定位误差为±0.00075mm，误差的波动较小，定位比较理想。

（2）正弦跟踪试验

正弦波跟踪实验是常见的电机运动控制方式之一，本书中选择正弦波跟踪实验作为电机测试试验之一，通过多组不同幅值不同频率的正弦信号测试，得到电机在正弦波信号控制下的误差，从而找到电机在给定位移下的最大理想工作频率。

由于正弦运动的复杂性，显然误差要大于定位跟踪的误差值。总体而言，低幅值、低频率跟踪精度要好，幅值增大，频率加大，跟踪误差就会变大，详见表 3.12 和图 3.39～图 3.41。

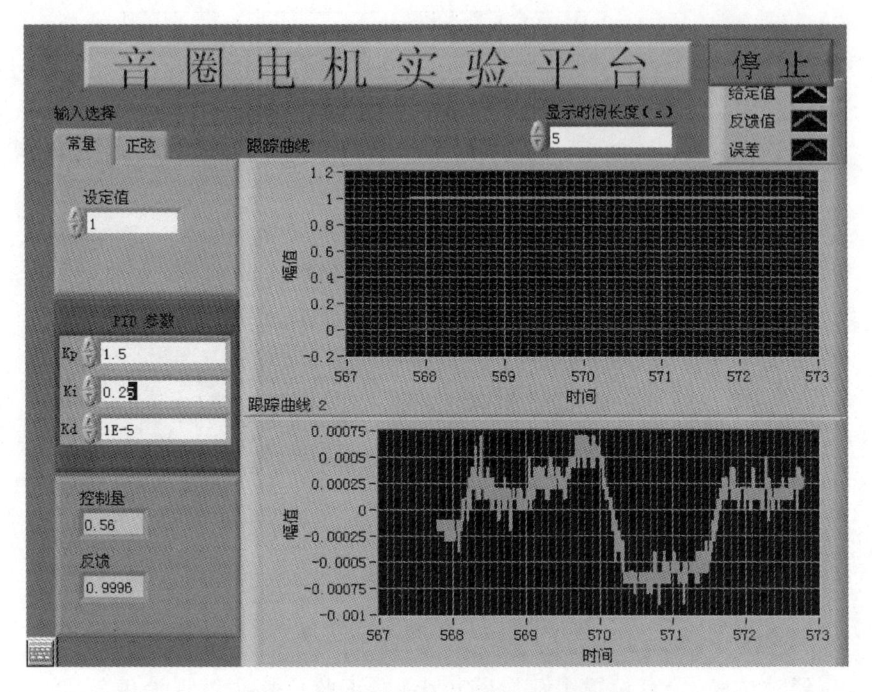

图 3.38 常量为 1 的定点位置跟踪

表 3.12 不同幅值不同频率电机跟踪误差

幅　　值	频　　率	误差范围
1	0.5	0～0.06
1	1	0～0.1
2	1	0～0.15
2	2	0～0.4
3	3	0～0.7

幅值为 2mm 时，即位移为 4mm 时，当频率达到 2Hz 时，误差就已经较大，约为 0.4mm，但是整体来看跟踪曲线基本重合，走势良好，如图 3.40 所示。

幅值为 3mm 时，即位移为 6mm 时，当频率达到 3Hz 时，误差就已经很大，用简单的数字 PID 就很难调小误差，为达到良好的控制精度，需要添加更高级的控制算法和控制策略，如图 3.41 所示。

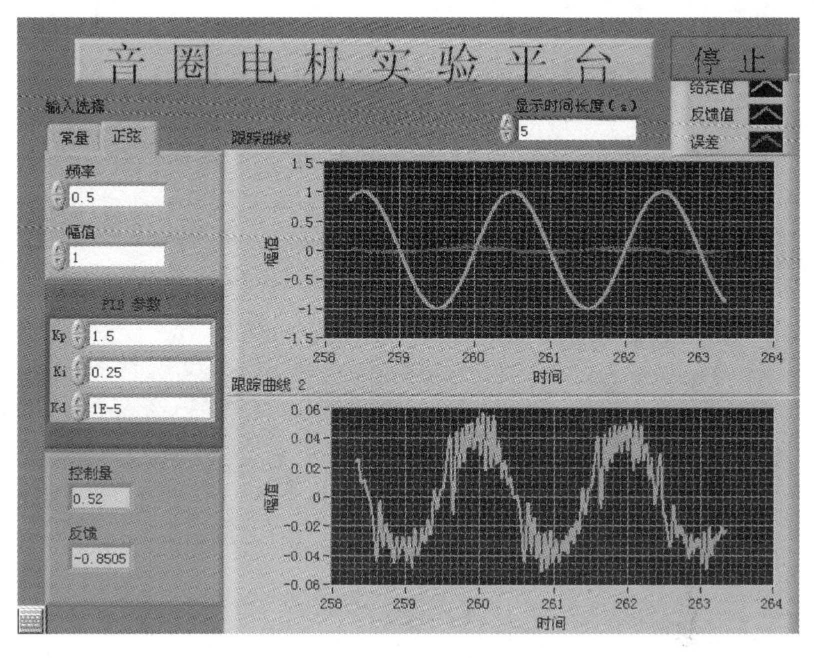

图 3.39 幅值为 1mm 频率为 0.5Hz 时电机的跟踪曲线

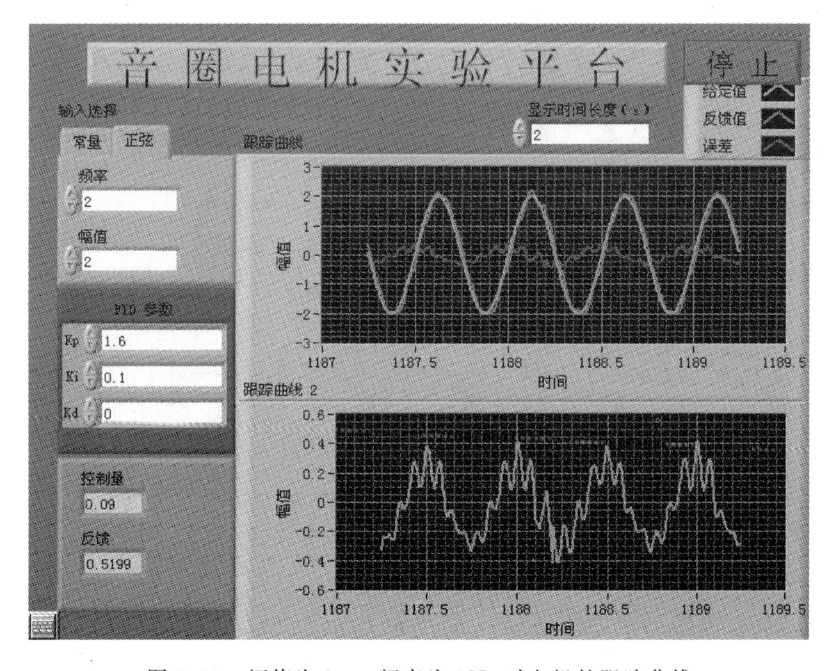

图 3.40 幅值为 2mm 频率为 2Hz 时电机的跟踪曲线

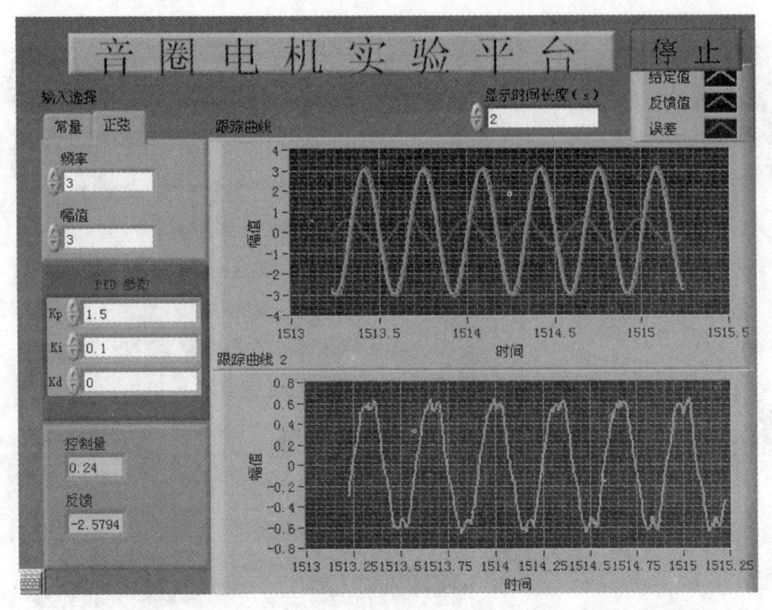

图 3.41　幅值为 3mm 频率为 3Hz 时电机的跟踪曲线

3.5　本章小结

本章首先叙述了电机的优化计算，建立了优化目标函数，得出优化结果，通过分析优化后的电机性能参数，完成电机力密度性能的优化。依据优化后的电机尺寸参数，对样机进行设计组装，对样机设计组装中线圈、永磁体、导轨、反馈元件等关键部件做了说明。

其次对聚磁式音圈电机的漏磁情况和力学性能参数两个静态特性进行了试验研究，发现聚磁式音圈电机沿着推力轴漏磁情况较为明显，原因为推力轴材料选用的材料导磁，可在以后的设计中规避这个问题；同时对电机的推力进行了测试，分别就同位置不同电流和相同电流不同位置处的电机推力进行了测试，测试结果与理论计算存在差异，但是属于合理范围。

最后利用 Elmo 驱动器对聚磁式音圈电机进行了驱动调试和正弦跟踪试验，正弦跟踪试验表明电机的动态性能良好，位移跟踪准确。同时，利用 NI 公司的 USB-6366 数据采集卡和 LabVIEW 编程，对电机进行了简单的数字 PID 控制试验，试验表明在小幅值低频率下简单的数字 PID 也具有较好的控制精度，但是随着幅值和频率的增加，简单的数字 PID 控制精度就不满足要求，需要加入更加高级的控制算法和控制策略对电机进行控制，这也就对未来工作提出了进一步的展望和计划。

第4章

非圆切削刀具进给伺服系统设计及建模

本章研究内容受北京市自然科学基金（项目号：4142017）和国家重大科技专项（项目号：2011ZX04002-132）"CK9555 大功率船用柴油机活塞加工用非圆车床"的支持。该项目是研制用于大功率船用柴油机活塞加工的非圆车床，该车床可以满足大型船舶、重型机车、汽车、航空航天、工程机械等领域的高档活塞外圆异形加工。本章重点就该项目的关键问题之一"非圆切削系统直线伺服电机 U 轴对 Z 轴、C 轴、X 轴的高速高精度跟踪问题"进行研究和叙述。

4.1 非圆切削直线电机伺服驱动与控制关键技术

直线电机伺服驱动与控制主要完成径向进给直线电机伺服系统的高速高精度控制。内容主要包括直线电机驱动器和其他硬件的选择，并在分析建立直线电机模型的基础上，设计直线电机控制方案，编程实现控制算法，控制直线电机高速高精度的跟随预先输入的位置指令信号，从而实现中凸非圆活塞的加工。

目前确定的活塞加工要求主要有：活塞直径 500mm，椭圆度 2mm，活塞长度 1000mm，加工精度要求 3μm，刀痕间距 0.2～0.3mm，主轴转速为 800r/min。据此计算可知，为满足加工精度要求，主轴每转的控制点数为 2095。每个控制点所用时间大约为 35μs，包括位置指令读入时间、位置反馈信号读入时间、控制算法计算时间、控制指令输出时间、D/A 电压建立时间、驱动器响应时间等。伺服驱动部分的软硬件应该以这些参数为基础进行设计。

4.1.1 伺服驱动回路硬件配置

伺服驱动回路的硬件包括 D/A 转换器、编码器、正交编码脉冲电路、计数器等，需要根据加工的非圆零件的参数和主轴转速及控制精度要求进行选择。

关键技术为：D/A 转换器的选择主要考虑输出精度、分辨率、响应速度等因素，电压建立时间小于 5μs；编码器的选择主要根据加工精度，要求具有合适的分辨率，要求其分辨率小于 0.1μm；正交编码脉冲电路应集成在衍生系统的电路板上，计数器应具有合适的位数，保证在电机整个行程中不发生溢出，计数位数为 16 位。

4.1.2 驱动方式选择

驱动直线电机进给的驱动器，需要根据电机类型、功率、响应速度等条件选择。关键技术为：驱动器的选择主要取决于响应速度的要求，可采用数字驱动器，电流环响应速度小于 10μs，也可采用大功率的模拟驱动器。现有的 Elmo 数字驱动器，电流环响应时间为 70μs，虽不能满足项目要求，但可以在前期研究中应用。

4.1.3 直线伺服进给系统模型分析与建立

本书选用音圈直线电机，为研究数据驱动控制方法在直线伺服进给系统的控制效果，首先需要建立音圈直线电机系统的数学模型。

关键技术为：要建立音圈电机的模型，除了需要对电机做理论分析之外，还需要进行实验测试以确定模型的精确参数；在建立电机模型时，需要考虑外部扰动的作用，以使仿真的结果尽量接近真实的加工情况。建立电机模型的工作需要在电机设计制造完成，并与控制驱动部分连接完成之后才能开始。

4.1.4 数据驱动控制算法的实现

分析建立了电机模型之后，设计控制方案，利用仿真软件对控制算法进行仿真、分析和优化，在此基础上选定一种最优方案。控制算法确定后，可在衍生系统的编程环境下编程实现。

关键技术为：在电机的实时控制中，控制算法的计算必须在尽量短的时间内完成，算法完成时间小于 10μs。算法的计算时间与控制效果必须经过实验才能够检验确认，因此，必须进行大量的实验测试来决定控制算法的种类和具体的控制参数。

4.1.5　接口与定义问题

直线电机伺服驱动部分的输入信号包括位置指令序列，C 轴编码器脉冲输入和 Z 轴编码器脉冲输入。输出信号主要是对驱动器的控制信号，包括 D/A 电压信号、数字 I/O 控制信号，输出信号形式由直线电机驱动器确定。D/A 的数字输入选为 6 路、24V；数字输出选为 10 路、24V。

4.2　刀具进给直线伺服控制系统实验平台

在进行非圆活塞的数控加工时，要求刀具在工件径向作快速、准确的往复振动，其振动频率大约是主轴转动频率的两倍，用普通的交直流伺服电机构成的直线进给系统已不能满足这一要求。由于直线电机将电能直接转换成直线运动的机械能，省去了中间传动装置，具有起动推力大、传动刚度高、动态响应快、定位精度高、行程长度不受限制等优点，非常适合于中凸非圆活塞数控车床的横向进给运动，而直线电机的驱动和控制特性就成为实现数控非圆截面加工的关键。

直线电机伺服系统结构如图 4.1 所示。由音圈电机驱动的刀架，是一个位置伺服系统，其结构对整个数控活塞车床来说是相对独立的。它的输入是位置参考信号，通常是一个模拟电压信号，由衍生模块控制器根据车床主轴的角位移和活塞型面的要求实时发出，经 D/A 转换后形成。音圈和刀架可动部分刚性地联结在一起，车刀固定在刀架头部，随刀架可动部分一起运动。

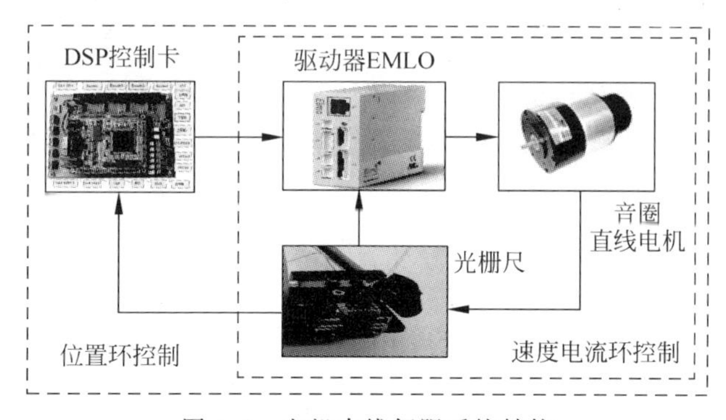

图 4.1　电机直线伺服系统结构

直线伺服刀具进给系统的核心是对直线电机的控制。主要包括选择驱动器等硬件，并在分析建立电机模型，掌握系统软件环境的基础上，编程实现合适的控制算法，以控制直线电机高速高精度地跟随预先输入的位置指令信号，从而实现中凸非圆活塞的加工。对应的直线电机伺服系统工作原理如图 4.2 所示。

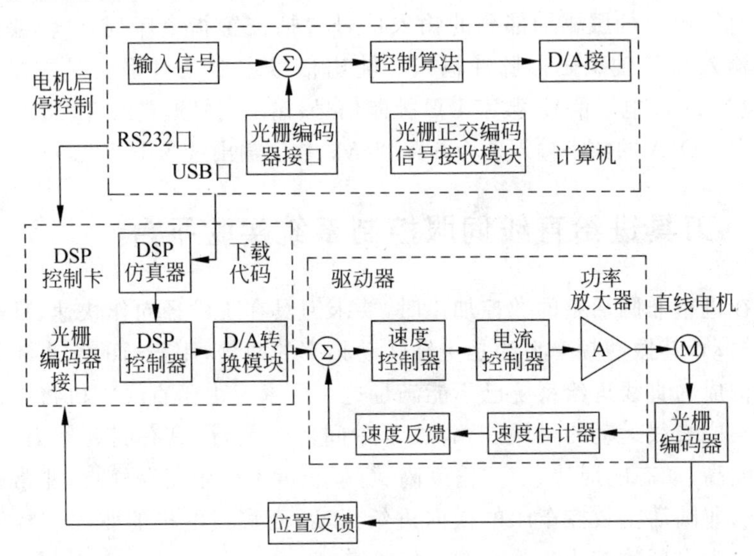

图 4.2 直线电机伺服系统工作原理图

伺服系统实验平台硬件连接如图 4.3 所示。

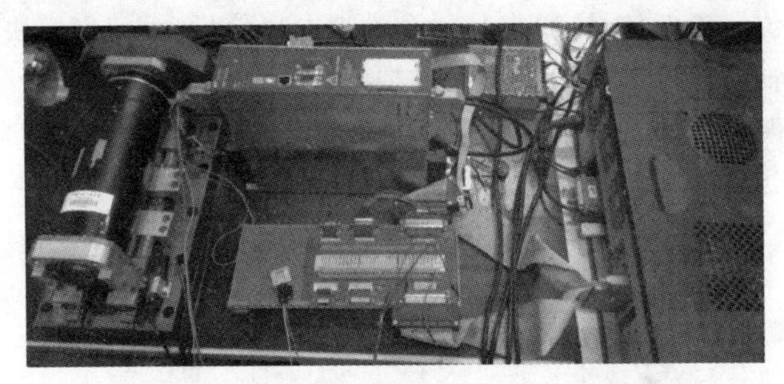

图 4.3 伺服系统实验平台硬件连接图

下面就实验平台中的主要部件及功能进行介绍。

4.2.1 音圈直线电机

音圈电机是新型控制微特电机的一种，它是一种特殊形式的直接驱动电机，因为原理与扬声器类似而得名。它是基于安培力原理制造的，其工作原理相当简单：通电线圈（导体）在磁场中会产生力，力的大小与施加在线圈上的电流成比例。音圈电机在理论上具有无限分辨率，具有结构简单、体积小、重量轻、高速度、高加速度、高精度(直接驱动)、急速响应、力控制精确等卓越特性,因此被广泛地用于磁盘、激光唱片定位等精密定位系统以及许多不同形式的高加速度、高频激励的场合。其缺点是行程较短,但在非圆活塞的加工中,刀具在X轴向的快速往复振动行程很小,因此本项目切削刀具的进给机构拟采用音圈直线伺服电机,同时采用高响应速度的高精度光栅尺作为位置检测元件,定位精度由光栅的分辨率来决定。本书选用的音圈电机为德国BOB Bobolowski公司生产的DTL85/708-3StX-1-S同步直线电机,其外形如图4.4(a)所示,电机的主要参数见表4.1。

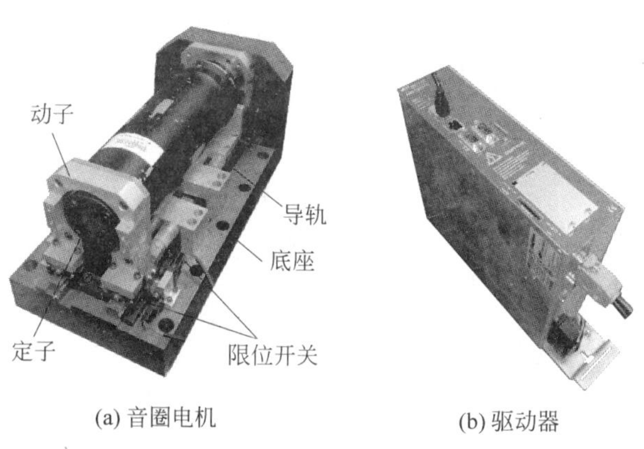

(a) 音圈电机　　(b) 驱动器

图4.4　DTL85/708-3StX-1-S电机和ARS2310驱动器外形图

表4.1　DTL85/708-3StX-1-S电机主要技术指标

名　　称	技术指标	名　　称	技术指标
持续推力	980N	最大电流	23.0A
峰值推力	1520N	动子质量	7.5kg
推力常数	56.2N/A	最大加速度	$431m/s^2$
电机常数	$32.8N/W^{0.5}$	最大速度	3.44m/s
持续电流	8.66A		

4.2.2　数字伺服驱动器

本书所采用的音圈电机的驱动器为Cooper公司生产的ARS2310,采用三相交流供电,指令循环时间短,电流环控制器为比例(P)控制器,带宽约为2kHz,速度环控制器为比例-积分(PI)控制器,带宽约为500Hz,驱动器外形如图4.4(b)所示。它具有可编程及外部参数控制功能,是一种新型的交流伺服控制器,正是基于这种灵活性,因此它能在不用的工业应用领域表现出色。

数字伺服驱动器的工作原理如图 4.5 所示。数字伺服驱动器分为位置环、速度环、电流环三环控制。各个环节性能的最优化是整个伺服系统高性能的基础，外环性能的发挥依赖于系统内环的优化。尤其是电流环是高性能伺服系统构成的根本，其动态响应直接影响整个伺服驱动器的动态性能。电流环的主要作用是实现快速动态响应，保持电流在动态响应过程中不出现过大的超调。速度环的作用是增强系统抗负载的扰动能力，抑制速度波动，具有速度脉动小、频率响应快、调速范围宽等要求。位置环处于最外环，调节也最为复杂，一般要实现直线电机的精密运动，都需要结合高速的数字信号处理器。在驱动器和直线电机第一次连接时要对三环进行调试以使驱动器工作在最佳状态。

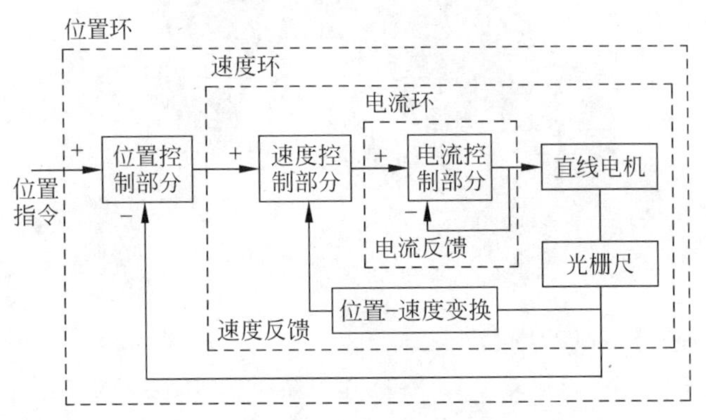

图 4.5 数字伺服驱动器工作原理图

4.2.3 DSP 控制器

DSP 控制系统是衍生式非圆数控系统的核心，除了实现跟踪 C 轴和 Z 轴并给出 U 轴控制信号外，还需实现和原有数控系统的通信、数据存储运算，需要时通过接口和另一台计算机连接，以显示所加工截面图形及实时误差值，供调试或监测。实验所用 DSP 型号为 TMS320F28335，它的特性不再赘述。本书中 dSPCACE 硬件采用的是 DS1104 处理器板、I/O 板、连接器等。dSPCACE 软件使用的是 ControlDesk。

4.2.4 位置检测部件

要构成具有高精度、响应快速的直线电机伺服系统，有效的位置检测装置是不可或缺的。位置检测装置作为运动控制的重要组成部分，其作用就是检测位移量，并发出反馈信号；反馈信号与控制装置发出的位置指令信号相比较，经过放大后控制执行部件使其向着消除偏差的方向运动，直至偏差为零为止。为了提高机械装置的的精度，必须提高检测元件和检测系统的精度。

本实验位置检测元件采用 TONIC 光栅系统，增量式编码器输出 3 路脉冲信号，分别为 A 相、B 相和 Z 相，其中 A 相和 B 相是两路正交脉冲编码信号，电机的运动方向可以通过检测这两路脉冲信号哪路先到来判定，动子的位置则由脉冲数来决定。DS1104 内部集成了正交脉冲编码电路（QEP），可以对输入的信号进行 4 倍频及辨向处理，QEP 电路可以对光电编码器产生的正交脉冲编码信号 A、B 路信号进行解码和计数，从而获得电机的位置和速度等信息。编码器的最小分辨率为 0.1μm。

光电编码器的正交脉冲信号输入到 DSP 的 CAP1/QEP1、CAP2/QEP2 引脚，通常会选择通用定时器 T2(EVA)对输入的正交脉冲编码信号进行解码和计数。要使 QEP 电路正常工作，必须使 T2 定时器工作在定向增/减模式，在该模式下，QEP 电路不仅为定时器 T2 提供计数脉冲，还决定了它的计数方向：QEP 电路对输入的正交脉冲编码信号进行 4 倍频后作为定时器 T2 的计数脉冲，并通过 QEP 电路的方向检测哪个脉冲序列相位超前，然后产生一个方向信号作为定时器 T2 的方向输入，当直线电机正向运动时，定时器 T2 增计数，当电机反向运动时，定时器 T2 减计数。正交编码脉冲、定时器计数脉冲和计时器方向逻辑图如图 4.6 所示。

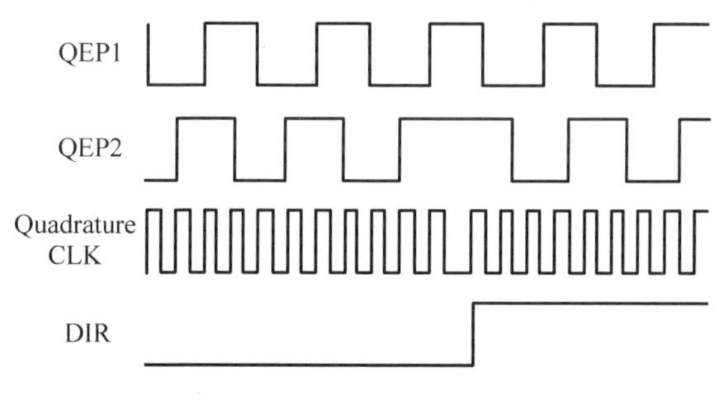

图 4.6 正交编码脉冲、计数脉冲和方向信号

4.3 刀具进给直线伺服控制系统模型辨识

4.3.1 系统数学模型的推导

在研究音圈电机的控制算法时，为了对系统进行分析和预测，从而达到对系统的最佳控制，首先要求得到控制对象的数学模型。数学模型能

够定量地描述系统的动态性能,揭示系统的结构、参数与动态性能之间的关系。本章研究的控制对象是音圈电机及其驱动器的结合,这是一个单输入单输出系统,这种系统的数学模型一般为微分方程,在实际中为了研究方便,通常将系统的微分方程表示为传递函数的形式。系统的传递函数具有特定的结构和参数,在建立系统的数学模型时,一方面要确定系统传递函数的结构,另一方面要估计出传递函数的参数[163-165]。

通常要建立一个系统的数学模型有以下两种途径:

(1) 分析法。根据已知的定律、定理或原理,分析系统的结构及其运动规律,从而推导出系统的数学模型,这种方法通常适用于简单的系统。

(2) 系统辨识。使用实验的方法来得到系统的数学模型,即通过对系统施加某种已知的输入信号,并检测系统的输出信号,然后根据系统的输入信号和输出信号的关系,通过一定的计算处理来得到系统的数学模型。系统辨识分为全辨识和部分辨识两类,如果既不知道所辨识系统的结构又不知道系统的参数,则这种辨识就是全辨识问题,这种辨识往往非常困难。在实际中全辨识的情况很少见,通常在进行辨识之前,对系统数学模型应该有一定的了解,即系统数学模型的结构形式通常是已知的,需要通过实验确定的只是数学模型中的某些参数,这种情况就是部分辨识问题,也就是参数估计问题。

由于音圈电机的工作原理是已知的,因而可以根据其结构参数推导出其传递函数的大概形式。因此,在建立系统数学模型时采用系统辨识中的部分辨识方法,即首先根据音圈电机的工作机理推导出它的数学模型,进而估计出系统数学模型的结构形式,然后再通过实验测定出系统的输入输出信号,从而辨识出模型中的参数。

根据音圈电机的工作原理,可以推导出音圈电机的电压平衡方程如下:

$$u = L\frac{\mathrm{d}i}{\mathrm{d}t} + Ri + Blv \tag{4-1}$$

式中,u 为电机线圈的端电压;L 为线圈的感抗;i 为线圈的电流;R 为线圈的电阻;B 为电机气隙磁场的强度;l 为线圈的有效长度;v 为电机动子的运动速度。

电机动子的动力学平衡方程为

$$\begin{cases} F = ma \\ F = NBil \end{cases} \tag{4-2}$$

式中,F 为电机驱动力;m 为电机动子质量;a 为电机动子的加速度;

N 为电机线圈的匝数。对式(4-1)和式(4-2)进行拉氏变换,同时将电机动子的位移与其速度和加速度的关系 $\dot{y}=v,\ddot{y}=a$ 代入,可得

$$\begin{cases} U(s) = LsI(s) + RI(s) + BlsY(s) \\ NBlI(s) = ms^2Y(s) \end{cases} \tag{4-3}$$

在音圈电机的伺服控制系统中,电机的输入信号为线圈电流 i,输出信号为动子位移 y,根据式(4-3)可得两者之间的关系,即音圈电机的传递函数为

$$G(s) = \frac{Y(s)}{I(s)} = \frac{NBl}{m} \cdot \frac{1}{s^2} \tag{4-4}$$

根据式(4-4),音圈电机是一个二阶系统。

音圈电机伺服控制系统采用三环控制系统,由内到外,依次为电流环、速度环和位置环。本章所要研究的是运行于衍生控制器上的位置环控制算法,因此系统的控制对象除了音圈电机之外还包含音圈电机的驱动器,而三环控制系统中的速度环和电流环在驱动器上实现。在推导控制对象的数学模型时,除了音圈电机的传递函数之外,还需要考虑电流控制器和速度控制器。本书所采用的音圈电机的驱动器为 Cooper 公司生产的 ARS2310,它的电流环控制器为比例(P)控制器,速度环控制器为比例-积分(PI)控制器,其中 PI 控制器的传递函数为

$$G_c(s) = K_P + \frac{K_I}{s} \tag{4-5}$$

式中,K_P 为控制器的比例系数;K_I 为积分系数。

因此根据三环控制结构以及式(4-4),可以得到电机和驱动器的数学模型的形式为

$$G(s) = \frac{K(T_z s + 1)}{(T_{p1} s + 1)(T_{p2} s + 1)(T_{p3} s + 1)} \tag{4-6}$$

即系统的传递函数为一个含有零点的 3 阶系统,下面将采用系统辨识的方法来确定式(4-6)中的各个参数。

4.3.2　系统模型参数辨识

1. 实验设计

要对上节给出的系统模型中的参数进行辨识需要采用实验的方法,对控制对象输入一个确定的信号,并记录下系统相应的输出信号,然后对输入信号和输出信号进行分析,从而估计出式(4-6)所示的传递函数中的各个未知参数。

因为输入信号的选择对系统参数的辨识精度有很大的影响,所以在

设计实验时必须合理地选择系统的输入信号。在系统辨识实验中，一方面要求输入信号能够在试验期间充分激励系统的所有模态，另一方面输入信号要使系统参数的辨识精度达到最高。根据文献[4]，为了满足以上要求，系统辨识中的最优输入信号是自相关函数为脉冲函数的信号，即辨识时输入的数字信号 $u(k)$ 的自相关函数必须满足

$$\frac{1}{N}\sum_{k=1}^{N}u(k)u(k-j)=\begin{cases}1, & j=0\\ 0, & j\neq 0\end{cases} \tag{4-7}$$

式中，N 为输入数字序列的长度。输入数字序列的长度很大时，白噪声和 M 序列可以满足式(4-7)，本节选择 M 序列为输入信号。

M 序列是伪随机序列的一种，它又被称为最大长度先行反馈移位寄存器序列，M 序列不仅能够满足系统辨识输入信号的相关要求，而且在实践中易于实现。M 序列可以使用带反馈的移位寄存器来实现，其产生原理如图 4.7 所示。

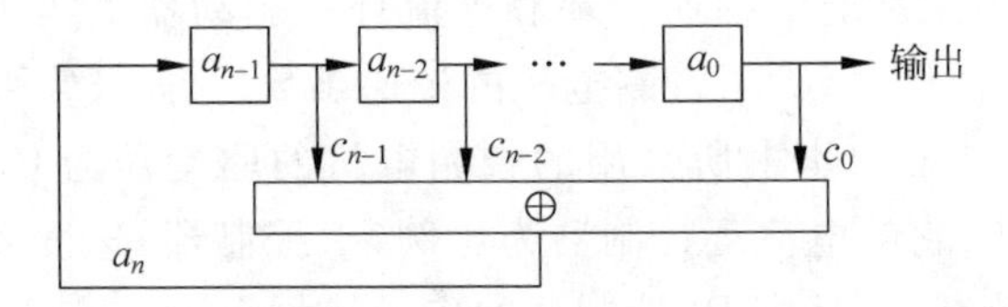

图 4.7　M 序列的产生原理

图 4.7 中，每一个方框 $a_i(i=0,1,2,\cdots,n)$ 是一个具有移位功能的触发器，每一个触发器当前值为 0 或 1，称为该触发器的当前状态。在每一个采样周期中，触发器受到移位脉冲的作用，使它的新状态等于原来的输入值，这样整个移位寄存器的状态($a_{n-1},a_{n-2},\cdots,a_0$)就向右平移一位，而 a_{n-1} 的状态取决于反馈的值。触发器的状态中有一部分进行模 2 加法后产生反馈信号，而 $c_i(i=0,1,2,\cdots,n)$ 的值决定了对应触发器的状态是否参与模 2 加法。这样，在移位寄存器的输出端就得到了一个无限长的数字序列，其输出值为布尔型，即取值为 0 或 1，这就是所要的 M 序列。

在进行系统辨识时，本节采用了上文所述的音圈电机伺服控制实验平台，产生上述的 M 序列，作为音圈电机驱动器的控制电压输入，并通过实验台的位置反馈来检测并记录音圈电机的输出信号。由于 M 序列为布尔型信号，在实验中需要对其进行平移和放大，得到正负电压信号来作为电机的速度指令。为了产生 M 序列，首先在 Simulink 软件中建立如图 4.8 所示的仿真模型。

图 4.8 所示的仿真模型中，首先利用 Simulink 中的单位延时(Unit

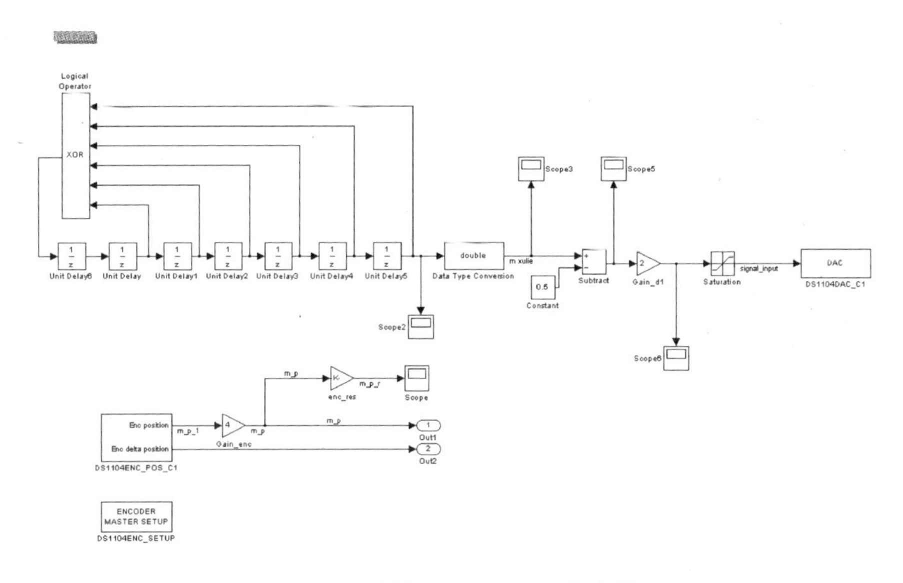

图 4.8 系统辨识的 Simulink 仿真模型

Delay)模块生成一个 7 阶 M 序列，然后对这个序列进行数据类型转换、平移和放大处理来得到幅值为±1V 的信号，通过 DAC 模块将信号输出到音圈电机驱动器。通过模型中的 ENC 模块可以检测音圈电机的编码器信号，从而可以获得音圈电机的输出。仿真程序生成的 M 序列的波形如图 4.9 所示。

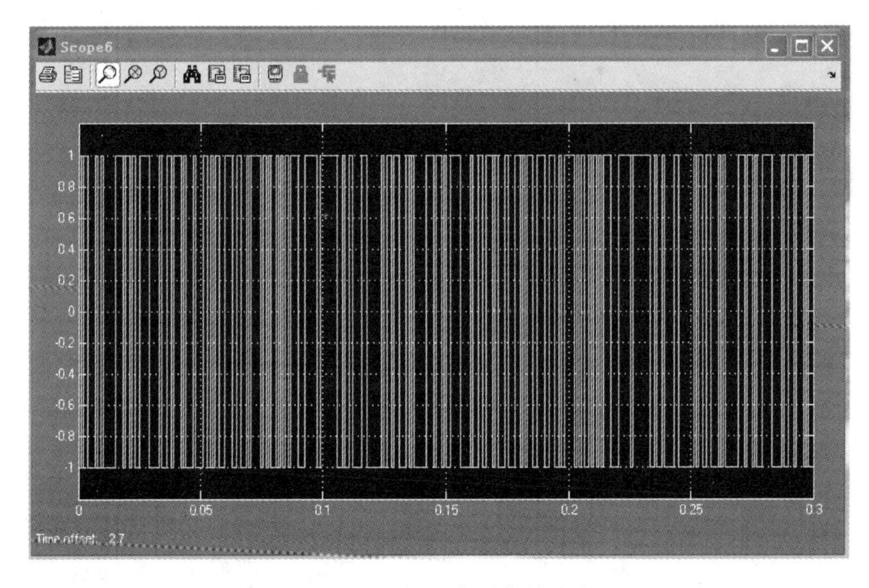

图 4.9 7 阶 M 序列信号波形

2. 实验及数据接收

利用 ControlDesk 软件进行试验数据的接收，使用 dspcae 的自动生成代码功能将上述仿真模型转化为 C 语言代码，经过编译和连接后，仿真模型就可以在 DSP 上运行了。在程序的运行过程中，每个控制周期 DSP 输出一个 M 序列的电压信号到音圈电机驱动器，这个电压信号规定了音圈电机的运动速度，驱动器根据此速度指令输出驱动电流到音圈电机。音圈电机在驱动电流的作用下产生运动，电机上的光栅负责检测音圈电机的运动位置，并将这个位置信号送到 DSP，这就得到了控制对象的输出信号。在电机运动过程中，DSP 把每个采样周期的输出电压信号和电机的位置反馈信号都存储在 DSP 的外部 RAM 中。程序运行一段时间后电机停止运动，DSP 通过 RS-232 接口把外部 RAM 中存储的实验数据发送到计算机，由运行在计算机上的实验数据接收程序来接收，系统辨识实验中数据接收程序的界面如图 4.10 所示。

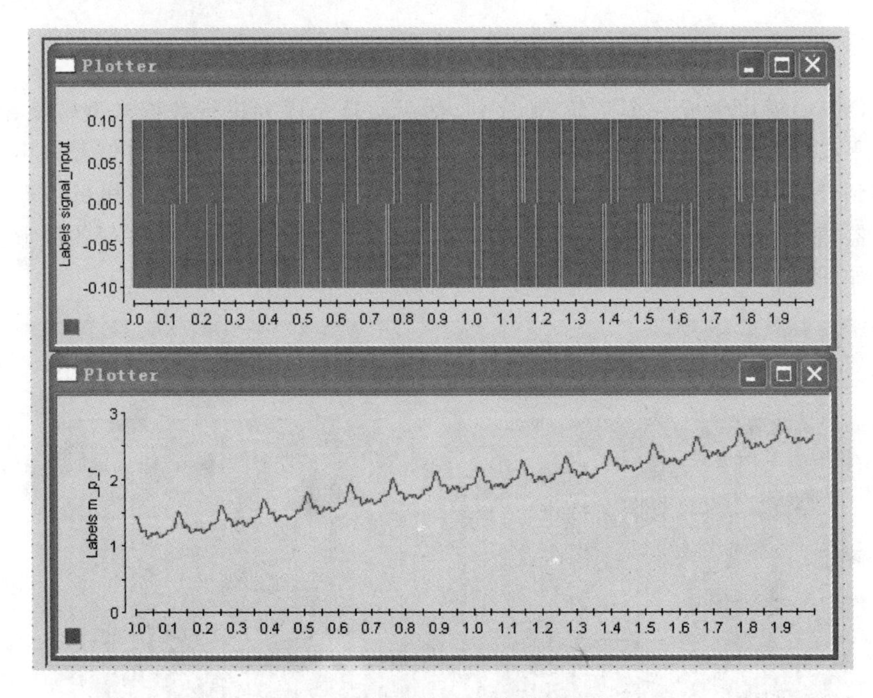

图 4.10　系统辨识实验数据接收

图 4.10 中所示的实验数据接收程序界面里的图形显示控件中显示了接收到的数据，其中上半部分显示的是 DSP 的输出电压信号即控制对象的输入信号，而下半部分为电机的位置反馈信号，即控制对象的输出信

号，利用数据接收程序的文件存储功可以将接收到的数据存储为文本文件。

3. 系统参数辨识

通过实验得到了由驱动器和音圈电机组成的控制对象的输入和输出信号，其中输入信号为电压，输出信号为位移。为了利用这些数据估计出系统数学模型中的参数值，本节使用了 MATLAB 软件提供的系统辨识工具箱(System Identification Toolbox)，它是 MATLAB 软件的一个扩展模块，能够通过拟合实测数据来估计线性或非线性系统的数学模型。将实验测得的数据导入到系统辨识工具箱后，首先可以利用工具箱提供的功能对实验数据进行分析和预处理，包括对数据进行去偏移、去线性趋势项、滤波和重采样等；然后可以选择模型的结构形式，对模型的参数进行估计，得到系统的数学模型；最后可以利用工具箱的模型验证功能来对估计出的数学模型进行验证。利用系统辨识工具箱得到的系统数学模型可以用在系统仿真、系统输出预测和控制器设计中。

将上文存储的实验数据载入到 MATLAB 的工作空间中，然后就可使用 ident 命令打开系统辨识工具箱，其图形界面如图 4.11 所示。

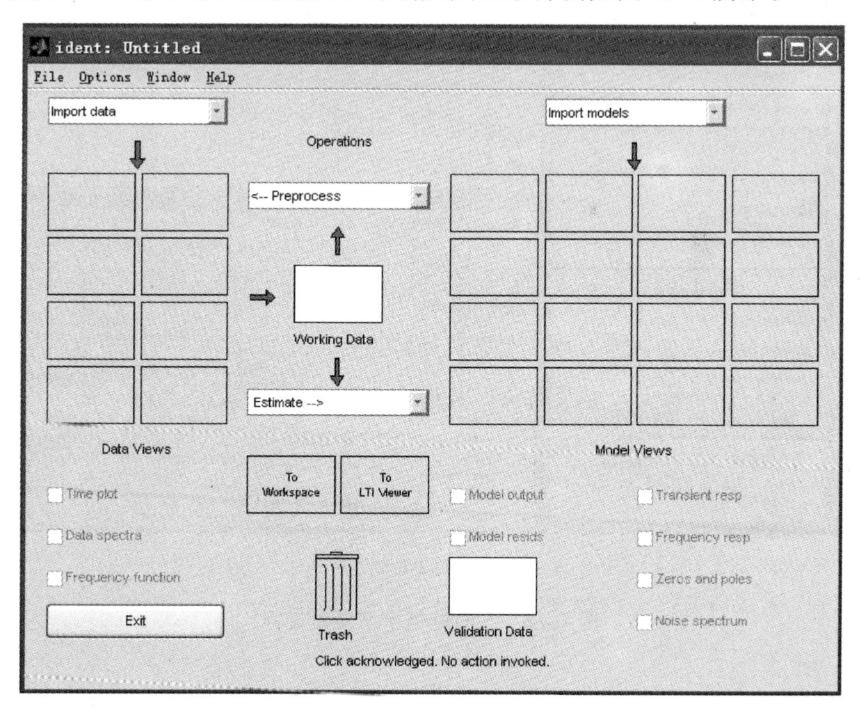

图 4.11 系统辨识工具箱

利用系统辨识工具箱可以完成完整的系统辨识过程，包括数据导入，模型形式选择，参数估计等。对所测得的数据进行系统辨识的过程如图 4.12 所示。首先使用图 4.12(a)所示的 Import Data 对话框导入系统的输入输出数据，并在工具箱主界面中对导入的数据进行预处理，如图 4.12(b)所示。然后利用图 4.12(c)所示的 Process Model 对话框选择系统模型的形式，根据式(4-6)，选择系统极点数为 3，有零点，单击对话框中的 Estimate 按钮即可进行参数估计过程，估计结果如图 4.12(d)所示，系统辨识的结果显示在图 4.12(e)所示的 Data/model 对话框中。

根据其显示的参数，系统的传递函数为

$$G(s)=\frac{25.297(-0.0014994s+1)}{(0.082143s+1)(0.0037759s+1)(0.0010467s+1)} \tag{4-8}$$

把式(4-8) 化为标准的零极点增益模型可得

$$G(s)=\frac{-116833(s-666.933)}{(s+12.1739)(s+264.838)(s+955.384)} \tag{4-9}$$

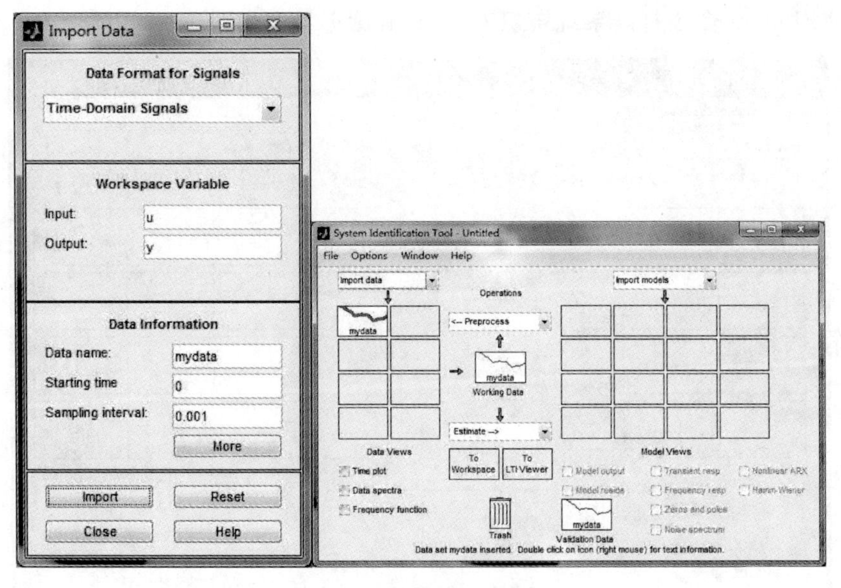

(a) 数据导入

图 4.12　音圈电机模型辨识过程

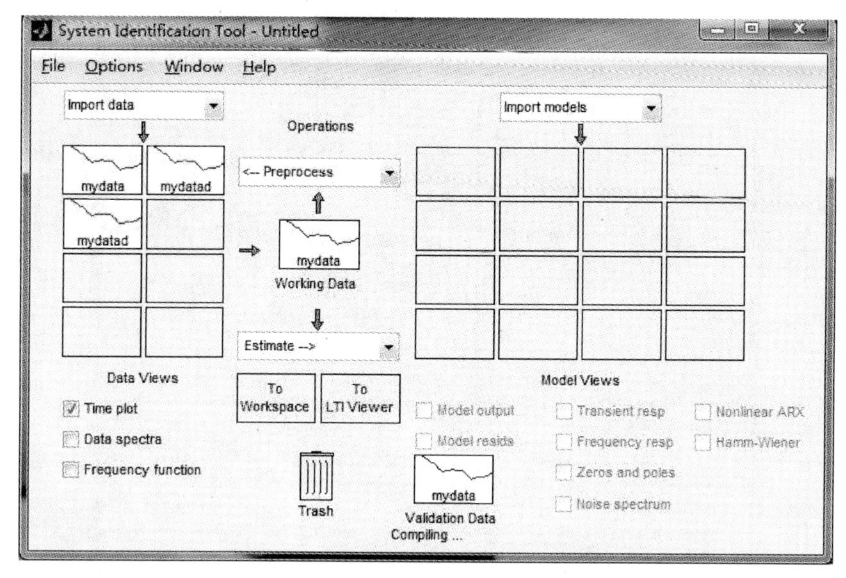

(b) 数据预处理

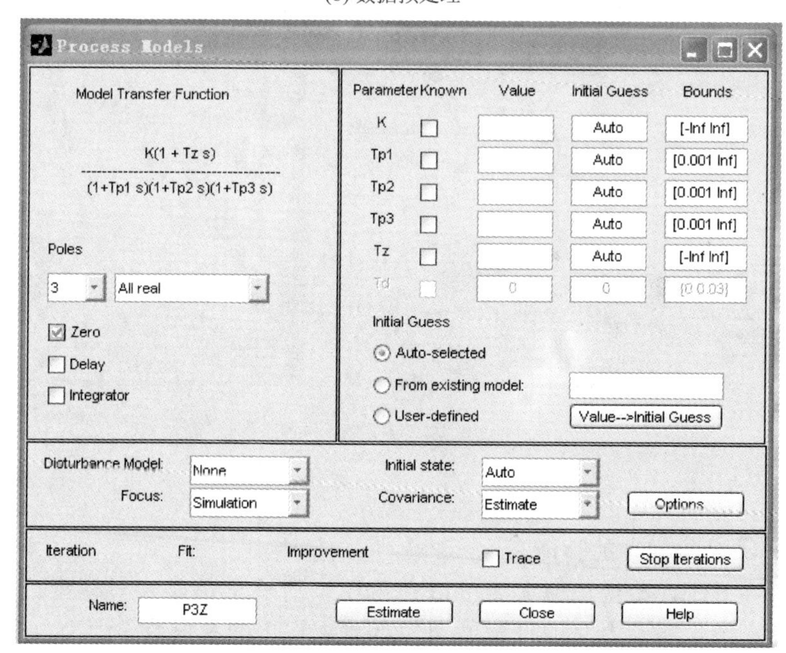

(c) 给定辨识的模型形式

图 4.12　（续）

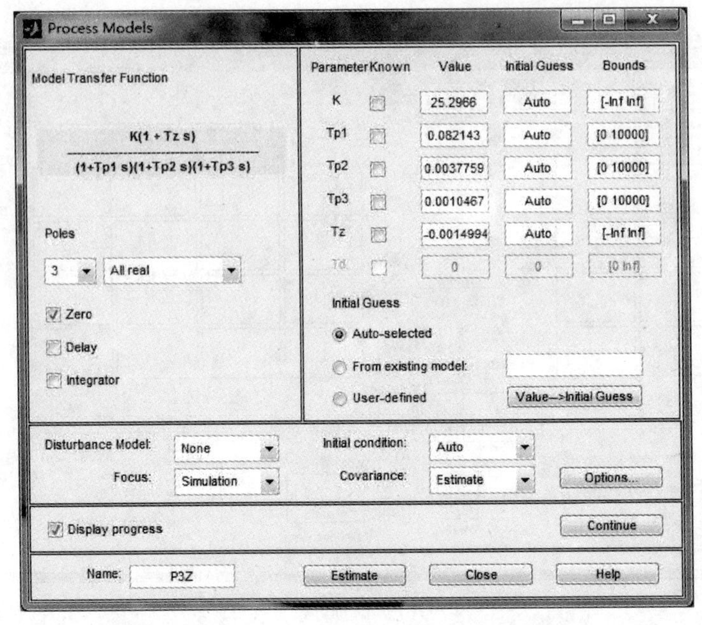

(d) 参数估计

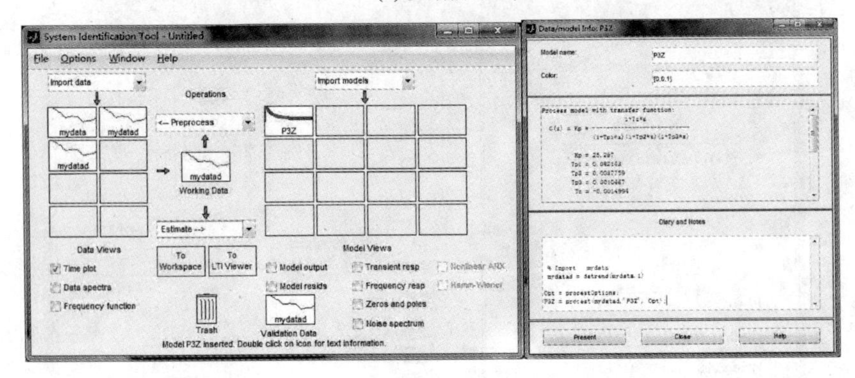

(e) 辨识结果

图 4.12 （续）

4. 系统模型的验证

在系统模型辨识完成后可以利用模型的输出信号来对模型进行验证。把辨识实验中使用的 M 序列输入到辨识出的系统数学模型，可以得到模型的输出信号，将此输出信号与实际测得的输出信号进行对比，所得结果如图 4.13 所示。

由图 4.13 可以看到系统辨识模型的输出信号与实验中实际测得的信号基本符合，这说明所辨识出的系统模型即式(4-8)是有效的。

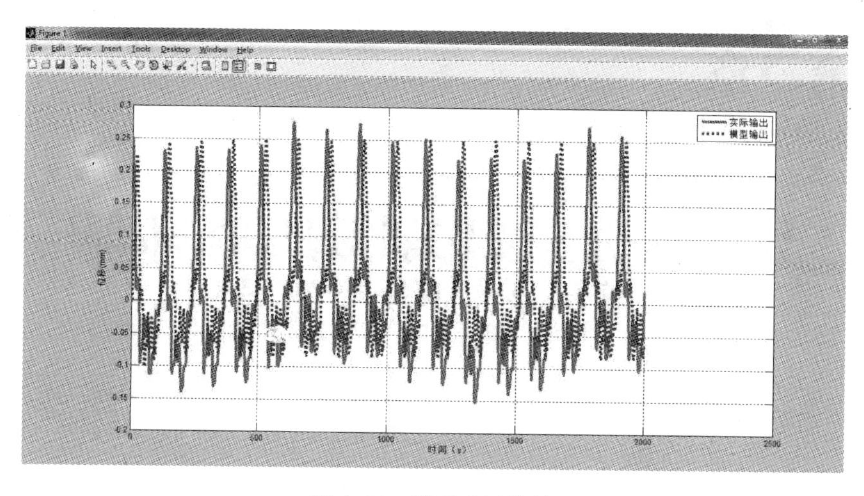

图 4.13　模型验证结果

4.4　本章小结

本章对非圆切削刀具进给直线伺服系统实验平台进行了设计，对系统的关键技术、系统硬件组成及功能进行了详细的叙述，最后对非圆切削直线伺服系统进行了建模。

本章采用机理建模和辨识建模结合的方法。这种方法适用于系统的运动机理不是完全未知的情况，利用已知的运动机理和经验确定系统的机构和参数。

采用机理建模和辨识建模结合的方法的理由如下：

（1）非圆切削直线伺服系统的结构参数、工作原理等已知，故可以得到电机传递函数的大概形式。

（2）考虑到该直线伺服系统磁场分布的复杂性以及摩擦等非线性因素的影响，故传递函数的具体参数通过理论计算得到的结果可能与实际值有较大偏差。

综合以上两点，采取先通过机理建模确定模型结构，再通过系统辨识得到具体参数的策略建立非圆切削直线伺服系统数学模型。

第5章

数据驱动非圆切削刀具进给伺服系统控制方法研究

5.1 无模型自适应预测控制研究

5.1.1 概述

预测控制是20世纪70年代后期从工业实践中发展起来的，是目前除PID控制之外在实际系统控制中应用最广的控制方法，也是目前为止国内外控制理论界经久不衰的研究问题之一。无论线性系统还是非线性系统，预测控制，其基本原理都是一样的，即基于模型的预测、在线滚动优化和反馈校正。具体地说，预测控制的基本思想是利用模型预测被控对象在预测时域内的输出，根据滚动优化原理，通过最小化滑动窗口内的指标函数计算得到一个控制输入序列，并将该序列的第一个控制输入信号用于被控对象，最后应用误差信息反馈矫正以实现系统跟踪期望的输出轨迹。代表性的预测控制方法有：基于脉冲响应的模型预测启发控制(model predictive heuristic control，MPHC)、基于阶跃响应模型的动态矩阵控制 (dynamic matrix control，DMC)和基于系统参数模型的广义预测控制(generalized predictive control，GPC)。目前，预测控制方法在很多领域取得了成功的应用，如石油、化工、电力、交通等。虽然预测控制方法具有控制效果好和鲁棒性强等优点，但仍要求受控系统模型或其结构已知，模型精确度也直接影响控制效果。现有的关于预测控制的理论研究多是针对线性系统提出的，对于非线性系统预测控制方法的研究还有很多的工作需要进一步深入[167]。

对未知非线性系统，研究综合利用预测控制和无模型自适应控制(model free adaptive control，MFAC)各自优点的无模型自适应预测控制(model free adaptive predictive control，MFAPC)，也就是说，研究尽量用闭环系统 I/O 数据的非线性系统的预测控制方法，实现对某些无法获取较精确数学模型的系统的控制，无论是理论上还是实际应用中都具有重大意义。

本章将针对一类未知的离散时间 SISO 非线性系统，利用 3 种动态线性化方法，给出相应的仅利用受控系统输入输出数据，计算负担小的 MFAPC 方案，主要介绍离散时间 SISO 非线性系统的无模型自适应预测控制方法。

5.1.2 基于紧格式动态线性化的无模型自适应预测控制方法

1. 控制系统设计

离散时间单输入单输出(SISO)非线性系统可表示为

$$\begin{aligned} & y(k+1) \\ & = f(y(k), y(k-1), \cdots, y(k-n_y), u(k), u(k-1), \cdots, u(k-n_u)) \end{aligned} \tag{5-1}$$

式中，$u(k) \in \mathbf{R}$，$y(k) \in \mathbf{R}$，分别表示 k 时刻系统的输入和输出；n_u，n_y 是未知的正整数；$f(\cdots)$：$\mathbf{R}^{n_u+n_y+2} \mapsto \mathbf{R}$ 是未知的非线性函数。

由于系统式(5-1)中的非线性函数 $f(\cdots)$ 未知，无法直接预测系统的输出序列。但是系统式(5-1)在一定的假设条件下可转化为如下等价的紧格式动态线性化(compact form dynamic linearization，CFDL)数据类型：

$$\Delta y(k+1) = \phi_c(k) \Delta u(k)$$

其中，$\phi_c(k) \in \mathbf{R}$ 为系统的伪偏导数。

根据上述增量形式数据模型可得如下形式的一步向前输出预测方程：

$$y(k+1) = y(k) + \phi_c(k) \Delta u(k) \tag{5-2}$$

基于式(5-2)，进一步给出 N 步向前预测方程如下：

$$\begin{aligned} y(k+1) &= y(k) + \phi_c(k) \Delta u(k), \\ y(k+2) &= y(k+1) + \phi_c(k+1) \Delta u(k+1) \\ &= y(k) + \phi_c(k) \Delta u(k) + \phi_c(k+1) \Delta u(k+1) \\ &\vdots \end{aligned}$$

$$
\begin{aligned}
y(k+N) &= y(k+N-1) + \phi_c(k+N-1)\Delta u(k+N-1) \\
&= y(k+N-2) + \phi_c(k+N-2)\Delta u(k+N-2) \\
&\quad + \phi_c(k+N-1)\Delta u(k+N-1) \\
&\quad \vdots \\
&= y(k) + \phi_c(k)\Delta u(k) + \cdots + \phi_c(k+N-1)\Delta u(k+N-1)
\end{aligned}
\tag{5-3}
$$

令

$$\Delta \boldsymbol{U}_N(k) = [\Delta u(k), \Delta u(k+1), \cdots, \Delta u(k+N-1)]^{\mathrm{T}}$$

$$\boldsymbol{Y}_N(k+1) = [y(k+1), y(k+2), \cdots, y(k+N)]^{\mathrm{T}}$$

$$\boldsymbol{E}(k) = [1,1,\cdots,1]^{\mathrm{T}}$$

$$
\boldsymbol{A}(k) = \begin{bmatrix}
\phi_c(k) & 0 & 0 & 0 & 0 & 0 \\
\phi_c(k) & \phi_c(k+1) & 0 & 0 & & \\
\vdots & \vdots & \ddots & \vdots & & \vdots \\
\phi_c(k) & \cdots & & \phi_c(k+N_u-1) & & \\
\vdots & & & \vdots & \ddots & 0 \\
\phi_c(k) & \phi_c(k+1) & \cdots & \phi_c(k+N_u-1) & \cdots & \phi_c(k+N-1)
\end{bmatrix}_{N\times N}
$$

式中，$\boldsymbol{Y}_N(k+1)$为系统输出的 N 步向前预报向量；$\Delta U_N(k)$为控制输入增量向量。

式(5-3)可简写为

$$\boldsymbol{Y}_N(k+1) = \boldsymbol{E}(k)y(k) + \boldsymbol{A}(k)\Delta \boldsymbol{U}_N(k) \tag{5-4}$$

当 $\Delta u(k+j-1)=0, j>N_u$ 时预测方程式(5-4)变成

$$\boldsymbol{Y}_N(k+1) = \boldsymbol{E}(k)y(k) + \boldsymbol{A}_1(k)\Delta \boldsymbol{U}_N(k) \tag{5-5}$$

式中，N_u 是控制时域常数，

$$
\boldsymbol{A}_1(k) = \begin{bmatrix}
\phi_c(k) & 0 & 0 & 0 \\
\phi_c(k) & \phi_c(k+1) & 0 & 0 \\
\vdots & \vdots & \ddots & \vdots \\
\phi_c(k) & \phi_c(k+1) & \cdots & \phi_c(k+N_u-1) \\
\vdots & \vdots & \ddots & \vdots \\
\phi_c(k) & \phi_c(k+1) & \cdots & \phi_c(k+N_u-1)
\end{bmatrix}_{N\times N_u},
$$

$\Delta \boldsymbol{U}_{N_u}(k+1) = [\Delta u(k), \Delta u(k+1), \cdots, \Delta u(k+N_u-1)]^{\mathrm{T}}$。

1）控制算法

考虑控制输入准则函数如下：

$$J = \sum_{i=1}^{N}(y(k+i) - y^*(k+i))^2 + \lambda \sum_{j=0}^{N_u-1} \Delta u^2(k+j) \tag{5-6}$$

式中，$\lambda>0$ 是权重因子；$y^*(k+i)$是系统在 $k+i$ 时刻的期望输出，$i=1,2,\cdots,N$。

令 $\boldsymbol{Y}_N^*(k+1)=[y^*(k+1),y^*(k+2),\cdots,y^*(k+N)]^{\mathrm{T}}$，性能指标(5-6)变为

$$\begin{aligned} J =& [\boldsymbol{Y}_N^*(k+1)-\boldsymbol{Y}_N(k+1)]^{\mathrm{T}}[\boldsymbol{Y}_N^*(k+1)-\boldsymbol{Y}_N(k+1)] \\ & +\lambda\Delta\boldsymbol{U}_{N_u}^{\mathrm{T}}(k)\Delta\boldsymbol{U}_{N_u}(k) \end{aligned} \tag{5-7}$$

根据式(5-5)和式(5-7)，运用优化条件$\dfrac{\partial J}{\partial U_{N_u}(k)}=0$ 可得控制律为

$$\Delta\boldsymbol{U}_{N_u}(k) = [\boldsymbol{A}_1^{\mathrm{T}}(k)\boldsymbol{A}_1(k)+\lambda\boldsymbol{I}]^{-1}\boldsymbol{A}_1^{\mathrm{T}}(k)[\boldsymbol{Y}_N^*(k+1)-\boldsymbol{E}(k)y(k)] \tag{5-8}$$

当前时刻的控制输入为

$$u(k) = u(k-1)+\boldsymbol{g}^{\mathrm{T}}\Delta\boldsymbol{U}_{N_u}(k) \tag{5-9}$$

式中，$g=[1,0,\cdots,0]^{\mathrm{T}}$。

下面分析 $N_u=1$ 和 $N_u=2$ 两种情形下的控制输入。

第一种情形，当 $N_u=1$ 时：

$$\boldsymbol{A}_1(k)=\begin{bmatrix}\phi_c(k)\\ \phi_c(k)\\ \vdots \\ \phi_c(k)\end{bmatrix}_{N\times 1},\quad \Delta\boldsymbol{U}_{N_u}(k)=\Delta\boldsymbol{U}(k)=\boldsymbol{U}(k)-\boldsymbol{U}(k-1)$$

由式(5-8)可得

$$\begin{aligned} \Delta\boldsymbol{U}_{N_u}(k) =& \left[[\phi_c(k),\phi_c(k),\cdots,\phi_c(k)]\cdot\begin{bmatrix}\phi_c(k)\\ \phi_c(k)\\ \vdots \\ \phi_c(k)\end{bmatrix}+\lambda\right]^{-1} \\ & \cdot[\phi_c(k),\phi_c(k),\cdots,\phi_c(k)]\cdot\begin{bmatrix}y^*(k+1)-y(k)\\ \vdots \\ y^*(k+1)-y(k)\end{bmatrix} \\ =& [N\phi_c^2(k)+\lambda]^{-1}\cdot\phi_c(k)\cdot\sum_{i=1}^{N}(y^*(k+1)-y(k)) \\ =& \frac{1}{\phi_c^2(k)+\lambda/N}\cdot\frac{1}{N}\cdot\left[\phi_c(k)\sum_{i=1}^{N}(y^*(k+i)-y(k))\right] \end{aligned}$$

式(5-9)变为

$$u(k)=u(k-1)+\frac{1}{\phi_c^2(k)+\lambda/N}\cdot\frac{1}{N}\cdot\left[\phi_c(k)\sum_{i=1}^{N}(y^*(k+i)-y(k))\right] \tag{5-10}$$

第二种情形，当 $N_u=2$ 时：

$$\boldsymbol{A}_1(k)=\begin{bmatrix}\phi_c(k) & 0\\ \phi_c(k) & \phi_c(k+1)\\ \vdots & \vdots\\ \phi_c(k) & \phi_c(k+1)\end{bmatrix}_{N\times 2},\quad \Delta\boldsymbol{U}_{N_u}(k)=\begin{bmatrix}\Delta u(k)\\ \Delta u(k+1)\end{bmatrix}$$

$$\Delta\boldsymbol{U}_{N_u}(k)$$

$$=\left[\begin{bmatrix}\phi_c(k),\phi_c(k),\cdots,\phi_c(k)\\ 0,\phi_c(k+1),\cdots,\phi_c(k+1)\end{bmatrix}_{2\times N}\cdot\begin{bmatrix}\phi_c(k) & 0\\ \phi_c(k) & \phi_c(k+1)\\ \vdots & \vdots\\ \phi_c(k) & \phi_c(k+1)\end{bmatrix}_{N\times 2}+\begin{bmatrix}\lambda & 0\\ 0 & \lambda\end{bmatrix}\right]^{-1}$$

$$\cdot\begin{bmatrix}\phi_c(k),\phi_c(k),\cdots,\phi_c(k)\\ 0,\phi_c(k+1),\cdots,\phi_c(k+1)\end{bmatrix}_{2\times N}\cdot\begin{bmatrix}y^*(k+1)-y(k)\\ y^*(k+2)-y(k)\\ \vdots\\ y^*(k+N)-y(k)\end{bmatrix}_{N\times 1}$$

$$=\left[\begin{bmatrix}N\phi_c^2(k) & (N-1)\phi_c(k)\phi_c(k+1)\\ (N-1)\phi_c(k)\phi_c(k+1) & (N-1)\phi_c^2(k+1)\end{bmatrix}+\begin{bmatrix}\lambda & 0\\ 0 & \lambda\end{bmatrix}\right]^{-1}$$

$$\cdot\begin{bmatrix}\phi_c(k),\phi_c(k),\cdots,\phi_c(k)\\ 0,\phi_c(k+1),\cdots,\phi_c(k+1)\end{bmatrix}_{2\times N}\cdot\begin{bmatrix}y^*(k+1)-y(k)\\ y^*(k+2)-y(k)\\ \vdots\\ y^*(k+N)-y(k)\end{bmatrix}$$

$$=\frac{1}{[N\phi_c^2(k)+\lambda][(N-1)\phi_c^2(k+1)+\lambda]-[(N-1)\phi_c(k)\phi_c(k+1)]^2}$$

$$\cdot\begin{bmatrix}(N-1)\phi_c^2(k+1)+\lambda & -(N-1)\phi_c(k)\phi_c(k+1)\\ -(N-1)\phi_c(k)\phi_c(k+1) & N\phi_c^2(k)+\lambda\end{bmatrix}$$

$$\cdot\begin{bmatrix}\phi_c(k),\phi_c(k),\cdots,\phi_c(k)\\ 0,\phi_c(k+1),\cdots,\phi_c(k+1)\end{bmatrix}_{2\times N}\cdot\begin{bmatrix}y^*(k+1)-y(k)\\ y^*(k+2)-y(k)\\ \vdots\\ y^*(k+N)-y(k)\end{bmatrix}$$

$$=\frac{1}{[N\phi_c^2(k)+\lambda][(N-1)\phi_c^2(k+1)+\lambda]-[(N-1)\phi_c(k)\phi_c(k+1)]^2}$$

$$\cdot\begin{bmatrix}[(N-1)\phi_c^2(k+1)+N\lambda]\phi_c(k)\cdot\sum_{i=1}^{N}(y^*(k+1)-y(k))\\(N-1)\lambda\cdot\phi_c(k+1)\cdot\sum_{i=1}^{N}(y^*(k+1)-y(k))\end{bmatrix}$$

λ 是一个重要的参数，它的适当选取可以保证被控系统的稳定性，并能获得较好的输出性能。与无模型自适应控制算法相比，无模型预测控制算法对权重 λ 的选取更加不敏感，它相当于将无模型自适应控制算法中的 λ 放大 N 倍，使之在一种"粗调"方式下进行。另外，由于式(5-10)是无模型自适应控制算法的一种"平均形式"，因此受控系统会具有更加平稳的过渡过程。

2）伪偏导数估计算法和预报算法

式(5-8)中 $\boldsymbol{A}_1(k)$ 包含未知的伪偏导数 $\phi_c(k),\phi_c(k+1),\cdots,\phi_c(k+N_u-1)$，需要考虑它们的估计算法和预报算法。理论上，所有时变参数估计算法均可用于 $\phi_c(k)$ 估计，本章采用改进的投影算法估计 $\phi_c(k)$，其表示为

$$\hat{\phi}_c(k)=\hat{\phi}_c(k-1)+\frac{\eta\Delta u(k-1)}{\mu+\Delta u(k-1)^2}[\Delta y(k)-\hat{\phi}_c(k-1)\Delta u(k-1)] \tag{5-11}$$

式中，$\mu>0$ 是权重因子，$0<\eta\leqslant 1$ 是步长因子。

$\boldsymbol{A}_1(k)$ 中的 $\phi_c(k),\phi_c(k+1),\cdots,\phi_c(k+N_u-1)$ 无法直接由 k 时刻的I/O 数据计算得到，所以 $\phi_c(k+1),\cdots,\phi_c(k+N_u-1)$ 需要根据已有的估计值序列 $\hat{\phi}_c(1),\cdots,\hat{\phi}_c(k)$ 进行预测。

此处采用多层递阶预报方法预报 $\phi_c(k+1),\cdots,\phi_c(k+N_u-1)$ 等未知参数，可使参数具有更好的预测误差。假设在 k 时刻通过算法(5-11)已经得到伪偏导数的一系列估计值 $\hat{\phi}_c(1),\hat{\phi}_c(2),\cdots,\hat{\phi}_c(k)$，由该估计值建立估计序列所满足的自回归 (auto-regressive，AR)模型[28,168]：

$$\hat{\phi}_c(k+1)=\theta_1(k)\hat{\phi}_c(k)+\theta_2(k)\hat{\phi}_c(k-1)+\cdots+\theta_{n_p}(k)\hat{\phi}_c(k-n_p+1) \tag{5-12}$$

式中，$\theta_i,i=1,2,\cdots,n_p$ 是系数，n_p 是适当的阶数。由式(5-12)可得预测算法如下：

$$\begin{aligned}\hat{\phi}_c(k+j)=&\theta_1(k)\hat{\phi}_c(k+j-1)+\theta_2(k)\hat{\phi}_c(k+j-2-1)\\&+\cdots+\theta_{n_p}(k)\hat{\phi}_c(k+j-n_p)\end{aligned} \tag{5-13}$$

式中，$j=1,2,\cdots,N_u-1$。定义$\boldsymbol{\theta}(k)=[\theta_1(k),\theta_2(k),\cdots,\theta_{n_p}(k)]^T$，它可以通过如下公式确定：

$$\boldsymbol{\theta}(k)=\boldsymbol{\theta}(k-1)+\frac{\hat{\boldsymbol{\varphi}}(k-1)}{\delta+\|\hat{\boldsymbol{\varphi}}(k-1)\|^2}[\hat{\phi}_c(k)-\hat{\boldsymbol{\varphi}}^T(k-1)\boldsymbol{\theta}(k-1)] \tag{5-14}$$

式中，$\hat{\boldsymbol{\varphi}}(k-1)=[\hat{\phi}_c(k-1),\cdots,\hat{\phi}_c(k-n_p)]^T$；$\delta$是一个正数，取$\delta\in(0,1]$。

3）控制方案

由控制算法式(5-9)，参数估计算法式(5-11)和参数预报算法式(5-13)和式(5-14)，可以给出CFDL-MFAPC方案如下：

$$\hat{\boldsymbol{\varphi}}_c(k)=\hat{\boldsymbol{\varphi}}_c(k-1)+\frac{\eta\Delta u(k-1)}{\mu+\Delta u(k-1)^2}[\Delta y(k)-\hat{\boldsymbol{\varphi}}_c(k-1)\Delta u(k-1)] \tag{5-15}$$

$$\hat{\boldsymbol{\varphi}}_c(k)=\hat{\boldsymbol{\varphi}}_c(1),\quad \text{如果}|\hat{\boldsymbol{\varphi}}_c(k)|\leqslant\varepsilon\text{或}|\Delta u(k-1)|\leqslant\varepsilon\text{或}\operatorname{sign}(\hat{\boldsymbol{\varphi}}_c(k))\neq\operatorname{sign}(\hat{\boldsymbol{\varphi}}_c(1)) \tag{5-16}$$

$$\boldsymbol{\theta}(k)=\boldsymbol{\theta}(k-1)+\frac{\hat{\boldsymbol{\varphi}}(k-1)}{\delta+\|\hat{\boldsymbol{\varphi}}(k-1)\|^2}[\hat{\phi}_c(k)-\hat{\boldsymbol{\varphi}}^T(k-1)\boldsymbol{\theta}(k-1)] \tag{5-17}$$

$$\boldsymbol{\theta}(k)=\boldsymbol{\theta}(1),\text{如果}\ \|\boldsymbol{\theta}(k)\|\geqslant M \tag{5-18}$$

$$\begin{aligned}\hat{\boldsymbol{\varphi}}_c(k+j)=&\ \theta_1(k)\hat{\boldsymbol{\varphi}}_c(k+j-1)+\theta_2(k)\hat{\boldsymbol{\varphi}}_c(k+j-2)\\&+\cdots+\theta_{n_p}(k)\hat{\boldsymbol{\varphi}}_c(k+j-n_p),\quad j=1,2,\cdots,N_u-1\end{aligned} \tag{5-19}$$

$$\begin{aligned}&\hat{\boldsymbol{\varphi}}_c(k+j)=\hat{\boldsymbol{\varphi}}_c(1),\text{如果}|\hat{\boldsymbol{\varphi}}_c(k+j)|\leqslant\varepsilon\\&\text{或}\operatorname{sign}(\hat{\boldsymbol{\varphi}}_c(k+j))\neq\operatorname{sign}(\hat{\boldsymbol{\varphi}}_c(1)),j=1,2,\cdots,N_u-1\end{aligned} \tag{5-20}$$

$$\Delta\boldsymbol{U}_{N_u}(k)=[\hat{\boldsymbol{A}}_1^T(k)\hat{\boldsymbol{A}}_1(k)\lambda\boldsymbol{I}]^{-1}\hat{\boldsymbol{A}}_1^T(k)[\boldsymbol{Y}_N^*(k+1)-\boldsymbol{E}(k)y(k)] \tag{5-21}$$

$$u(k)=u(k-1)+\boldsymbol{g}^T\Delta U_{N_u}(k) \tag{5-22}$$

式中，M和ε是正常数；$\hat{\phi}(k+j)$和$\hat{\boldsymbol{A}}_k(k)$分别是$\phi(k+j)$和$\boldsymbol{A}_1(k)$的估计值，$j=1,2,\cdots,(N_u-1)$；$\lambda>0,u>0,\eta\in(0,1],\delta\in(0,1]$。

式(5-16)使伪偏导数估计算法式(5-15)具有更强的对时变参数的跟踪能力，式(5-18)保证了预测值$\hat{\boldsymbol{A}}_k(k)$有界，式(5-20)保证了预测参数的符号不变。

该控制方案有N_u个在线调整的参数，它仅用受控系统的I/O数据设计，而与受控系统的模型和阶数无关，这一点与传统的预测控制有本质的不同。另外，控制时域 N_u 的选取需满足 $N_u \leqslant N$。在简单系统中，N_u 可取为1；在复杂系统中，为了获得满意的过渡过程和跟踪性能，N_u 应适当取大一些，但同时计算量会增大。

为了能够包含受控系统的动态特性，预测步长 N 应该选取得足够大。在时滞系统中，N 至少应该大于受控系统的时滞步数。在实际应用中，对于时滞未知的系统，N 一般选为 4～10。λ 是一个非常重要的参数，它的选取可改变闭环系统的动态，理论上 λ 越大，系统响应越慢，超调越小，响应越平稳；反之亦然。预测阶数 n_p 一般选为 2～7[169,170]，本章取 $n_p=3$。

2. 仿真研究

下面将通过仿真实例验证 CFDL-MFAPC 方案式(5-15)～式(5-22)的正确性和有效性，同时验证该算法相对于 PID 控制算法的优越性。

基于直线电机的快速刀具进给机构是非圆切削系统加工非圆活塞最常用的驱动机构。直线电机伺服控制系统中，设置输入量为电压信号，输出量为直线电机的位置信号[166,171]。经过第4章非圆切削刀具进给直线伺服系统辨识，得到的直线电机及其驱动器的传递函数为式(4-8)。

经 z 变换为

$$G(z)=\frac{0.0018z^2-0.0036z-0.0025}{z^3-2.286z+1.6246z-0.385}$$

系统的差分方程可写为如下形式：

$$\begin{aligned} y(k+3)=&2.2386y(k+2)-1.6246y(k+1)+0.385y(k)\\ &+0.0018u(k+2)-0.0036u(k+1)-0.0025u(k) \end{aligned} \tag{5-23}$$

系统式(5-23)是一个 SISO 离散时间系统，给定该直线电机伺服系统是为了得到系统的输入输出数据，利用这些数据可以得到 CFDL-MFAPC 方案的仿真结果。在实际的控制过程中，并不需要知道该系统的模型。

系统的期望位置信号为正弦曲线，给定输入期望轨迹的幅值为1，频率为1Hz[166]，采样周期为0.001s，使电机实现刀具往复运动。PID 调整到最好时，$K_p=-10$，$K_i=0.1$，$K_d=0$，仿真结果如图5.1和图5.2所示。

由仿真结果可知，系统的跟踪误差在电机往复运动的两端达到最大，约为0.023，跟踪效果较好，无明显的滞后。

无模型自适应预测控制的参数设置为 $\varepsilon=10^{-5}$，$\delta=1$，$\eta=1$，$\mu=1$，$M=10$，预测步长 $N=10$，$\lambda=45$，仿真结果如图5.3和图5.4所示。

由仿真结果可知，系统的跟踪误差在电机往复运动的两端达到最大，

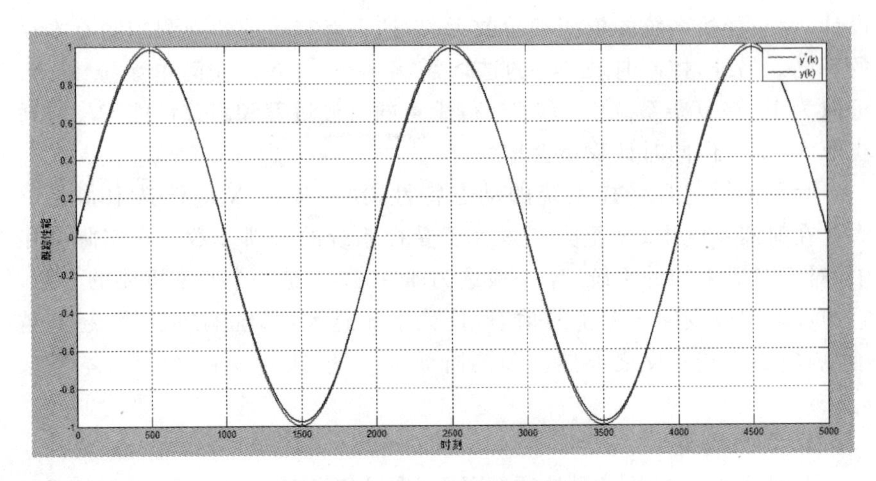

图 5.1 PID 位置跟踪性能

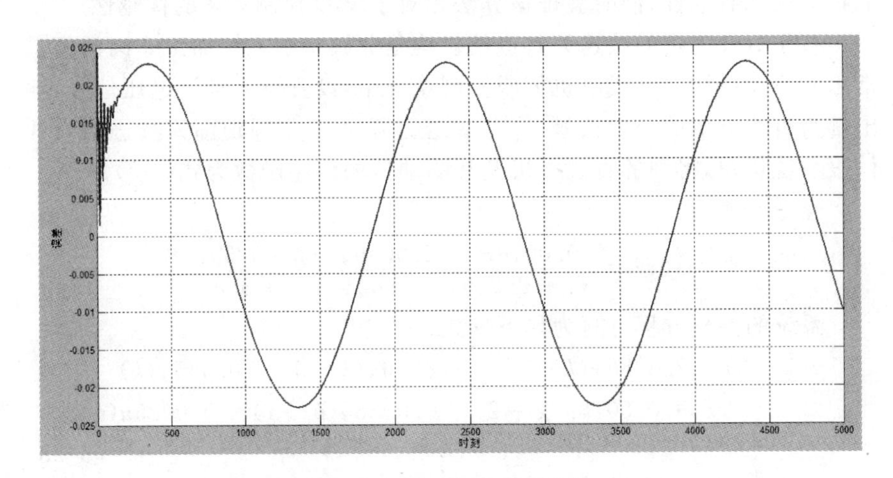

图 5.2 PID 位置误差性能

约为 0.0165，跟踪效果也较好，无滞后。

通过仿真研究，将无模型自适应预测控制应用到直线电机伺服系统的位置控制中，控制过程只用到了系统的输入电压和输出位置数据，所设计的控制器是无模型的，与电机的结构无关，系统的稳定性和输出性能可以通过 λ 的适当选取调节。PID 控制虽然能够控制稳定，但是误差相对较大，而且调节参数相对复杂，系统的控制性能对参数的变化非常敏感。在无模型自适应预测控制中，权重 λ 的调节很方便，而且系统的控制性能对参数 λ 的变化非常不敏感，即无模型自适应预测控制的鲁棒性更好。

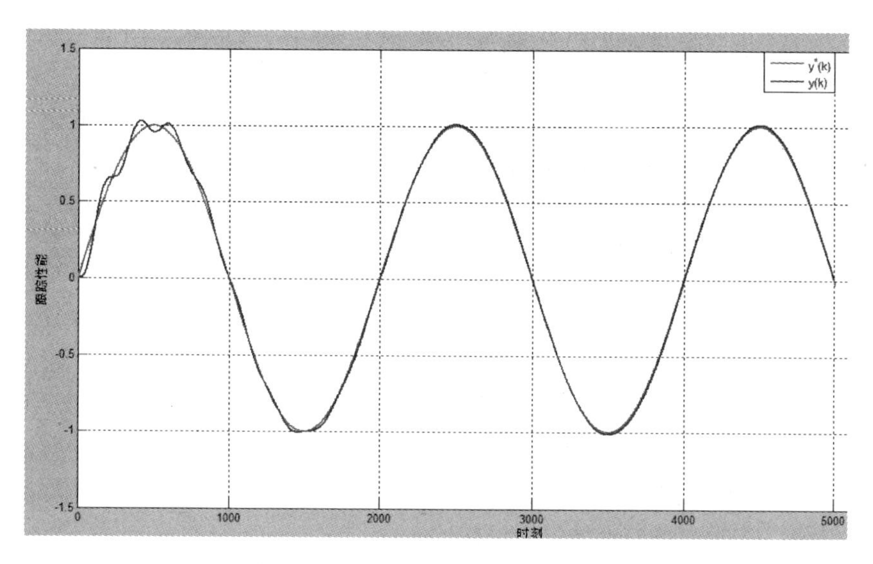

图 5.3　CFDL-MFAPC 位置跟踪性能

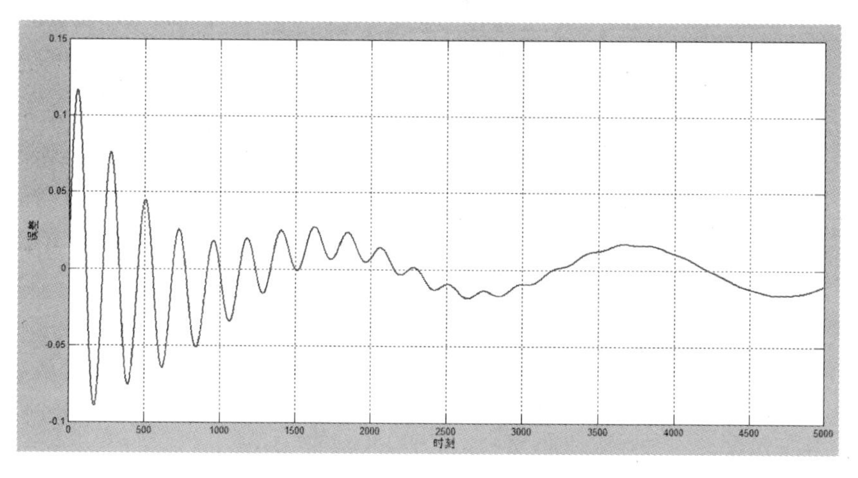

图 5.4　CFDL-MFAPC 位置误差性能

5.1.3　基于偏格式动态线性化的无模型自适应预测控制

1. 控制系统设计

离散时间 SISO 非线性系统式(5-1)在一定的假设条件下，可以转化成如下的等价偏格式动态线性化(partial form dynamic linearization, PFDL)数据模型：

$$\Delta y(k+1) = \boldsymbol{\phi}_{\mathrm{p},L}^{\mathrm{T}}(k)\Delta \boldsymbol{U}_L(k)$$

基于上述等价增量形式数据模型，可以给出如下形式的一步向前输出预测方程：

$$y(k+1)=y(k)+\boldsymbol{\phi}_{p,L}^{T}(k)\Delta\boldsymbol{U}_L(k) \tag{5-24}$$

其中，$\boldsymbol{\phi}_{p,L}^{T}(k)=[\phi_1(k),\phi_1(k+1),\cdots,\phi_L(k)]^T$，$\Delta\boldsymbol{U}_L(k)=[\Delta u(k),\Delta u(k+1),\cdots,\Delta u(k-L+1)]^T$。令

$$\boldsymbol{A}=\begin{bmatrix}0 & & & \\ 1 & 0 & & \\ & \ddots & \ddots & \\ & & 1 & 0\end{bmatrix}_{L\times L},\quad \boldsymbol{B}=\begin{bmatrix}1\\0\\ \\ \vdots\\0\end{bmatrix}_{L\times 1}$$

则式(5-24)可改写为

$$\begin{aligned}y(k+1)&=y(k)+\boldsymbol{\phi}_{p,L}^{T}(k)\Delta\boldsymbol{U}_L(k)\\&=y(k)+\boldsymbol{\phi}_{p,L}^{T}(k)\boldsymbol{A}\Delta\boldsymbol{U}_L(k-1)+\boldsymbol{\phi}_{p,L}^{T}(k)\boldsymbol{B}\Delta u(k)\end{aligned} \tag{5-25}$$

类似地，可以给出向前 N 步预测方程

$$\begin{aligned}y(k+2)&=y(k+1)+\boldsymbol{\phi}_{p,L}^{T}(k+1)\Delta\boldsymbol{U}_L(k+1)\\&=y(k)+\boldsymbol{\phi}_{p,L}^{T}(k)\boldsymbol{A}\Delta\boldsymbol{U}_L(k-1)+\boldsymbol{\phi}_{p,L}^{T}(k)\boldsymbol{B}\Delta u(k)\\&\quad+\boldsymbol{\phi}_{p,L}^{T}(k+1)\boldsymbol{A}^2\Delta\boldsymbol{U}_L(k-1)\\&\quad+\boldsymbol{\phi}_{p,L}^{T}(k+1)\boldsymbol{A}\boldsymbol{B}\Delta u(k)+\boldsymbol{\phi}_{p,L}^{T}(k+1)\boldsymbol{B}\Delta u(k+1)\end{aligned}$$

$$\vdots$$

$$\begin{aligned}y(k+N_u)&=y(k)+\sum_{i=0}^{N_u-1}\boldsymbol{\phi}_{p,L}^{T}(k+i)\boldsymbol{A}^{i+1}\Delta\boldsymbol{U}_L(k-1)\\&\quad+\sum_{i=0}^{N_u-1}\boldsymbol{\phi}_{p,L}^{T}(k+i)\boldsymbol{A}^{i}\boldsymbol{B}\Delta u(k)\\&\quad+\sum_{i=1}^{N_u-1}\boldsymbol{\phi}_{p,L}^{T}(k+i)\boldsymbol{A}^{i-1}\boldsymbol{B}\Delta u(k+1)\\&\quad+\sum_{i=2}^{N_u-1}\boldsymbol{\phi}_{p,L}^{T}(k+i)\boldsymbol{A}^{i-2}\boldsymbol{B}\Delta u(k+2)\\&\quad+\cdots+\boldsymbol{\phi}_{p,L}^{T}(k+N_u-1)\boldsymbol{B}\Delta u(k+N_u-1)\end{aligned}$$

$$\vdots$$

$$y(k+N)=y(k)+\sum_{i=0}^{N_u-1}\boldsymbol{\phi}_{p,L}^{T}(k+i)\boldsymbol{A}^{i+1}\Delta\boldsymbol{U}_L(k-1)$$

$$
\begin{aligned}
&+\sum_{i=0}^{N-1}\boldsymbol{\phi}_{\mathrm{p},L}^{\mathrm{T}}(k+i)\boldsymbol{A}^{i}\boldsymbol{B}\Delta u(k)\\
&+\sum_{i=1}^{N-1}\boldsymbol{\phi}_{\mathrm{p},L}^{\mathrm{T}}(k+i)\boldsymbol{A}^{i-1}\boldsymbol{B}\Delta u(k+1)\\
&+\sum_{i=2}^{N-1}\boldsymbol{\phi}_{\mathrm{p},L}^{\mathrm{T}}(k+i)\boldsymbol{A}^{i-2}\boldsymbol{B}\Delta u(k+2)\\
&+\cdots+\sum_{i=N_{\mathrm{u}}-1}^{N-1}\boldsymbol{\phi}_{\mathrm{p},L}^{\mathrm{T}}(k+i)\boldsymbol{A}^{i-N_{\mathrm{u}}+1}\boldsymbol{B}\Delta u(k+N_{\mathrm{u}}-1)
\end{aligned}
\tag{5-26}
$$

定义$\widetilde{\boldsymbol{Y}}_N(k+1)=[y(k+1),\cdots,y(k+N)]^{\mathrm{T}}$，$\boldsymbol{E}=[1,1,\cdots,1]^{\mathrm{T}}$，

$$
\widetilde{\boldsymbol{\Psi}}(k)=\begin{bmatrix}
\boldsymbol{\phi}_{\mathrm{p},L}^{\mathrm{T}}(k)\boldsymbol{B} & & & \\
\sum_{i=0}^{1}\boldsymbol{\phi}_{\mathrm{p}}^{\mathrm{T}}(k+i)\boldsymbol{A}^{i}\boldsymbol{B} & \boldsymbol{\phi}_{\mathrm{p},L}^{\mathrm{T}}(k+1)\boldsymbol{B} & & \\
\vdots & \vdots & \vdots & \vdots\\
\sum_{i=0}^{N_{\mathrm{u}}-1}\boldsymbol{\phi}_{\mathrm{p}}^{\mathrm{T}}(k+i)\boldsymbol{A}^{i}\boldsymbol{B} & \sum_{i=1}^{N_{\mathrm{u}}-1}\boldsymbol{\phi}_{\mathrm{p},L}^{\mathrm{T}}(k+i)\boldsymbol{A}^{i-1}\boldsymbol{B} & \cdots & \boldsymbol{\phi}_{\mathrm{p},L}^{\mathrm{T}}(k+N_{\mathrm{u}}-1)\boldsymbol{B}\\
\vdots & \vdots & \vdots & \vdots\\
\sum_{i=0}^{N-1}\boldsymbol{\phi}_{\mathrm{p},L}^{\mathrm{T}}(k+i)\boldsymbol{A}^{i}\boldsymbol{B} & \sum_{i=1}^{N-1}\boldsymbol{\phi}_{\mathrm{p},L}^{\mathrm{T}}(k+i)\boldsymbol{A}^{i-1}\boldsymbol{B} & \cdots & \sum_{i=N_{\mathrm{u}}-1}^{N-1}\boldsymbol{\phi}_{\mathrm{p},L}^{\mathrm{T}}(k+N_{\mathrm{u}})A^{i-N_{\mathrm{u}}+1}\boldsymbol{B}
\end{bmatrix}_{N\times N_{\mathrm{u}}}
$$

$$
\overline{\boldsymbol{\Psi}}(k)=\begin{bmatrix}
\boldsymbol{\phi}_{\mathrm{p}}^{\mathrm{T}}(k)\boldsymbol{A}\\
\sum_{i=0}^{1}\boldsymbol{\phi}_{\mathrm{p}}^{\mathrm{T}}(k+i)\boldsymbol{A}^{i}\\
\vdots\\
\sum_{i=0}^{N_{\mathrm{u}}-1}\boldsymbol{\phi}_{\mathrm{p}}^{\mathrm{T}}(k+i)\boldsymbol{A}^{i+1}\\
\vdots\\
\sum_{i=0}^{N-1}\boldsymbol{\phi}_{\mathrm{p}}^{\mathrm{T}}(k+i)\boldsymbol{A}^{i+1}
\end{bmatrix}_{N\times L}
$$

$\Delta\boldsymbol{U}_{N_{\mathrm{u}}}(k)=[\Delta u(k),\Delta u(k+1),\cdots,\Delta u(k+N_{\mathrm{u}}-1)]^{\mathrm{T}}$

预测方程可以简写为如下形式的矩阵表述形式：

$$
\widetilde{\boldsymbol{Y}}_N(k+1)=\boldsymbol{E}y(k)+\widetilde{\boldsymbol{\Psi}}(k)\Delta\widetilde{\boldsymbol{U}}_{N_{\mathrm{u}}}(k)+\overline{\boldsymbol{\Psi}}(k)\Delta\boldsymbol{U}_L(k-1)\tag{5-27}
$$

1) 控制算法

本节仍基于控制输入准则函数式(5-7)设计预测控制方案。令 $\widetilde{\boldsymbol{Y}}_N^*(k+1)=[y^*(k+1),\cdots,y^*(k+N)]^{\mathrm{T}}$，将式(5-27)代入式(5-7)，对 $\widetilde{\boldsymbol{U}}_L(k)$ 求导，并令其等于0，得

$$\Delta\widetilde{\boldsymbol{U}}_{N_{\mathrm{u}}}(k)=(\widetilde{\boldsymbol{\Psi}}^{\mathrm{T}}(k)\widetilde{\boldsymbol{\Psi}}(k)+\lambda\boldsymbol{I})^{-1}\widetilde{\boldsymbol{\Psi}}^{\mathrm{T}}(k)(\widetilde{\boldsymbol{Y}}_N^*(k+1)$$
$$-\boldsymbol{E}y(k)-\overline{\boldsymbol{\Psi}}(k)\Delta\boldsymbol{U}_L(k-1)) \tag{5-28}$$

因此，当前时刻的控制输入为

$$u(k)=u(k-1)+\boldsymbol{g}^{\mathrm{T}}\Delta\widetilde{\boldsymbol{U}}_{N_{\mathrm{u}}}(k) \tag{5-29}$$

其中，$\boldsymbol{g}=[1,0,\cdots,0]^{\mathrm{T}}$。

在控制算法式(5-28)中的 $\widetilde{\boldsymbol{\Psi}}(k)$ 和 $\overline{\boldsymbol{\Psi}}(k)$ 包含未知元素 $\boldsymbol{\phi}_{\mathrm{p},L}(k+i)$，$i=0,1,2,\cdots,N-1$，下面将给出其估计算法和预测算法。

2) 伪梯度向量的估计算法和预报算法

由 PFDL 模型式(5-24)可知

$$\Delta y(k+1)=\Delta\boldsymbol{U}_L^{\mathrm{T}}(k)\boldsymbol{\phi}_{\mathrm{p},L}(k) \tag{5-30}$$

一般来说，任何的时变参数估计算法均可以用于估计，本节以带有时变遗忘因子的最小二乘算法为例给出其估计算法

$$\hat{\boldsymbol{\phi}}_{\mathrm{p},L}(k)=\hat{\boldsymbol{\phi}}_{\mathrm{p},L}(k-1)+\frac{P_1(k-2)\Delta\boldsymbol{U}_L(k-1)}{\alpha(k-1)+\Delta\boldsymbol{U}_L^{\mathrm{T}}(k-1)P_1(k-2)\Delta\boldsymbol{U}_L(k-1)}$$
$$\cdot[\Delta y(k)-\Delta\boldsymbol{U}_L^{\mathrm{T}}(k-1)\hat{\boldsymbol{\phi}}_{\mathrm{p},L}(k-1)]$$
$$P_1(k-1)=\frac{1}{\alpha(k-1)}\left[P_1(k-2)\right.$$
$$\left.-\frac{P_1(k-2)\Delta\boldsymbol{U}_L(k-1)\Delta\boldsymbol{U}_L^{\mathrm{T}}(k-1)P_1(k-2)}{\alpha(k-1)+\Delta\boldsymbol{U}_L^{\mathrm{T}}(k-1)P_1(k-2)\Delta\boldsymbol{U}_L(k-1)}\right]$$
$$\alpha(k)=\alpha_0\alpha(k-1)+(1-\alpha_0) \tag{5-31}$$

其中，$\hat{\boldsymbol{\phi}}_{\mathrm{p},L}(k)$ 是 $\boldsymbol{\phi}_{\mathrm{p},L}(k)$ 的估计值，$P_1(-1)>0$，$\alpha(0)=0.95$，$\alpha_0=0.99$。

只有当过程总是充分激励时，参数估计算法式(5-31)才能给出正确的参数估计。然而对于自适应控制来说，由于激励一般只来自于设定点的变化，一段时间内如果没有其他的激励，上述参数估计算法可能忘记参数的真正的值，一旦外界不确定性被激励出来，估计器的缠绕(wind-up)就有可能引起过程输出的喷发(burst)。因此，可采取对 $P(k-1)$ 的重置措施，即当 trace$(P(k-1))$ 大于或等于某一常数 M 时，重设 $P(k-1)=P(-1)$，此种措施与常迹算法起着类似的作用[172]。同样的措施也可用

在下面算法式(5-34)中。

算法式(5-31)只能给出$\boldsymbol{\phi}_{\mathrm{p},L}(k)$的估计值$\hat{\boldsymbol{\phi}}_{\mathrm{p},L}(k)$，但在算法式(5-29)中的$\widetilde{\boldsymbol{\Psi}}(k)$和$\overline{\boldsymbol{\Psi}}(k)$还包含$\hat{\boldsymbol{\phi}}_{\mathrm{p},L}(k+1),\cdots,\hat{\boldsymbol{\phi}}_{\mathrm{p},L}(k+N_{\mathrm{u}}-1)$。因此为了实现控制算法式(5-29)，还必须利用某种预报算法，基于在k时刻已知的$\hat{\boldsymbol{\phi}}_{\mathrm{p},L}(1),\hat{\boldsymbol{\phi}}_{\mathrm{p},L}(2),\cdots,\hat{\boldsymbol{\phi}}_{\mathrm{p},L}(k)$，预报的估计值。

预报算法采用与5.1.2节中相同的多层递阶预报算法，利用$\boldsymbol{\phi}_{\mathrm{p},L}(1),\boldsymbol{\phi}_{\mathrm{p},L}(2),\cdots,\boldsymbol{\phi}_{\mathrm{p},L}(k)$已得到的估计值$\hat{\boldsymbol{\phi}}_{\mathrm{p},L}(1),\hat{\boldsymbol{\phi}}_{\mathrm{p},L}(2),\cdots,\hat{\boldsymbol{\phi}}_{\mathrm{p},L}(k)$预报。

建立$\hat{\boldsymbol{\phi}}_{\mathrm{p},L}(1),\hat{\boldsymbol{\phi}}_{\mathrm{p},L}(2),\cdots,\hat{\boldsymbol{\phi}}_{\mathrm{p},L}(k)$估计序列的AR模型：

$$\begin{aligned}\hat{\boldsymbol{\phi}}_{\mathrm{p},L}(k)=&\boldsymbol{\Gamma}_1^{\mathrm{T}}(k)\hat{\boldsymbol{\phi}}_{\mathrm{p},L}(k-1)+\boldsymbol{\Gamma}_2^{\mathrm{T}}(k)\hat{\boldsymbol{\phi}}_{\mathrm{p},L}(k-2)+\cdots\\&+\boldsymbol{\Gamma}_{n_{\mathrm{p}}}^{\mathrm{T}}(k)\hat{\boldsymbol{\phi}}_{\mathrm{p},L}(k-n_{\mathrm{p}})\end{aligned}\tag{5-32}$$

其中，$\boldsymbol{\Gamma}_i^{\mathrm{T}}(k),i=1,2,\cdots,n_{\mathrm{p}}$是时变参数矩阵，$n_{\mathrm{p}}$是适当的阶数。

$$\hat{\boldsymbol{\phi}}_{\mathrm{p},L}^{\mathrm{T}}(k)=\hat{\boldsymbol{\zeta}}^{\mathrm{T}}(k-1)\boldsymbol{\Lambda}(k)\tag{5-33}$$

其中，

$$\begin{aligned}\boldsymbol{\Lambda}(k)=&\boldsymbol{\Lambda}(k-1)+\frac{P_2(k-2)\hat{\boldsymbol{\zeta}}(k-1)}{\beta(k-1)+\hat{\boldsymbol{\zeta}}^{\mathrm{T}}(k-1)P_2(k-2)\hat{\boldsymbol{\zeta}}(k-1)}\\&\cdot[\hat{\boldsymbol{\phi}}_{\mathrm{p},L}(k)-\hat{\boldsymbol{\zeta}}^{\mathrm{T}}(k-1)\boldsymbol{\Lambda}(k-1)]\\P_2(k-1)=&\frac{1}{\beta(k-1)}\left[P_2(k-2)\right.\\&\left.-\frac{P_2(k-2)\hat{\boldsymbol{\zeta}}(k-1)\hat{\boldsymbol{\zeta}}^{\mathrm{T}}(k-1)P_2(k-2)}{\beta(k-1)+\hat{\boldsymbol{\zeta}}^{\mathrm{T}}(k-1)P_2(k-2)\hat{\boldsymbol{\zeta}}(k-1)}\right]\\\beta(k)=&\beta_0\beta(k-1)+(1-\beta_0)\end{aligned}\tag{5-34}$$

$$P_2(-1)>0;\beta(0)=0.95;\beta_0=0.99$$

根据式(5-32)，可以给出如下预报算法

$$\begin{aligned}\hat{\boldsymbol{\phi}}_{\mathrm{p},L}(k+i)=&\boldsymbol{\Gamma}_1^{\mathrm{T}}(k)\hat{\boldsymbol{\phi}}_{\mathrm{p},L}(k+i-1)+\boldsymbol{\Gamma}_2^{\mathrm{T}}(k)\hat{\boldsymbol{\phi}}_{\mathrm{p},L}(k+i-2)+\cdots\\&+\boldsymbol{\Gamma}_{n_{\mathrm{p}}}^{\mathrm{T}}(k)\hat{\boldsymbol{\phi}}_{\mathrm{p},L}(k+i-n_{\mathrm{p}}),\quad i=1,2,\cdots,N-1\end{aligned}\tag{5-35}$$

3）控制方案

综合控制算法式(5-28)～式(5-29)、参数估计算法式(5-31)和参数预报算法式(5-33)～式(5-35)，PFDL-MFAPC方案如下

$$\begin{aligned}\hat{\boldsymbol{\phi}}_{\mathrm{p},L}(k)=&\hat{\boldsymbol{\phi}}_{\mathrm{p},L}(k-1)+\frac{P_1(k-2)\Delta\boldsymbol{U}_L(k-1)}{\alpha(k-1)+\Delta\boldsymbol{U}_L^{\mathrm{T}}(k-1)P_1(k-2)\Delta\boldsymbol{U}_L(k-1)}\\&\cdot[\Delta y(k)-\Delta\boldsymbol{U}_L^{\mathrm{T}}(k-1)\hat{\boldsymbol{\phi}}_{\mathrm{p},L}(k-1)]\end{aligned}$$

$$P_1(k-1)=\frac{1}{\alpha(k-1)}\left[P_1(k-2)-\frac{P_1(k-2)\Delta\boldsymbol{U}_L(k-1)\Delta\boldsymbol{U}_L^{\mathrm{T}}(k-1)P_1(k-2)}{\alpha(k-1)+\Delta\boldsymbol{U}_L^{\mathrm{T}}(k-1)P_1(k-2)\Delta\boldsymbol{U}_L(k-1)}\right]$$

$$\alpha(k)=\alpha_0\alpha(k-1)+(1-\alpha_0) \tag{5-36}$$

$$\boldsymbol{\Lambda}(k)=\boldsymbol{\Lambda}(k-1)+\frac{P_2(k-2)\hat{\boldsymbol{\zeta}}(k-1)}{\beta(k-1)+\hat{\boldsymbol{\zeta}}^{\mathrm{T}}(k-1)P_2(k-2)\hat{\boldsymbol{\zeta}}(k-1)}\cdot[\hat{\boldsymbol{\phi}}_{\mathrm{p},L}(k)-\hat{\boldsymbol{\zeta}}^{\mathrm{T}}(k-1)\boldsymbol{\Lambda}(k-1)]$$

$$P_2(k-1)=\frac{1}{\beta(k-1)}\left[P_2(k-2)-\frac{P_2(k-2)\hat{\boldsymbol{\zeta}}(k-1)\hat{\boldsymbol{\zeta}}^{\mathrm{T}}(k-1)P_2(k-2)}{\beta(k-1)+\hat{\boldsymbol{\zeta}}^{\mathrm{T}}(k-1)P_2(k-2)\hat{\boldsymbol{\zeta}}(k-1)}\right]$$

$$\beta(k)=\beta_0\beta(k-1)+(1-\beta_0) \tag{5-37}$$

$$\hat{\boldsymbol{\phi}}_{\mathrm{p},L}(k+i)=\boldsymbol{\Gamma}_1^{\mathrm{T}}(k)\hat{\boldsymbol{\phi}}_{\mathrm{p},L}(k+i-1)+\boldsymbol{\Gamma}_2^{\mathrm{T}}(k)\hat{\boldsymbol{\phi}}_{\mathrm{p},L}(k+i-2)+\cdots+\boldsymbol{\Gamma}_{n_\mathrm{p}}^{\mathrm{T}}(k)\hat{\boldsymbol{\phi}}_{\mathrm{p},L}(k+i-n_\mathrm{p}),i=1,2,\cdots,N-1 \tag{5-38}$$

$$\Delta\widetilde{\boldsymbol{U}}_{N_\mathrm{u}}(k)=(\widetilde{\boldsymbol{\Psi}}^{\mathrm{T}}(k)\widetilde{\boldsymbol{\Psi}}(k)+\lambda\boldsymbol{I})^{-1}\widetilde{\boldsymbol{\Psi}}^{\mathrm{T}}(k)(\widetilde{\boldsymbol{Y}}_N^*(k+1)-\boldsymbol{E}y(k)-\overline{\boldsymbol{\Psi}}(k)\Delta\boldsymbol{U}_L(k-1)) \tag{5-39}$$

$$u(k)=u(k-1)+\boldsymbol{g}^{\mathrm{T}}\Delta\widetilde{\boldsymbol{U}}_{N_\mathrm{u}}(k) \tag{5-40}$$

其中，$P_1(-1)>0$；$\alpha(0)=0.95$；$\alpha_0=0.99$；$P_2(-1)>0$；$\beta(0)=0.95$；$\beta_0=0.99$；$\lambda>0$。

2. 仿真研究

通过仿真实例验证 PFDL-MFAPC 方案的正确性和有效性，同时验证其相对于 PID 控制算法和 PFDL-MFAPC 方案的优越性，本节仍采用 5.1.2 节中的直线电机伺服系统式(5-23)。

无模型自适应预测控制的参数设置为 $L=5,N_\mathrm{u}=5,N=10,\lambda=500$，$\alpha(0)=0.95,\alpha_0=0.99,M=10^4,\hat{\boldsymbol{\phi}}_{\mathrm{p},L}(1)=[0,0,0,0,0]^{\mathrm{T}},\hat{\boldsymbol{\phi}}_{\mathrm{p},L}(2)=[0,0,0,0,0]^{\mathrm{T}},\hat{\boldsymbol{\phi}}_{\mathrm{p},L}(3)=[-0.5,0,0,0,0]^{\mathrm{T}}$，$\boldsymbol{\Lambda}(k)$所有元素的初始值均被设为(0,1)间的随机数，初始方差设为 $P_1(-1)=10I$ 和 $P_2(-1)=100I$，仿真结果如图 5.5 和图 5.6 所示。

由仿真结果可知，系统的跟踪误差在电机往复运动的两端达到最大，

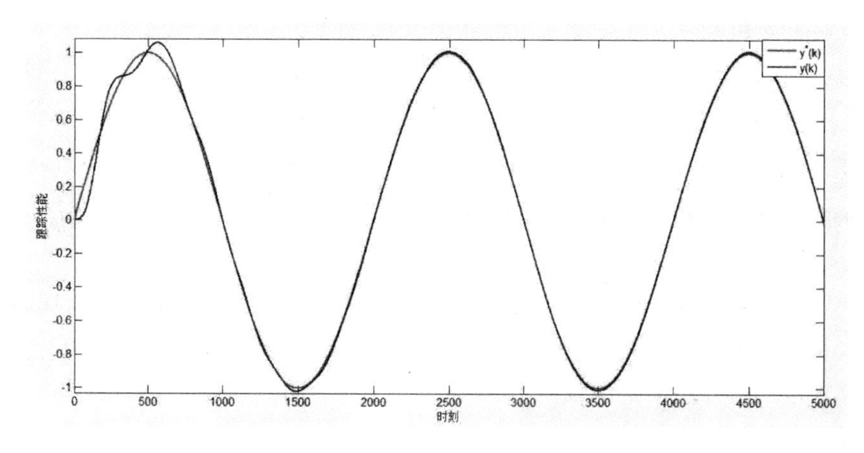

图 5.5　PFDL-MFAPC 位置跟踪性能

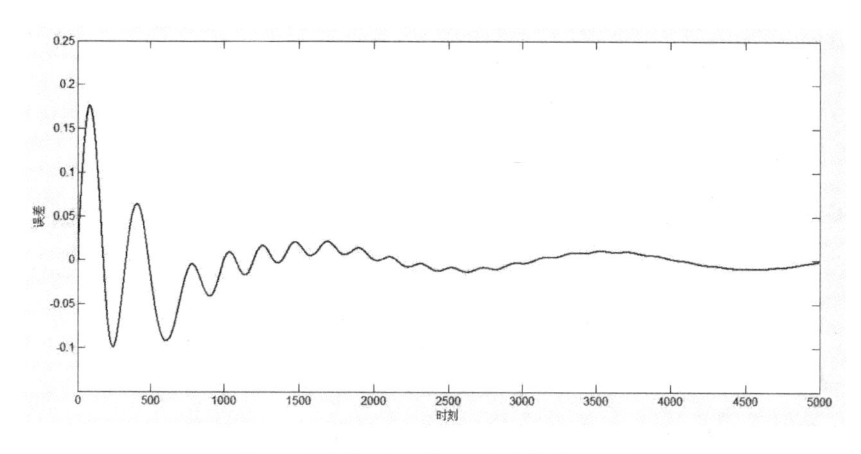

图 5.6　PFDL-MFAPC 位置误差性能

约为 0.01，在跟踪效果和误差两个方面都比 PID 算法和 CFDL-MFAPC 方案更好。

5.1.4　基于全格式动态线性化的无模型自适应预测控制

1. 控制系统设计

离散时间 SISO 非线性系统式(5-23)在一定的假设条件下，可以转化成如下的等价的全格式线性化(full form dynamic linearization，FFDL)数据模型

$$\Delta y(k+1)=\boldsymbol{\phi}_{f,L_y+L_u}^{\mathrm{T}}(k)\Delta \boldsymbol{H}_{L_y,L_u}(k)$$

基于上述的等价的增量形式数据模型，可以给出如下形式的一步向

前输出预测方程

$$y(k+1)=y(k)+\boldsymbol{\phi}_{\mathrm{f},L_\mathrm{y}+L_\mathrm{u}}^{\mathrm{T}}(k)\Delta\boldsymbol{H}_{L_\mathrm{y},L_\mathrm{u}}(k) \tag{5-41}$$

其中，$\Delta\boldsymbol{H}_{L_\mathrm{y},L_\mathrm{u}}(k)=[\Delta y(k),\cdots,\Delta y(k-L_\mathrm{y}+1),\Delta u(k),\cdots,\Delta y(k-L_\mathrm{u}+1)]^{\mathrm{T}}$；伪梯度(pseudo gradient，PG)$\boldsymbol{\phi}_{\mathrm{f},L_\mathrm{y}+L_\mathrm{u}}^{\mathrm{T}}(k)=[\phi_1(k),\phi_2(k),\cdots,\phi_{L_\mathrm{y}}(k),\phi_{L_\mathrm{y}+1}(k),\cdots,\phi_{L_\mathrm{y}+L_\mathrm{u}}(k)]^{\mathrm{T}}$；整数 L_y，L_u($0\leqslant L_\mathrm{y}\leqslant n_\mathrm{y}$，$1\leqslant L_\mathrm{u}\leqslant n_\mathrm{u}$)称为伪阶数。

由于系统式(5-41)是时变的，因此 PG$\boldsymbol{\phi}_{\mathrm{f},L_\mathrm{y},L_\mathrm{u}}^{\mathrm{T}}(k)$在预测视野内保持不变的假设很难成立，故无法应用 Diophantine 方程技术。下面应用与前两节相似的方法来进行预测。

令

$$\boldsymbol{A}=\begin{bmatrix}0 & & & \\ 1 & 0 & & \\ & \ddots & \ddots & \\ & & 1 & 0\end{bmatrix}_{L_\mathrm{u}\times L_\mathrm{u}},\quad \boldsymbol{B}=\begin{bmatrix}1\\0\\\vdots\\0\end{bmatrix}_{L_\mathrm{u}\times 1},$$

$$\boldsymbol{C}=\begin{bmatrix}0 & & & \\ 1 & 0 & & \\ & \ddots & \ddots & \\ & & 1 & 0\end{bmatrix}_{L_\mathrm{y}\times L_\mathrm{y}},\quad \boldsymbol{D}=\begin{bmatrix}1\\0\\\vdots\\0\end{bmatrix}_{L_\mathrm{y}\times 1}$$

$$\Delta\boldsymbol{Y}_{L_\mathrm{y}}(k)=[\Delta y(k),\cdots,\Delta y(k-L_\mathrm{y}+1)]^{\mathrm{T}}\in\mathbf{R}^{L_\mathrm{y}},$$

$$\Delta\boldsymbol{U}_{L_\mathrm{u}}(k)=[\Delta u(k),\cdots,\Delta u(k-L_\mathrm{u}+1)]^{\mathrm{T}}\in\mathbf{R}^{L_\mathrm{u}},$$

$$\boldsymbol{\phi}_{\mathrm{fy}}(k)=[\phi_1(k),\cdots,\phi_{L_\mathrm{y}}(k)]^{\mathrm{T}},\quad \boldsymbol{\phi}_{\mathrm{fu}}(k)=[\phi_{L_\mathrm{y}+1}(k),\cdots,\phi_{L_\mathrm{y}+L_\mathrm{u}}(k)]^{\mathrm{T}}$$

式(5-41)可改写为

$$\Delta y(k+1)=\boldsymbol{\phi}_{\mathrm{fy}}^{\mathrm{T}}(k)\Delta\boldsymbol{Y}_{L_\mathrm{y}}(k)+\boldsymbol{\phi}_{\mathrm{fu}}^{\mathrm{T}}(k)\boldsymbol{A}\Delta\boldsymbol{U}_{L_\mathrm{u}}(k-1)+\boldsymbol{\phi}_{\mathrm{fu}}^{\mathrm{T}}(k)\boldsymbol{B}\Delta u(k) \tag{5-42}$$

类似地，N 步向前预测方程可以写为

$$\begin{aligned}\Delta y(k+2)&=\boldsymbol{\phi}_{\mathrm{fy}}^{\mathrm{T}}(k+1)\Delta\boldsymbol{Y}_{L_\mathrm{y}}(k+1)+\boldsymbol{\phi}_{\mathrm{fu}}^{\mathrm{T}}(k+1)\boldsymbol{A}\Delta\boldsymbol{U}_{L_\mathrm{u}}(k)\\&\quad+\boldsymbol{\phi}_{\mathrm{fu}}^{\mathrm{T}}(k+1)\boldsymbol{B}\Delta u(k+1)\\&=\boldsymbol{\phi}_{\mathrm{fy}}^{\mathrm{T}}(k+1)\boldsymbol{C}\Delta\boldsymbol{Y}_{L_\mathrm{y}}(k)+\boldsymbol{\phi}_{\mathrm{fy}}^{\mathrm{T}}(k+1)\boldsymbol{D}\Delta y(k+1)\\&\quad+\boldsymbol{\phi}_{\mathrm{fu}}^{\mathrm{T}}(k+1)\boldsymbol{A}^2\Delta\boldsymbol{U}_{L_\mathrm{u}}(k-1)\\&\quad+\boldsymbol{\phi}_{\mathrm{fu}}^{\mathrm{T}}(k+1)\boldsymbol{AB}\Delta u(k)+\boldsymbol{\phi}_{\mathrm{fu}}^{\mathrm{T}}(k+1)\boldsymbol{B}\Delta u(k+1)\end{aligned}$$

$$\Delta y(k+3)=\boldsymbol{\phi}_{\mathrm{fy}}^{\mathrm{T}}(k+2)\Delta\boldsymbol{Y}_{L_\mathrm{y}}(k+2)+\boldsymbol{\phi}_{\mathrm{fu}}^{\mathrm{T}}(k+2)\boldsymbol{A}\Delta\boldsymbol{U}_{L_\mathrm{u}}(k+1)$$

$$
\begin{aligned}
&+\boldsymbol{\phi}_{\mathrm{fu}}^{\mathrm{T}}(k+2)\boldsymbol{B}\Delta u(k+2)\\
&=\boldsymbol{\phi}_{\mathrm{fy}}^{\mathrm{T}}(k+2)\boldsymbol{C}^{2}\Delta \boldsymbol{Y}_{L_{\mathrm{y}}}(k)+\boldsymbol{\phi}_{\mathrm{fy}}^{\mathrm{T}}(k+2)\boldsymbol{CD}\Delta y(k+1)\\
&+\boldsymbol{\phi}_{\mathrm{fy}}^{\mathrm{T}}(k+2)\boldsymbol{D}\Delta y(k+2)\\
&+\boldsymbol{\phi}_{\mathrm{fu}}^{\mathrm{T}}(k+2)\boldsymbol{A}^{3}\Delta \boldsymbol{U}_{L_{\mathrm{u}}}(k-1)+\boldsymbol{\phi}_{\mathrm{fu}}^{\mathrm{T}}(k+2)\boldsymbol{A}^{2}\boldsymbol{B}\Delta u(k)\\
&+\boldsymbol{\phi}_{\mathrm{fu}}^{\mathrm{T}}(k+2)\boldsymbol{AB}\Delta u(k+1)\\
&+\boldsymbol{\phi}_{\mathrm{fu}}^{\mathrm{T}}(k+2)\boldsymbol{B}\Delta u(k+2)
\end{aligned}
$$

$\vdots$

$$
\begin{aligned}
\Delta y(k+N)=&\ \boldsymbol{\phi}_{\mathrm{fy}}^{\mathrm{T}}(k+N-1)\boldsymbol{C}^{N-1}\Delta \boldsymbol{Y}_{L_{\mathrm{y}}}(k)+\boldsymbol{\phi}_{\mathrm{fu}}^{\mathrm{T}}(k+N-1)\boldsymbol{A}^{N}\Delta \boldsymbol{U}_{L_{\mathrm{u}}}(k-1)\\
&+\boldsymbol{\phi}_{\mathrm{fy}}^{\mathrm{T}}(k+N-1)\boldsymbol{C}^{N-2}\boldsymbol{D}\Delta y(k+1)+\cdots+\boldsymbol{\phi}_{\mathrm{fy}}^{\mathrm{T}}(k+N-1)\\
&\boldsymbol{D}\Delta y(k+N-1)+\boldsymbol{\phi}_{\mathrm{fu}}^{\mathrm{T}}(k+N-1)\boldsymbol{A}^{N-1}\boldsymbol{B}\Delta u(k)+\boldsymbol{\phi}_{\mathrm{fu}}^{\mathrm{T}}(k+N-1)\\
&\boldsymbol{A}^{N-2}\boldsymbol{B}\Delta u(k+1)+\boldsymbol{\phi}_{\mathrm{fu}}^{\mathrm{T}}(k+N-1)\boldsymbol{A}^{N-N_{\mathrm{u}}}\boldsymbol{B}\Delta u(k+N_{\mathrm{u}}-1)
\end{aligned}
\tag{5-43}
$$

令 $\Delta\widetilde{\boldsymbol{Y}}_N(k+1)=\widetilde{\boldsymbol{Y}}_N(k+1)-\widetilde{\boldsymbol{Y}}_N(k)$，$\widetilde{\boldsymbol{Y}}_N(k+1)=[y(k+1),\cdots,y(k+N)]^{\mathrm{T}}$，$\boldsymbol{E}=[1,1,\cdots,1]^{\mathrm{T}}$，

$\Delta\widetilde{\boldsymbol{U}}_{N_{\mathrm{u}}}(k)=[\Delta u(k),\cdots,\Delta u(k+N_{\mathrm{u}}-1)]^{\mathrm{T}}$，

$$
\boldsymbol{\Psi}_1(k)=\begin{bmatrix}\boldsymbol{\phi}_{\mathrm{fy}}^{\mathrm{T}}(k)\\ \vdots\\ \boldsymbol{\phi}_{\mathrm{fy}}^{\mathrm{T}}(k+N-1)\boldsymbol{C}^{N-1}\end{bmatrix}_{N\times L_{\mathrm{y}}},\ \boldsymbol{\Psi}_2(k)=\begin{bmatrix}\boldsymbol{\phi}_{\mathrm{fu}}^{\mathrm{T}}(k)\boldsymbol{A}\\ \vdots\\ \boldsymbol{\phi}_{\mathrm{fu}}^{\mathrm{T}}(k+N-1)\boldsymbol{A}^{N}\end{bmatrix}_{N\times L_{\mathrm{u}}},
$$

$\boldsymbol{\Psi}_3(k)=$

$$
\begin{bmatrix}
0 & & \cdots & 0\\
\boldsymbol{\phi}_{\mathrm{fy}}^{\mathrm{T}}(k+1)\boldsymbol{D} & 0 & & \cdots & 0\\
\boldsymbol{\phi}_{\mathrm{fy}}^{\mathrm{T}}(k+2)\boldsymbol{CD} & \boldsymbol{\phi}_{\mathrm{fy}}^{\mathrm{T}}(k+2)\boldsymbol{D} & 0 & \cdots & 0\\
\vdots & \vdots & \ddots & \ddots & \vdots\\
\boldsymbol{\phi}_{\mathrm{fy}}^{\mathrm{T}}(k+N-1)\boldsymbol{C}^{N-2}\boldsymbol{D} & \boldsymbol{\phi}_{\mathrm{fy}}^{\mathrm{T}}(k+N-1)\boldsymbol{C}^{N-3}\boldsymbol{D} & \boldsymbol{\phi}_{\mathrm{fy}}^{\mathrm{T}}(k+N-1)\boldsymbol{D} & & 0
\end{bmatrix}_{N\times N},
$$

$$
\boldsymbol{\Psi}_4(k)=\begin{bmatrix}
\boldsymbol{\phi}_{\mathrm{fu}}^{\mathrm{T}}(k)\boldsymbol{B} & & \\
\boldsymbol{\phi}_{\mathrm{fu}}^{\mathrm{T}}(k+1)\boldsymbol{AB} & \boldsymbol{\phi}_{\mathrm{fu}}^{\mathrm{T}}(k+1)\boldsymbol{B} & \\
\vdots & & \ddots\\
\boldsymbol{\phi}_{\mathrm{fu}}^{\mathrm{T}}(k+N_{\mathrm{u}}-1)\boldsymbol{A}^{N_{\mathrm{u}}-1}\boldsymbol{B} & & \boldsymbol{\phi}_{\mathrm{fu}}^{\mathrm{T}}(k+N_{\mathrm{u}}-1)\boldsymbol{B}\\
\vdots & & \vdots\\
\boldsymbol{\phi}_{\mathrm{fu}}^{\mathrm{T}}(k+N-1)\boldsymbol{A}^{N-1}\boldsymbol{B} & & \boldsymbol{\phi}_{\mathrm{fu}}^{\mathrm{T}}(k+1)\boldsymbol{A}^{N-N_{\mathrm{u}}}\boldsymbol{B}
\end{bmatrix}_{N\times N_{\mathrm{u}}},
$$

则预测方程可以简写为

$$\Delta \boldsymbol{Y}_N(k+1)=\boldsymbol{\Psi}_1(k)\Delta \boldsymbol{Y}_{L_y}(k)+\boldsymbol{\Psi}_2(k)\Delta \boldsymbol{U}_{L_u}(k-1)$$
$$+\boldsymbol{\Psi}_3(k)\widetilde{\boldsymbol{Y}}_N(k+1)+\boldsymbol{\Psi}_4(k)\Delta \widetilde{\boldsymbol{U}}_{N_u}(k) \quad (5\text{-}44)$$

即

$$\widetilde{\boldsymbol{Y}}_N(k+1)=\widetilde{\boldsymbol{Y}}_N(k)+(\boldsymbol{I}-\boldsymbol{\Psi}_3(k))^{-1}(\boldsymbol{\Psi}_1(k)\Delta \boldsymbol{Y}_{L_y}(k)$$
$$+\boldsymbol{\Psi}_2(k)\Delta \boldsymbol{U}_{L_u}(k-1)+\boldsymbol{\Psi}_4(k)\Delta \widetilde{\boldsymbol{U}}_{N_u}(k)) \quad (5\text{-}45)$$

本节仍然基于控制输人准则函数式(5-7)来设计预测控制方案。将式(5-45)代入式(5-7),对 $\Delta \widetilde{\boldsymbol{U}}_{N_u}(k)$求导,并令其等于0,得

$$\Delta \widetilde{\boldsymbol{U}}_{N_u}(k)=[(\boldsymbol{I}-\boldsymbol{\Psi}_3(k))^{-1}(\boldsymbol{\Psi}_4(k))^{\mathrm{T}}(\boldsymbol{I}-\boldsymbol{\Psi}_3(k))^{-1}\boldsymbol{\Psi}_4(k)+\lambda \boldsymbol{I}]^{-1}$$
$$(\boldsymbol{I}-\boldsymbol{\Psi}_3(k))^{-1}(\boldsymbol{\Psi}_4(k))^{\mathrm{T}}\times\{\widetilde{\boldsymbol{Y}}_N^*(k+1)-\widetilde{\boldsymbol{Y}}_N(k)$$
$$-(\boldsymbol{I}-\boldsymbol{\Psi}_3(k))^{-1}(\boldsymbol{\Psi}_1(k)\Delta \boldsymbol{Y}_{L_y}(k)+\boldsymbol{\Psi}_2(k)\Delta \boldsymbol{U}_{L_u}(k-1))\} \quad (5\text{-}46)$$

因此,当前时刻的控制输入为

$$u(k)=u(k-1)+\boldsymbol{g}^{\mathrm{T}}\Delta \widetilde{\boldsymbol{U}}_{N_u}(k) \quad (5\text{-}47)$$

其中,$\boldsymbol{g}=[1,0,\cdots,0]^{\mathrm{T}}$。

$\boldsymbol{\Psi}_1(k)$,$\boldsymbol{\Psi}_2(k)$,$\boldsymbol{\Psi}_3(k)$和$\boldsymbol{\Psi}_4(k)$中的 PG$\boldsymbol{\phi}_{\mathrm{fy}}(k)$和$\boldsymbol{\phi}_{\mathrm{fu}}(k)$,即$\boldsymbol{\phi}_{\mathrm{f},L_y,L_u}(k)$,可以由投影算法式(5-48)估计得到

$$\hat{\boldsymbol{\phi}}_{\mathrm{f},L_y,L_u}(k)=\hat{\boldsymbol{\phi}}_{\mathrm{f},L_y,L_u}(k-1)+\frac{\eta\Delta \boldsymbol{H}_{L_y,L_u}(k-1)}{\|\Delta \boldsymbol{H}_{L_y,L_u}(k-1)\|^2}$$
$$\cdot(\Delta y(k)-\hat{\boldsymbol{\phi}}_{\mathrm{f},L_y,L_u}(k-1)\Delta \boldsymbol{H}_{L_y,L_u}(k-1)) \quad (5\text{-}48)$$

其中,$\hat{\boldsymbol{\phi}}_{\mathrm{f},L_y,L_u}(k)$是$\boldsymbol{\phi}_{\mathrm{f},L_y,L_u}(k)$的估计值;$\eta>0,\eta\in(0,1]$。

此外,$\boldsymbol{\Psi}_1(k)$,$\boldsymbol{\Psi}_2(k)$,$\boldsymbol{\Psi}_3(k)$和$\boldsymbol{\Psi}_4(k)$中的 PG$\boldsymbol{\phi}_{\mathrm{fy}}(k+i)$和$\boldsymbol{\phi}_{\mathrm{fu}}(k+i)$,即$\boldsymbol{\phi}_{\mathrm{f},L_y,L_u}(k+i)$,$i=1,\cdots,N-1$ 未知,仍采用多层递阶预测方法进行预测。

定义$\boldsymbol{\Lambda}(k)=[\boldsymbol{\Gamma}_1(k),\boldsymbol{\Gamma}_2(k),\cdots,\boldsymbol{\Gamma}_{n_p}(k)]^{\mathrm{T}}$,$\hat{\boldsymbol{\zeta}}(k-1)=[\hat{\boldsymbol{\phi}}^{\mathrm{T}}_{\mathrm{f},L_y,L_u}(k-1),\hat{\boldsymbol{\phi}}^{\mathrm{T}}_{\mathrm{f},L_y,L_u}(k-2),\cdots,\hat{\boldsymbol{\phi}}^{\mathrm{T}}_{\mathrm{f},L_y,L_u}(k-n_p)]^{\mathrm{T}}$。

建立如下估计值序列的 AR 模型:

$$\hat{\boldsymbol{\phi}}_{\mathrm{f},L_y,L_u}(k)=\boldsymbol{\Lambda}(k)\times\hat{\boldsymbol{\zeta}}(k) \quad (5\text{-}49)$$

根据式(5-49),$\hat{\boldsymbol{\phi}}_{\mathrm{f},L_y,L_u}(k+i)$,$i=1,2,\cdots,N-1$ 的预测算法如下:

$$\hat{\boldsymbol{\phi}}_{f,L_y,L_u}(k+i)=\boldsymbol{\Gamma}_1(k)\cdot\hat{\boldsymbol{\phi}}^{T}_{f,L_y,L_u}(k+i-1)+\boldsymbol{\Gamma}_2(k)\cdot\hat{\boldsymbol{\phi}}^{T}_{f,L_y,L_u}(k+i-2)+\cdots+\boldsymbol{\Gamma}_{n_p}(k)\hat{\boldsymbol{\phi}}^{T}_{f,L_y,L_u}(k+i-n_p) \tag{5-50}$$

其中，未知矩阵$\boldsymbol{\Lambda}(k)=[\boldsymbol{\Gamma}_1(k),\boldsymbol{\Gamma}_2(k),\cdots,\boldsymbol{\Gamma}_{n_p}(k)]^{T}$可以由如下带有遗忘因子的最小二乘算法确定：

$$\begin{aligned}
&\boldsymbol{\Lambda}(k)=\boldsymbol{\Lambda}(k-1)+\frac{P_2(k-2)\hat{\boldsymbol{\zeta}}(k-1)}{\beta(k-1)+\hat{\boldsymbol{\zeta}}^{T}(k-1)P_2(k-2)\hat{\boldsymbol{\zeta}}(k-1)}\cdot[\hat{\boldsymbol{\phi}}_{p,L}(k)-\hat{\boldsymbol{\zeta}}^{T}(k-1)\boldsymbol{\Lambda}(k-1)],\\
&P(k-1)=\frac{1}{\beta(k-1)}\left[P_2(k-2)-\frac{P_2(k-2)\hat{\boldsymbol{\zeta}}(k-1)\hat{\boldsymbol{\zeta}}^{T}(k-1)P_2(k-2)}{\beta(k-1)+\hat{\boldsymbol{\zeta}}^{T}(k-1)P_2(k-2)\hat{\boldsymbol{\zeta}}(k-1)}\right],\\
&\alpha(k)=\alpha_0\alpha(k-1)+(1-\alpha_0)
\end{aligned} \tag{5-51}$$

其中，$P_1(-1)>0$；$\alpha(0)=0.95$；$\alpha_0=0.99$。

综合控制算法式(5-46)、式(5-47)、参数估计算法式(5-48)和参数预测算法式(5-50)、式(5-51)，可得基于全格式线性化的无模型自适应预测控制(FFDL-MFAPC)方案如下

$$\hat{\boldsymbol{\phi}}_{f,L_y,L_u}(k)=\hat{\boldsymbol{\phi}}_{f,L_y,L_u}(k-1)+\frac{\eta\Delta\boldsymbol{H}_{L_y,L_u}(k-1)}{\|\Delta\boldsymbol{H}_{L_y,L_u}(k-1)\|^2}\cdot(\Delta y(k)-\hat{\boldsymbol{\phi}}_{f,L_y,L_u}(k-1)\Delta\boldsymbol{H}_{L_y,L_u}(k-1)) \tag{5-52}$$

$$\hat{\boldsymbol{\phi}}_{f,L_y,L_u}(k)=\hat{\boldsymbol{\phi}}_{f,L_y,L_u}(1),\text{如果}\ |\hat{\boldsymbol{\phi}}_{L_y+1}(k)|\leqslant\varepsilon\ \text{或}\ \mathrm{sign}(\hat{\boldsymbol{\phi}}_{L_y+1}(k))\neq\mathrm{sign}(\hat{\boldsymbol{\phi}}_{L_y+1}(1)) \tag{5-53}$$

$$\begin{aligned}
&\boldsymbol{\Lambda}(k)=\boldsymbol{\Lambda}(k-1)+\frac{P_2(k-2)\hat{\boldsymbol{\zeta}}(k-1)}{\beta(k-1)+\hat{\boldsymbol{\zeta}}^{T}(k-1)P_2(k-2)\hat{\boldsymbol{\zeta}}(k-1)}\cdot[\hat{\boldsymbol{\phi}}_{p,L}(k)-\hat{\boldsymbol{\zeta}}^{T}(k-1)\boldsymbol{\Lambda}(k-1)]\\
&P(k-1)=\frac{1}{\beta(k-1)}\left[P_2(k-2)-\frac{P_2(k-2)\hat{\boldsymbol{\zeta}}(k-1)\hat{\boldsymbol{\zeta}}^{T}(k-1)P_2(k-2)}{\beta(k-1)+\hat{\boldsymbol{\zeta}}^{T}(k-1)P_2(k-2)\hat{\boldsymbol{\zeta}}(k-1)}\right]\\
&\alpha(k)=\alpha_0\alpha(k-1)+(1-\alpha_0)
\end{aligned} \tag{5-54}$$

$$\hat{\boldsymbol{\phi}}_{f,L_y,L_u}(k+i)=\boldsymbol{\Gamma}_1(k)\cdot\hat{\boldsymbol{\phi}}^{T}_{f,L_y,L_u}(k+i-1)+\boldsymbol{\Gamma}_2(k)\cdot\hat{\boldsymbol{\phi}}^{T}_{f,L_y,L_u}(k+i-2)+\cdots+\boldsymbol{\Gamma}_{n_p}(k)\cdot\hat{\boldsymbol{\phi}}^{T}_{f,L_y,L_u}(k+i-n_p),\quad i=1,2,\cdots,N-1 \tag{5-55}$$

$$\hat{\boldsymbol{\phi}}_{f,L_y,L_u}(k+j)=\hat{\boldsymbol{\phi}}_{f,L_y,L_u}(1),\text{如果}\ |\hat{\boldsymbol{\phi}}_{L_y+1}(k)|\leqslant\varepsilon\ \text{或}\ \mathrm{sign}(\hat{\boldsymbol{\phi}}_{L_y+1}(k))\neq\mathrm{sign}(\hat{\boldsymbol{\phi}}_{L_y+1}(1)),j=1,2,\cdots,N-1 \tag{5-56}$$

$$\Delta \widetilde{\boldsymbol{U}}_{N_u}(k) = [(\boldsymbol{I}-\boldsymbol{\Psi}_3(k))^{-1}(\boldsymbol{\Psi}_4(k))^{\mathrm{T}}(\boldsymbol{I}-\boldsymbol{\Psi}_3(k))^{-1}\boldsymbol{\Psi}_4(k)+\lambda\boldsymbol{I}]^{-1} \times(\boldsymbol{I}-\boldsymbol{\Psi}_3(k))^{-1}(\boldsymbol{\Psi}_4(k))^{\mathrm{T}}\cdot\{\widetilde{\boldsymbol{Y}}_N^*(k+1)-\widetilde{\boldsymbol{Y}}_N(k) -(\boldsymbol{I}-\boldsymbol{\Psi}_3(k))^{-1}(\boldsymbol{\Psi}_1(k)\Delta\boldsymbol{Y}_{L_y}(k)+\boldsymbol{\Psi}_2(k)\Delta\boldsymbol{U}_{L_u}(k-1))\} \tag{5-57}$$

$$u(k) = u(k-1)+\boldsymbol{g}^{\mathrm{T}}\Delta\widetilde{\boldsymbol{U}}_{N_u}(k) \tag{5-58}$$

其中,ε 是正常数;$P_1(-1)>0$;$\alpha(0)=0.95$;$\alpha_0=0.99$;$\lambda>0$;$\mu>0$;$\eta\in(0,1]$。

控制方案中的其他参数选取与 5.1.2 节类似,此处略。当受控系统是线性 ARIMA 模型

$$\boldsymbol{A}(q^{-1})\Delta y(k) = \boldsymbol{B}(q^{-1})\Delta u(k-1) \tag{5-59}$$

且模型结构已知时,取 $L_y=n_y$,$L_u=n_u$,不用预报算法(因为此时的向量已经时不变),上述算法就变成标准的 GPC 算法。

2. 仿真研究

通过仿真实例验证 FFDL-MFAPC 方案的正确性和有效性,同时验证其相对于 PID 控制算法、CFDL-MFAPC 和 PFDL-MFAPC 方案的优越性,本节仍采用 5.1.2 节中的直线电机伺服系统式(5-23)。

无模型自适应预测控制的参数设置为 $L_y=1$,$L_u=1$,$L=5$,$N_u=1$,$N=5$,$\lambda=135$,PG 的初始值设为 $\boldsymbol{\phi}_{f,L_y,L_u}^{\mathrm{T}}(1)=[1,-2]^{\mathrm{T}}$,$\boldsymbol{\Lambda}$ 的初始值被设为(0,1)间的随机数,仿真结果如图 5.7 和图 5.8 所示。

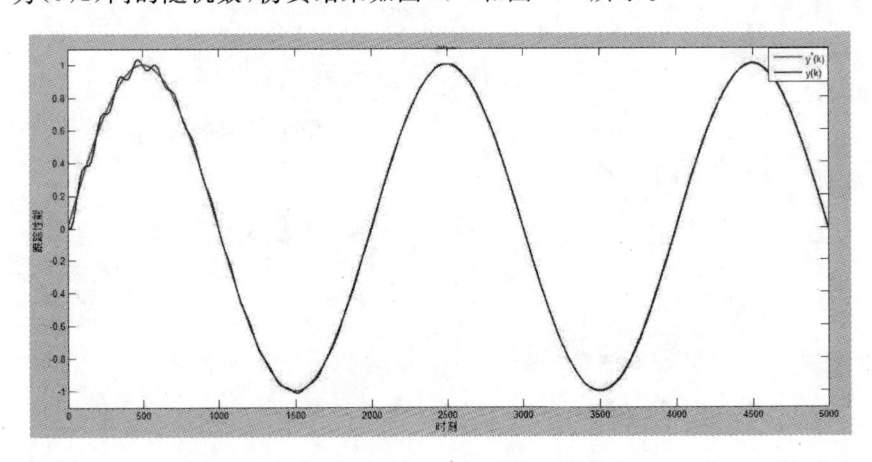

图 5.7 FFDL-MFAPC 位置跟踪性能

由仿真结果可知,系统的跟踪误差在电机往复运动的两端达到最大,约为 0.0096。可以看出,采用基于全格式线性化的无模型自适应预测控

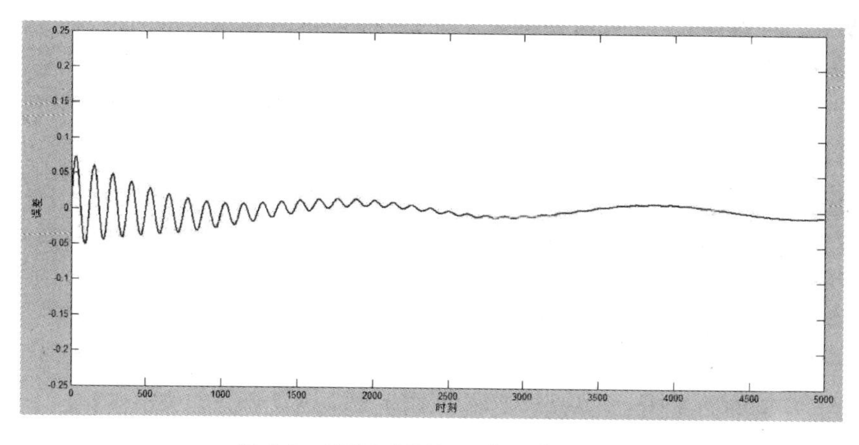

图 5.8 FFDL-MFAPC 位置误差性能

制(FFDL-MFAPC)方案,系统的上升时间减小,由于模型参数变化引起的毛刺也受到抑制,在跟踪效果和误差两个方面,都比 PID 算法、基于紧格式线性化的无模型自适应预测控制(CFDL-MFAPC)和基于偏格式线性化的无模型自适应预测控制(PFDL-MFAPC)方案更好,预测使得系统得到更好的控制效果。

5.2 无模型迭代学习控制方法研究

5.2.1 无模型迭代学习研究进展

工程实际中,很多系统都是在有限时间区间上重复执行相同的控制任务,如执行焊接、喷涂、装配、搬运等重复任务的工业机器人,半导体晶片生产过程,工业过程中的批处理过程,均热炉温度控制等。当控制任务重复时,系统也会表现出相同的行为。事实上,这种重复性可以被用于改善控制系统的控制品质。然而,时间域上的控制方法,如 PID 方法、自适应控制、最优控制、预测控制等,不具有从过去重复操作中学习的能力,因此对有限时间区间上重复运行的系统,不管运行多少次,其控制误差也是重复的,没有任何改进。相反,针对重复过程的迭代学习控制(iterative learning control,ILC)方法在构造当前控制算法时,可利用记忆装置存储的过去重复过程的控制输入和跟踪误差信息设计和修正当前的控制输入,目的是提高系统当前循环过程的误差精度[162]。

日本学者 Uchiyama 于 1978 年最先提出了迭代学习控制方法,使得迭代学习逐渐成为研究热点。自 1984 年,Arimoto 等针对机器人系统重复运行的特点，模拟人类学习技能的过程，提出迭代学习控制的概念以来，ILC一直是控制理论与控制工程界研究的热点领域之一。文献[30]，[173]，[174]详细综述了最新的ILC研究和应用的进展，专著[175]，[176]则更全面、系统地介绍了ILC的近期研究成果。随着ILC理论的不断发展和完善，近几年，先进的控制技术越来越多地与迭代学习律相结合，由此产生了各种新的算法、如最优迭代学习律、反馈前馈学习律、自适应学习律、鲁棒学习律、基于2-D理论的迭代学习律等。ILC方法在实际控制工程中也得到了广泛的应用。

迭代学习控制的实质是解决一类跟踪问题，这类跟踪问题的任务是寻找合适的控制输入 $u(t)$，使得控制输出 $y(t)$ 能完全跟踪期望信号 $y_d(t)$。对于可重复的被控对象而言，迭代学习控制能够充分利用之前运行过程中的控制输入输出数据与跟踪误差数据，并将这些数据信息运用到本次运行过程中去，从而使得系统的跟踪性能不断提高。

无模型自适应迭代学习控制（model free adaptive iterative learning control，MFAILC）的设计和分析方法是结合无模型自适应控制（model free adaptive control，MFAC）与ILC各自的特点，利用其中本质的相似关系的一类新的基于最优性能指标的设计和分析方法。该方法可适用于一大类重复运行的未知非线性非仿射系统的控制问题，且能够保证系统输出误差沿迭代轴的单调收敛。该方法是一种数据驱动的无模型控制方法，其基本思想如下：首先，沿迭代轴方向引入伪偏导数（pseudo partial derivative，PPD）的概念，给出迭代域的基于输入输出增量形式的紧格式动态线性化（compact form dynamic linearization，CFDL）数据模型；然后，基于动态线性化数据模型，给出相应的MFAILC的设计方法。理论分析和仿真研究均表明，在初始条件沿迭代轴随机变化的情况下，MFAILC仍可以保证受控系统输出沿迭代轴的单调收敛。该类方法很容易推广到MIMO情况，以下仅就SISO非线性系统出相应的结果[167]。

5.2.2　基于紧格式动态线性化的无模型自适应迭代学习控制算法

1. 迭代域的紧格式动态线性化方法

有限时间区间上重复运行的离散时间单输入单输出非线性系统可表示如下：

$$y(k+1,i)=f[y(k,i),y(k-1,i),\cdots,y(k-n_y,i),u(k,i),u(k-1,i),\cdots,u(k-n_u,i)] \tag{5-60}$$

其中，$y(k,i)$与$u(k,i)$分别表示第i次迭代第k个采样时刻的控制输出与输入；n_y与n_u是两个未知正整数，$f(\cdots)$是未知非线性标量函数。

非线性系统的迭代域紧格式动态线性化是在以下两个假设条件下完成的。

假设 1：$f(\cdots)$关于第(n_y+2)个变量的偏导数是连续的。

假设 2：非线性沿迭代轴方向满足广义 Lipschitz 条件：

$$\Delta y(k+1,i)\leqslant b|\Delta u(k,i)|$$

其中，$\Delta y(k+1,i)=y(k+1,i)-y(k+1,i-1)$；$\Delta u(k,i)=u(k,i)-u(k,i-1)$；$b>0$是一个常数。

对于满足假设1和假设2的非线性系统，当$|\Delta u(k,i)|\neq 0$时，一定存在一个被称为伪偏导数(pseudo partial derivative，PPD)的迭代相关的时变参数$\phi_c(k,i)$，使得系统式(5-60)可转化为如下形式的迭代轴上的CFDL数据模型，且$\phi_c(k,i)$有界。

$$\Delta y(k+1,i)=\phi_c(k,i)\Delta u(k,i)$$

证明：

$$\begin{aligned}\Delta y(k+1,i)=\ & y(k+1,i)-y(k+1,i-1)\\ =\ & f(y(k,i),y(k-1,i),\cdots,y(k-n_y,i),\\ & u(k,i),u(k-1,i),\cdots,u(k-n_u,i))\\ & -f(y(k,i-1),y(k-1,i-1),\cdots,y(k-n_y,i-1),\\ & u(k,i-1),u(k-1,i-1),\cdots,u(k-n_u,i-1))\\ =\ & f(y(k,i),y(k-1,i),\cdots,y(k-n_y,i),u(k,i),\\ & u(k-1,i),\cdots,u(k-n_u,i))\\ & -f(y(k,i),y(k-1,i),\cdots,y(k-n_y,i),u(k,i-1),\\ & u(k-1,i),\cdots,u(k-n_u,i))\\ & +f(y(k,i),y(k-1,i),\cdots,y(k-n_y,i),u(k,i-1),\\ & u(k-1,i),\cdots,u(k-n_u,i))\\ & -f(y(k,i-1),y(k-1,i-1),\cdots,y(k-n_y,i-1),\\ & u(k,i-1),u(k-1,i-1),\cdots,u(k-n_u,i-1))\end{aligned}\tag{5-61}$$

令

$$\begin{aligned}\xi(k,i)=\ & f(y(k,i),y(k-1,i),\cdots,y(k-n_y,i),u(k,i-1),\\ & u(k-1,i),\cdots,u(k-n_u,i))\\ & -f(y(k,i-1),y(k-1,i-1),\cdots,y(k-n_y,i-1),\\ & u(k,i-1),u(k-1,i-1),\cdots,u(k-n_u,i-1))\end{aligned}$$

由微分中值定理，式(5-61)可写为

$$\Delta y(k+1,i)=\frac{\partial f^*}{\partial u(k,i)}(u(k,i)-u(k,i-1))+\xi(k,i) \quad (5\text{-}62)$$

其中，$\frac{\partial f^*}{\partial u(k,i)}$表示 $f(\cdots)$对于第(n_y+2)个变量的偏导数在

$$[y(k,i),y(k-1,i),\cdots,y(k-n_y,i),u(k,i),u(k-1,i),\cdots,u(k-n_u,i))]^T$$

和

$$[y(k,i),y(k-1,i),\cdots,y(k-n_y,i),u(k,i-1),u(k-1,i),\cdots,u(k-n_u,i))]^T$$

两点之间某一点处的值。

对每次迭代 i 的每个固定时刻 k，考虑如下以 $\eta(k,i)$为变量的方程：

$$\xi(k,i)=\eta(k,i)\Delta u(k,i) \quad (5\text{-}63)$$

由于$|\Delta u(k,i)|\neq 0$，式(5-63)一定存在唯一解 $\eta^*(k,i)$[162]。

令

$$\phi_c(k,i)=\frac{\partial f^*}{\partial u(k,i)}+\eta^*(k,i)$$

式(5-62)可重写为

$$\Delta y(k+1,i)=\phi_c(k,i)\Delta u(k,i)$$

2. 迭代学习控制算法

给定期望轨迹，控制目标是寻找合适的控制输入 $u(k,i)$，使得跟踪误差 $e(k+1,i)=y_d(k+1)-y(k+1,i)$在迭代次数 i 趋于无穷时收敛为零。$y_d(k+1)$表示 $k+1$ 时刻的期望输出，$y(k+1,i)$表示第 i 次迭代 $k+1$ 时刻的实际输出。

考虑控制输入准则函数如下[167]：

$$J(u(k,i))=|e(k+1,i)|^2+\lambda|u(k,i)-u(k,i-1)|^2$$

其中，$\lambda>0$ 是权重因子，用来限制不同迭代次数之间的控制输入量的变化。

根据优化条件$\frac{\partial J}{\partial u(k,i)}=0$，可得[162]

$$u(k,i)=u(k,i-1)+\frac{\rho\phi_c(k,i)}{\lambda+|\phi_c(k,i)|^2}e(k+1,i-1) \quad (5\text{-}64)$$

其中，$\rho\in(0,1]$是步长因子，它的加入是为了使算法式(5-64)更具一般性。

3. 参数的迭代更新算法

因为 $\phi_c(k,i)$未知，控制算法式(5-64)不能直接应用，为此设计如下参数估计准则函数[167]：

$$J(\phi_c(k,i)) = |\Delta y(k+1,i-1) - \phi_c(k,i)\Delta u(k,i-1)|^2 + \mu|\phi_c(k,i) - \hat{\phi}_c(k,i-1)|^2$$

其中，$\mu>0$ 是一个权重因子。$\hat{\phi}_c(k,i)$是 $\phi_c(k,i)$的估计值。

根据优化条件$\frac{\partial J}{\partial \hat{\phi}_c(k,i)}=0$，可得参数的迭代更新算法如下[162]：

$$\hat{\phi}_c(k,i) = \hat{\phi}_c(k,i-1) + \frac{\eta\Delta u(k,i-1)}{\mu + |\Delta u(k,i-1)|^2} \cdot (\Delta y(k+1,i-1) - \hat{\phi}_c(k,i-1)\Delta u(k,i-1)) \tag{5-65}$$

其中，$\eta\in(0,1]$是步长因子，它的加入可使算法式(5-65)更具一般性；$\hat{\phi}_c(k,i)$是 $\phi_c(k,i)$的估计值。

4. 仿真研究

紧格式迭代学习控制算法的控制目标是在第 i 次迭代的第 k 时刻，寻找合适的控制电压输入 $u(k,i)$，使得随着迭代次数 i 的增加，直线电机位移误差的绝对值逐渐收敛为 0。根据式(5-64)控制算法，电压输入 $u(k,i)$的紧格式迭代算法可写为另外一种形式如下：

$$u(k,i) = u(k,i-1) + \frac{\rho\phi_c(k,i)}{\lambda + |\phi_c(k,i)|^2} \cdot [y_d(k+1) - y(k+1,i-1)] \tag{5-66}$$

其中，$\lambda>0$ 是权重因子，用来限制不同迭代次数之间的控制输入量的变化；$\rho\in(0,1]$是步长因子，它的加入是使算法更具一般性；$\phi_c(k,i)$是第 i 次迭代，第 k 个采样时刻的伪偏导数。

本节仍采用 5.1.2 节中的直线电机伺服系统差分表达式(5-23)。设置紧格式迭代算法的参数如下：$\lambda=1,\eta=1,\mu=1,\rho=1$。直线电机期望跟踪位置曲线为幅值 1mm，频率 2.5Hz 的正弦曲线，设置采样周期为 1ms。

图 5.9～图 5.12 分别给出迭代 30，40，50，60，70，80，90，100 次的仿真图。

从图 5.9～图 5.12 中可以看到使用紧格式迭代学习控制算法，随着迭代次数的增加，非圆切削进给刀具的位置稳态误差逐渐减小，当迭代次数达到 100 次时，其稳态误差约为 30μm。

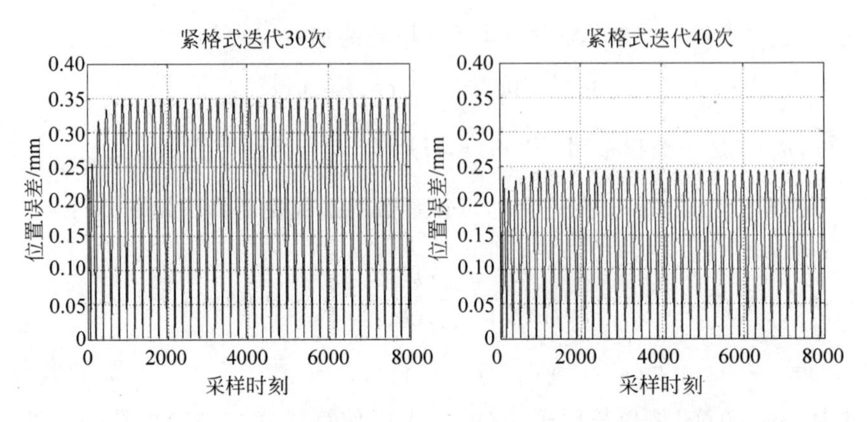

图 5.9　**紧格式迭代** 30 **次与迭代** 40 **次仿真**

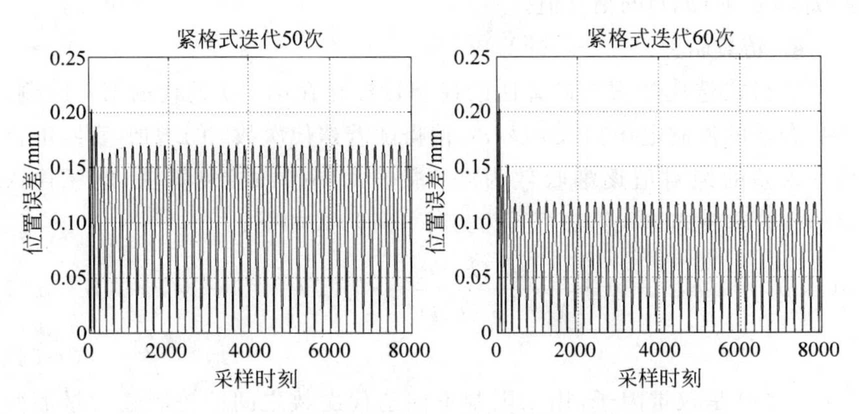

图 5.10　**紧格式迭代** 50 **次与迭代** 60 **次仿真**

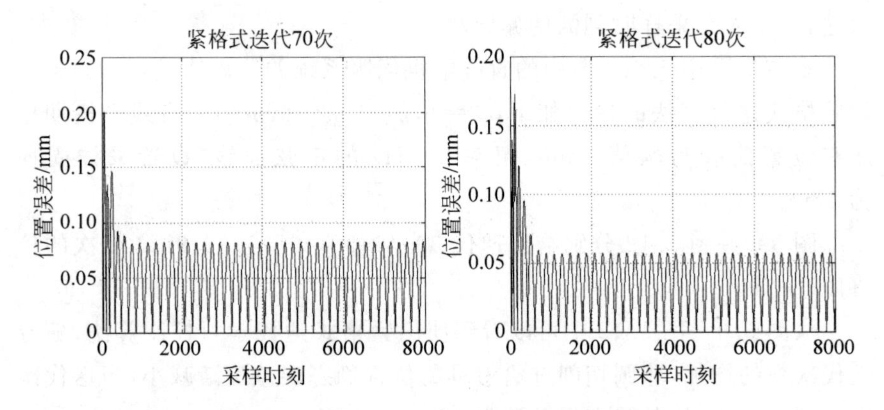

图 5.11　**紧格式迭代** 70 **次与迭代** 80 **次仿真**

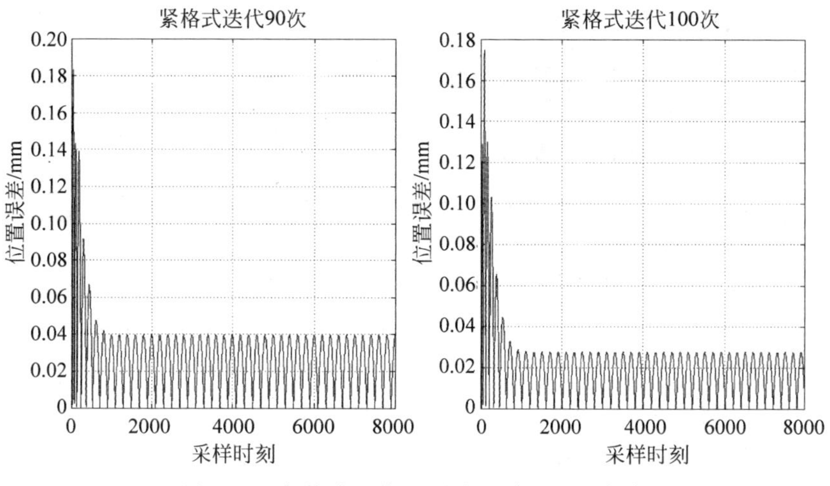

图 5.12 紧格式迭代 90 次与迭代 100 次仿真

5.2.3 基于偏格式动态线性化的无模型自适应迭代学习控制算法

1. 迭代域的偏格式动态线性化方法

有限时间区间上，重复运行的离散时间单输入单输出非线性系统可表示如下：

$$y(k+1,i)=f[y(k,i),y(k-1,i),\cdots,y(k-n_y,i),u(k,i),\\ u(k-1,i),\cdots,u(k-n_u,i)] \tag{5-67}$$

其中，$y(k,i)$与$u(k,i)$分别表示第i次迭代第k个采样时刻的控制输出与输入；n_y与n_u是两个未知正整数。

定义$\boldsymbol{U}_L(k,i)$为第i次迭代，在一个滑动时间窗口$[k-L+1,k]$内，所有控制输入信号组成的向量。整数L为控制输入线性化长度常数。

$$\boldsymbol{U}_L(k,i)=[u(k,i),u(k-1,i),\cdots,u(k-L+1,i)]^{\mathrm{T}}$$

非线性系统的迭代域偏格式动态线性化是在以下两个假设条件下完成的。

假设 1：式 1 中$f(\cdots)$关于第n_y+2个变量到第n_y+L+1个变量分别存在连续偏导数。

假设 2：非线性系统式(5-67)沿迭代轴方向，满足广义 Lipschitz 条件，即

$$|\Delta y(k+1,i)|\leqslant b\,\|\Delta\boldsymbol{U}_L(k,i)\|$$

其中，$\Delta y(k+1,i)=y(k+1,i)-y(k+1,i-1)$；$\Delta\boldsymbol{U}_L(k,i)=\boldsymbol{U}_L(k,i)-\boldsymbol{U}_L(k,i-1)$；$b>0$是常数。

对于满足假设 1 和假设 2 的非线性系统式(5-67),给定 L,当 $\|\Delta\boldsymbol{U}_L(k,i)\|\neq 0$ 时,一定存在一个伪梯度(pseudo gradient,PG)时变参数向量$\boldsymbol{\Phi}_L(k,i)$,使得系统式(5-67)可转化为如下形式的迭代域偏格式动态线性化数据模型,其中$\boldsymbol{\Phi}_L(k,i)$有界。

$$\Delta y(k+1,i)=\boldsymbol{\Phi}_L^{\mathrm{T}}(k,i)\Delta\boldsymbol{U}_L(k,i) \tag{5-68}$$

其中,

$$\boldsymbol{\Phi}_L(k,i)=[\Phi_1(k,i),\Phi_2(k,i),\cdots,\Phi_L(k,i)]^{\mathrm{T}}$$
$$\Delta\boldsymbol{U}_L(k,i)=[\Delta u(k,i),\Delta u(k-1,i),\cdots,\Delta u(k-L+1,i)]^{\mathrm{T}}$$

证明:

$$\begin{aligned}\Delta y(k+1,i)=&\ y(k+1,i)-y(k+1,i-1)\\
=&\ f[y(k,i),y(k-1,i),\cdots,y(k-n_y,i),u(k,i),\\
&\ u(k-1,i),\cdots,u(k-n_u,i)]\\
&\ -f[y(k,i-1),y(k-1,i-1),\cdots,y(k-n_y,i-1),\\
&\ u(k,i-1),u(k-1,i-1),\cdots,u(k-n_u,i-1)]\\
=&\ f[y(k,i),y(k-1,i),\cdots,y(k-n_y,i),u(k,i),\\
&\ u(k-1,i),\cdots,u(k-n_u,i)]\\
&\ -f[y(k,i),y(k-1,i),\cdots,y(k-n_y,i),u(k,i-1),\\
&\ u(k-1,i),\cdots,u(k-n_u,i)]\\
&\ +f[y(k,i),y(k-1,i),\cdots,y(k-n_y,i),u(k,i-1),\\
&\ u(k-1,i),\cdots,u(k-n_u,i)]\\
&\ -f[y(k,i-1),y(k-1,i-1),\cdots,y(k-n_y,i-1),\\
&\ u(k,i-1),u(k-1,i-1),\cdots,u(k-n_u,i-1)]\end{aligned}$$

由微分中值定理有

$$\begin{aligned}\Delta y(k+1,i)=&\ \frac{\partial f^*}{\partial u(k,i)}\Delta u(k,i)\\
&\ +f[y(k,i),y(k-1,i),\cdots,y(k-n_y,i),u(k,i-1),\\
&\ u(k-1,i),\cdots,u(k-n_u,i)]\\
&\ -f[y(k,i-1),y(k-1,i-1),\cdots,y(k-n_y,i-1),\\
&\ u(k,i-1),u(k-1,i-1),\cdots,u(k-n_u,i-1)]\\
=&\ \frac{\partial f^*}{\partial u(k,i)}\Delta u(k,i)\\
&\ +f[y(k,i),y(k-1,i),\cdots,y(k-n_y,i),u(k,i-1),u(k-1,i),\\
&\ u(k-2,i),\cdots,u(k-n_u,i)]\\
&\ -f[y(k,i),y(k-1,i),\cdots,y(k-n_y,i),u(k,i-1),\end{aligned}$$

$$
\begin{aligned}
&u(k-1,i-1),u(k-2,i),\cdots,u(k-n_u,i)] \\
&+f[y(k,i),y(k-1,i),\cdots,y(k-n_y,i),u(k,i-1), \\
&u(k-1,i-1),u(k-2,i),\cdots,u(k-n_u,i)] \\
&-f[y(k,i-1),y(k-1,i-1),\cdots,y(k-n_y,i-1), \\
&u(k,i-1),u(k-1,i-1),\cdots,u(k-n_u,i-1)] \\
=&\frac{\partial f^*}{\partial u(k,i)}\Delta u(k,i)+\frac{\partial f^*}{\partial u(k-1,i)}\Delta u(k-1,i) \\
&+f[y(k,i),y(k-1,i),\cdots,y(k-n_y,i),u(k,i-1), \\
&u(k-1,i-1),u(k-2,i),\cdots,u(k-n_u,i)] \\
&-f[y(k,i-1),y(k-1,i-1),\cdots,y(k-n_y,i-1), \\
&u(k,i-1),u(k-1,i-1),\cdots,u(k-n_u,i-1)]
\end{aligned}
$$

其中，

$\Delta u(k,i)=u(k,i)-u(k,i-1)$；$\Delta u(k-1,i)=u(k-1,i)-u(k-1,i-1)$

$\partial f^*/\partial u(k,i)$表示 $f(\cdots)$关于第(n_y+2) 个变量的偏导数在

$[y(k,i),y(k-1,i),\cdots,y(k-n_y,i),u(k,i),u(k-1,i),\cdots,u(k-n_u,i)]^T$

和

$[y(k,i),y(k-1,i),\cdots,y(k-n_y,i),u(k,i-1),u(k-1,i),\cdots,u(k-n_u,i)]^T$

之间某一点处的值。

$\partial f^*/\partial u(k-1,i)$表示 $f(\cdots)$关于第 n_y+3 个变量的偏导数在

$[y(k,i),y(k-1,i),\cdots,y(k-n_y,i),u(k,i-1),u(k-1,i),\cdots,u(k-n_u,i)]^T$

和

$$
\begin{aligned}
&[y(k,i),\cdots,y(k-n_y,i),u(k,i-1),u(k-1,i-1), \\
&u(k-2,i),\cdots,u(k-n_u,i)]^T
\end{aligned}
$$

之间某一处的值。

同理，有

$$
\begin{aligned}
\Delta y(k+1,i)=&\frac{\partial f^*}{\partial u(k,i)}\Delta u(k,i)+\frac{\partial f^*}{\partial u(k-1,i)}\Delta u(k-1,i) \\
&+\cdots+\frac{\partial f^*}{\partial u(k-L+1,i)}\Delta u(k-L+1,i) \\
&+f[y(k,i),y(k-1,i),\cdots,y(k-n_y,i),u(k,i-1), \\
&\quad u(k-1,i-1),\cdots,u(k-L+1,i-1),u(k-L,i), \\
&\quad u(k-L-1,i),\cdots,u(k-n_u,i)] \\
&-f[y(k,i-1),y(k-1,i-1),\cdots,y(k-n_y,i-1), \\
&\quad u(k,i-1),u(k-1,i-1),\cdots,u(k-L+1,i-1), \\
&\quad u(k-L,i-1),u(k-L-1,i-1),\cdots,u(k-n_u,i-1)]
\end{aligned}
\tag{5-69}
$$

令

$$\psi(k,i)=f[y(k,i),y(k-1,i),\cdots,y(k-n_y,i),u(k,i-1),u(k-1,i-1),\cdots,u(k-L+1,i-1),u(k-L,i),u(k-L-1,i),\cdots,u(k-n_u,i)]-f[y(k,i-1),y(k-1,i-1),\cdots,y(k-n_y,i-1),u(k,i-1),u(k-1,i-1),\cdots,u(k-L+1,i-1),u(k-L,i-1),u(k-L-1,i-1),\cdots,u(k-n_u,i-1)]$$

对每一个 k,i，考虑以$\boldsymbol{\eta}(k,i)$为变量的方程

$$\psi(k,i)=\boldsymbol{\eta}^{\mathrm{T}}(k,i)\Delta u(k,i) \tag{5-70}$$

由于 $\|\Delta u(k,i)\|\neq 0$，式(5-70)至少有一个解$\boldsymbol{\eta}^*(k,i)$。

令

$$\boldsymbol{\Phi}(k,i)=\boldsymbol{\eta}^*(k,i)+\left[\frac{\partial f^*}{\partial u(k,i)},\frac{\partial f^*}{\partial u(k-1,i)},\cdots,\frac{\partial f^*}{\partial u(k-L+1,i)}\right]^{\mathrm{T}}$$

式(5-68)可写为如下形式：

$$\Delta y(k+1,i)=\boldsymbol{\Phi}_L^{\mathrm{T}}(k,i)\Delta\boldsymbol{U}_L(k,i) \tag{5-71}$$

2. 偏格式迭代学习控制算法设计

给定期望输出轨迹 $y_d(k)$，控制目标是寻找合适的控制输入 $u(k,i)$，使得期望输出轨迹与实际输出轨迹之间的跟踪误差 $e(k+1,i)=y_d(k+1)-y(k+1,i)$随着迭代次数的增加而减小。

控制输入准则函数选为[177]

$$J(u(k,i))=|e(k+1,i)|^2+\lambda|u(k,i)-u(k,i-1)|^2 \tag{5-72}$$

对 $u(k,i)$求导，并令其等于零可得[173]

$$u(k,i)=u(k,i-1)+\frac{\Phi_1(k,i)}{\lambda+|\Phi_1(k,i)|^2}\left[\rho_1 e(k+1,i-1)-\sum_{j=2}^{L}\rho_j\Phi_j(k,i)\Delta u(k-j+1,i)\right] \tag{5-73}$$

其中，步长因子 $\rho_j\in(0,1]$，$j=1,2,\cdots,L$ 是为了使得控制算法具有更大的灵活性。

3. 时变参数$\boldsymbol{\Phi}_L(k,i)$的估计值算法设计

PG 向量的估计值准则函数选为[177]

$$J(\boldsymbol{\Phi}_L(k,i))=|\Delta y(k+1,i-1)-\boldsymbol{\Phi}_L^{\mathrm{T}}(k,i)\Delta\boldsymbol{U}_L(k,i-1)|^2+\mu\|\boldsymbol{\Phi}_L(k,i)-\hat{\boldsymbol{\Phi}}_L(k,i-1)\|^2 \tag{5-74}$$

其中，$\hat{\boldsymbol{\Phi}}_L(k,i-1)$表示$\boldsymbol{\Phi}_L(k,i-1)$的估计值。

对式(5-74)关于$\boldsymbol{\Phi}_L(k,i)$求极值，并利用矩阵求逆引理，可得PG向量的估计值算法为

$$\hat{\boldsymbol{\Phi}}_L(k,i)=\hat{\boldsymbol{\Phi}}_L(k,i-1)+\frac{\eta\Delta\boldsymbol{U}_L(k,i-1)(\Delta y(k+1,i-1)-\hat{\boldsymbol{\Phi}}_L^{\mathrm{T}}(k,i-1)\Delta\boldsymbol{U}_L(k,i-1))}{\mu+\|\Delta\boldsymbol{U}_L(k,i-1)\|^2} \tag{5-75}$$

加入步长因子$\eta\in(0,2]$是为了使算法设计具有更大的灵活性，$\hat{\boldsymbol{\Phi}}_L(k,i)$是$\boldsymbol{\Phi}_L(k,i)$的估计值。

4. 仿真研究

偏格式迭代学习控制算法的控制目标是在第i次迭代的第k时刻，寻找合适的控制电压输入$u(k,i)$，使得随着迭代次数i的增加，直线电机位移误差的绝对值逐渐收敛为0。根据上述的电压输入$u(k,i)$的偏格式迭代算法式(5-73)和PG向量的估计值算法式(5-75)，本节仍采用5.1.2节中的直线电机伺服系统差分表达式(5-23)。设置偏格式迭代算法的参数如下：$\lambda=1,\eta=1,\mu=1,\rho=1$。设置控制输入线性化长度常数$L=5$。直线电机期望跟踪位置曲线为幅值1mm，频率2.5Hz的正弦曲线，设置采样周期为1ms。

图5.13～图5.16分别给出迭代30,40,50,60,70,80,90,100次的仿真示意图。

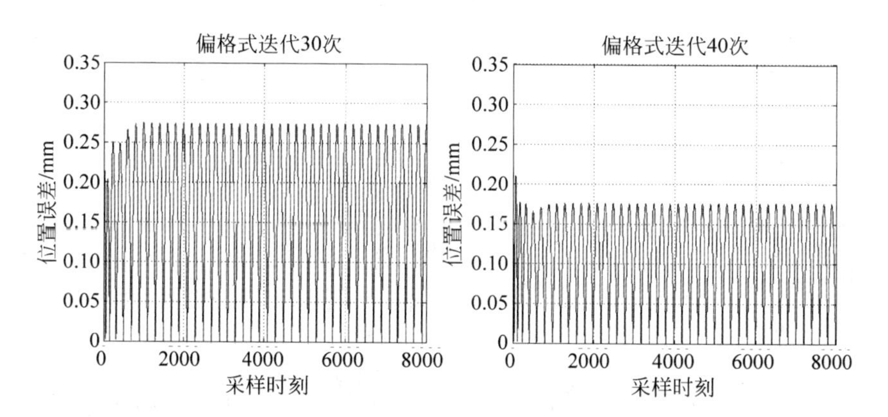

图5.13 偏格式迭代30次与迭代40次仿真

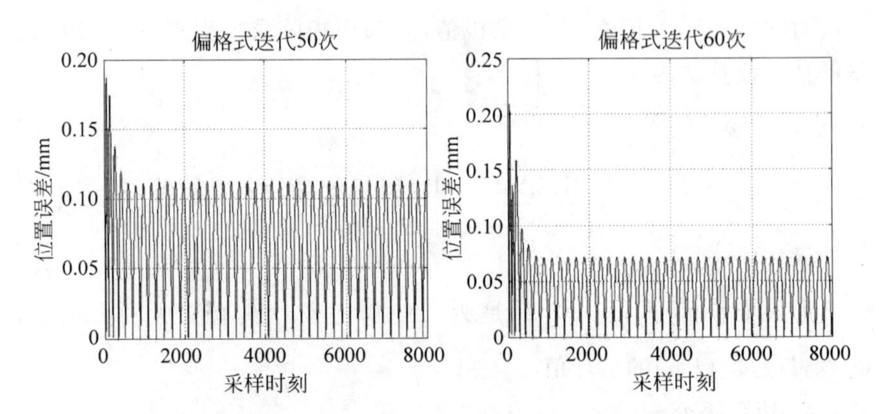

图 5.14　偏格式迭代 50 次与迭代 60 次仿真

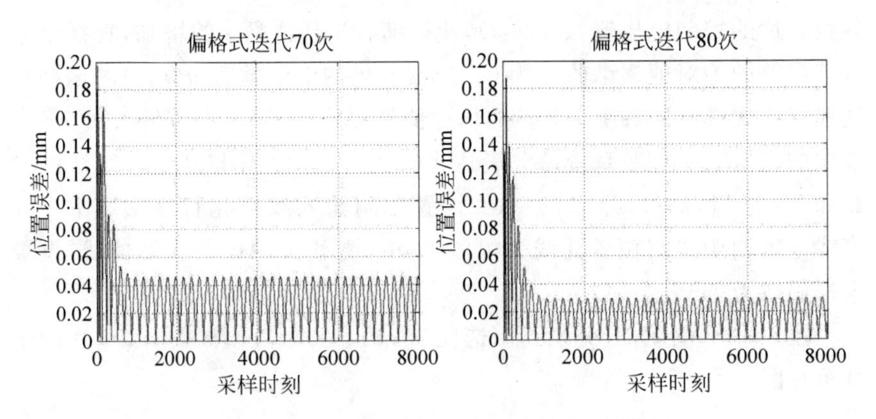

图 5.15　偏格式迭代 70 次与迭代 80 次仿真

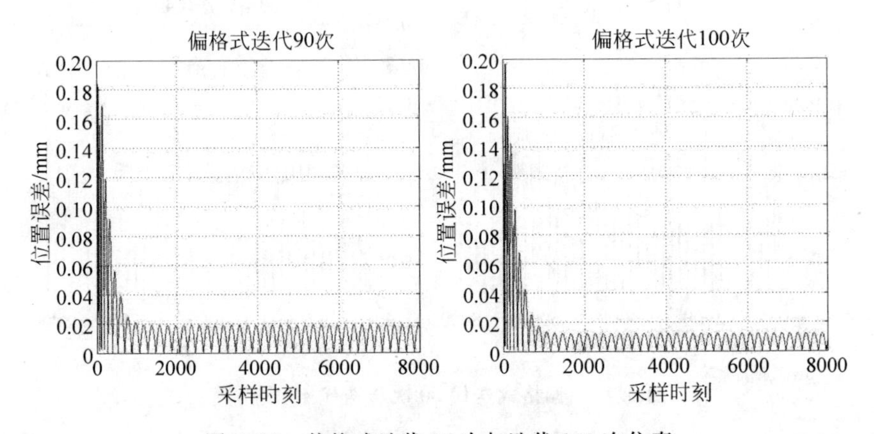

图 5.16　偏格式迭代 90 次与迭代 100 次仿真

从图5.13～图5.16中可以看到，非圆切削进给刀具使用偏格式迭代控制算法，其刀具位置稳态误差随着迭代次数的增加而逐渐减小。并且相比紧格式迭代学习控制算法，偏格式迭代学习控制算法的稳态误差更小。当迭代100次时，系统的稳态误差可以达到10μm左右，优于紧格式迭代学习控制方案。从另一个角度看，紧格式迭代学习控制算法的本质是考虑了系统在下一个时刻的输出变化量与当前时刻的输入变化量之间的动态关系；偏格式迭代学习控制的本质是考虑了系统在下一个时刻的输出变化量，与当前时刻的固定长度滑动时间窗口内的所有输入变化量之间的动态关系。

5.2.4 基于全格式动态线性化的无模型自适应迭代学习控制算法

1. 迭代域的全格式动态线性化方法

有限时间区间上，重复运行的离散时间单输入单输出非线性系统可表示为

$$\begin{aligned} y(k+1,i) = f[& y(k,i), y(k-1,i), \cdots, y(k-n_y,i), \\ & u(k,i), u(k-1,i), \cdots, u(k-n_u,i)] \end{aligned} \tag{5-76}$$

其中，$y(k,i)$与$u(k,i)$分别表示第i次迭代第k个采样时刻的控制输出与输入；n_y与n_u是两个未知正整数。

定义$\boldsymbol{H}_{L_y,L_u}(k,i)$为第$i$次迭代，在一个输入相关的滑动时间窗口$[k-L_u+1,k]$内所有控制输入信号，与输出相关的滑动时间窗口$[k-L_y+1,k]$内所有控制输出信号组成的向量。整数$L_u$为控制输入线性化长度常数，整数$L_y$为控制输出线性化长度常数。即

$$\boldsymbol{H}_{L_y,L_u}(k,i)=[y(k,i),\cdots,y(k-L_y+1,i),u(k,i),\cdots,u(k-L_u+1,i)]^{\mathrm{T}}$$

非线性系统的迭代域全格式线性化是在以下两个假设条件下完成的。

假设1：$f(\cdots)$关于各个变量存在连续偏导数。

假设2：非线性系统式(5-76)沿迭代轴方向，满足广义Lipschitz条件，即

$$|\Delta y(k+1,i)| \leqslant b \|\Delta \boldsymbol{H}_{L_y,L_u}(k,i)\|$$

其中，$\Delta y(k+1,i)=y(k+1,i)-y(k+1,i-1)$；$\Delta \boldsymbol{H}_{L_y,L_u}(k,i)=\boldsymbol{H}_{L_y,L_u}(k,i)-\boldsymbol{H}_{L_y,L_u}(k,i-1)$；$b>0$。

对于满足假设1和假设2的非线性系统式(5-76)，给定L_y与L_u，当$\|\Delta \boldsymbol{H}_{L_y,L_u}(k,i)\| \neq 0$时，一定存在一个伪梯度(pseudo gradient，PG)迭

代相关的时变参数向量$\boldsymbol{\Phi}_{L_y,L_u}(k,i)$使得系统式(5-76)可转化为如下形式的迭代域全格式动态线性化数据模型：

$$\Delta y(k+1,i)=\boldsymbol{\Phi}_{L_y,L_u}^{T}(k,i)\Delta \boldsymbol{H}_{L_y,L_u}(k,i) \tag{5-77}$$

其中，$\boldsymbol{\Phi}_{L_y,L_u}(k,i)$为有界。

$$\boldsymbol{\Phi}_{L_y,L_u}(k,i)=[\Phi_1(k,i),\cdots,\Phi_{L_y}(k,i),\Phi_{L_y+1}(k,i),\cdots,\Phi_{L_y+L_u}(k,i)]^{T}$$

$$\Delta \boldsymbol{H}_{L_y,L_u}(k,i)=[\Delta y(k,i),\cdots,\Delta y(k-L_y+1,i),\\ \Delta u(k,i),\cdots,\Delta u(k-L_u+1,i)]^{T}$$

证明：

$$\begin{aligned}
&\Delta y(k+1,i)\\
&=y(k+1,i)-y(k+1,i-1)\\
&=f(y(k,i),y(k-1,i),\cdots,y(k-n_y,i),u(k,i),u(k-1,i),\cdots,\\
&\quad u(k-n_u,i))-f(y(k,i-1),y(k-1,i-1),\cdots,y(k-n_y,i-1),\\
&\quad u(k,i-1),u(k-1,i-1),\cdots,u(k-n_u,i-1))\\
&=f(y(k,i),y(k-1,i),\cdots,y(k-L_y+1,i),y(k-L_y,i),\cdots,y(k-n_y,i),\\
&\quad u(k,i),u(k-1,i),\cdots,u(k-L_u+1,i),u(k-L_u,i),\cdots,u(k-n_y,i))\\
&\quad -f(y(k,i-1),y(k-1,i-1),\cdots,y(k-L_y+1,i-1),\\
&\quad y(k-L_y,i),\cdots,y(k-n_y,i),u(k,i-1),u(k-1,i-1),\cdots,\\
&\quad u(k-L_u+1,i-1),u(k-L_u,i),\cdots,u(k-n_y,i))\\
&\quad +f(y(k,i-1),y(k-1,i-1),\cdots,y(k-L_y+1,i-1),\\
&\quad y(k-L_y,i),\cdots,y(k-n_y,i),u(k,i-1),\\
&\quad u(k-1,i-1),\cdots,u(k-L_u+1,i-1),u(k-L_u,i),\cdots,u(k-n_y,i))\\
&\quad -f(y(k,i-1),y(k-1,i-1),\cdots,y(k-L_y+1,i-1),\\
&\quad y(k-L_y,i-1),\cdots,y(k-n_y,i-1),u(k,i-1),u(k-1,i-1),\cdots,\\
&\quad u(k-L_u+1,i-1),u(k-L_u,i-1),\cdots,u(k-n_y,i-1))
\end{aligned}$$

令

$$\begin{aligned}
&\psi(k,i)\\
&=f(y(k,i-1),y(k-1,i-1),\cdots,y(k-L_y+1,i-1),\\
&\quad y(k-L_y,i),\cdots,y(k-n_y,i),u(k,i-1),\\
&\quad u(k-1,i-1),\cdots,u(k-L_u+1,i-1),u(k-L_u,i),\cdots,u(k-n_y,i))\\
&\quad -f(y(k,i-1),y(k-1,i-1),\cdots,y(k-L_y+1,i-1),\\
&\quad y(k-L_y,i-1),\cdots,y(k-n_y,i-1),u(k,i-1),u(k-1,i-1),\cdots,\\
&\quad u(k-L_u+1,i-1),u(k-L_u,i-1),\cdots,u(k-n_y,i-1))
\end{aligned}$$

利用假设 2 与 Cauchy 微分中值定理，$\Delta y(k+1,i)$可写成如下形式：

$$\begin{aligned}\Delta y(k+1,i) &= \frac{\partial f^*}{\partial y(k,i)}(y(k,i)-y(k,i-1))+\cdots+\frac{\partial f^*}{\partial y(k-L_y+1,i)}\\&\quad(y(k-L_y+1,i)-y(k-L_y+1,i-1))\\&\quad+\frac{\partial f^*}{\partial u(k,i)}(u(k,i)-u(k,i-1))+\cdots+\frac{\partial f^*}{\partial u(k-L_u+1,i)}\\&\quad(u(k-L_u+1,i)-u(k-L_u+1,i-1))+\psi(k,i)\\&=\frac{\partial f^*}{\partial y(k,i)}\Delta y(k,i)+\cdots+\frac{\partial f^*}{\partial y(k-L_y+1,i)}\\&\quad\Delta y(k-L_y+1,i)+\frac{\partial f^*}{\partial u(k,i)}\Delta u(k,i)\\&\quad+\cdots+\frac{\partial f^*}{\partial u(k-L_u+1,i)}\Delta u(k-L_u+1,i)+\psi(k,i)\end{aligned} \tag{5-78}$$

其中，$\frac{\partial f^*}{\partial y(k-m,i)}$，$0\leqslant m\leqslant L_y-1$ 与 $\frac{\partial f^*}{\partial u(k-j,i)}$ $0\leqslant j\leqslant L_u-1$ 分别表示 $f(\cdots)$关于第 $m+1$ 个变量的偏导数和第 n_y+2+j 个变量的偏导数在

$$\begin{aligned}&[y(k,i),y(k-1,i),\cdots,y(k-L_y+1,i),y(k-L_y,i),\cdots,\\&y(k-n_y,i),u(k,i),u(k-1,i),\cdots,u(k-L_u+1,i),\\&u(k-L_u,i),\cdots,u(k-n_y,i)]^{\mathrm{T}}\end{aligned}$$

和

$$\begin{aligned}&[y(k,i-1),y(k-1,i-1),\cdots,y(k-L_y+1,i-1),\\&y(k-L_y,i),\cdots,y(k-n_y,i),u(k,i-1),u(k-1,i-1),\cdots,\\&u(k-L_u+1,i-1),u(k-L_u,i),\cdots,u(k-n_y,i)]^{\mathrm{T}}\end{aligned}$$

之间某一点处的值。

对每次迭代 i 的每个固定时刻 k，考虑如下以 $\boldsymbol{\eta}(k,i)$ 为变量的方程

$$\begin{aligned}\psi(k,i)&=\boldsymbol{\eta}^{\mathrm{T}}(k,i)[\Delta y(k,i),\cdots,\Delta y(k-L_y+1,i),\\&\qquad\Delta u(k,i),\cdots,\Delta u(k-L_u+1,i)]^{\mathrm{T}}\\&=\boldsymbol{\eta}^{\mathrm{T}}(k,i)\Delta\boldsymbol{H}_{L_y,L_u}(k,i)\end{aligned}$$

由于 $\|\Delta\boldsymbol{H}_{L_y,L_u}(k,i)\|\neq 0$，故该方程至少有一个解 $\boldsymbol{\eta}^*(k)$。

令

$$\boldsymbol{\Phi}_{L_y,L_u}(k,i)=\boldsymbol{\eta}^*(k,i)+\left[\frac{\partial f^*}{\partial y(k,i)},\cdots,\frac{\partial f^*}{\partial y(k-L_y+1,i)},\cdots,\frac{\partial f^*}{\partial u(k,i)},\cdots,\frac{\partial f^*}{\partial u(k-L_u+1,i)}\right]^{\mathrm{T}}$$

则 $\Delta y(k+1,i)$ 可写为如下模型：

$$\Delta y(k+1,i)=\boldsymbol{\Phi}_{L_y,L_u}^{\mathrm{T}}(k,i)\Delta\boldsymbol{H}_{L_y,L_u}(k,i) \tag{5-79}$$

同时，$\boldsymbol{\Phi}_{L_y,L_u}(k,i)$也可写为如下形式：

$$\boldsymbol{\Phi}_{L_y,L_u}(k,i)=[\Phi_1(k,i),\cdots,\Phi_{L_y}(k,i),\Phi_{L_y+1}(k,i),\cdots,\Phi_{L_y+L_u}(k,i)]^{\mathrm{T}} \tag{5-80}$$

$\Delta\boldsymbol{H}_{L_y,L_u}(k,i)$可写为如下形式：

$$\Delta\boldsymbol{H}_{L_y,L_u}(k,i)=[\Delta y(k,i),\cdots,\Delta y(k-L_y+1,i),\Delta u(k,i),\cdots,\Delta u(k-L_u+1,i)]^{\mathrm{T}} \tag{5-81}$$

由假设 2 有

$$|\Delta y(k+1,i)|=|\boldsymbol{\Phi}_{L_y,L_u}^{\mathrm{T}}(k,i)\Delta\boldsymbol{H}_{L_y,L_u}(k,i)|\leqslant b\,\|\Delta\boldsymbol{H}_{L_y,L_u}(k,i)\| \tag{5-82}$$

由此可以看出，如果式(5-79)中$\boldsymbol{\Phi}_{L_y,L_u}(k,i)$的分量是无界的，那么不等式(5-81)无法成立，因此，$\boldsymbol{\Phi}_{L_y,L_u}(k,i)$是有界的。

2. 迭代学习控制算法设计

给定期望轨迹 $y_d(k)$，控制目标是寻找合适的控制输入 $u(k,i)$，使得跟踪误差在迭代次数 i 趋于无穷时收敛为零。

定义跟踪误差如下：

$$e(k+1,i)=y_d(k+1)-y(k+1,i) \tag{5-83}$$

控制输入准则函数[162]选为

$$J(u(k,i))=|e(k+1,i)|^2+\lambda|u(k,i)-u(k,i-1)|^2$$

对 $u(k,i)$求导，并令其等于零可得全格式动态线性化的迭代学习控制算法：

$$u(k,i)=u(k,i-1)+\frac{\Phi_{L_y+1}(k,i)}{\lambda+|\Phi_{L_y+1}(k,i)|^2}\Big[\rho_{L_y+1}e(k+1,i-1)-\sum_{j=1}^{L_y}\rho_j\Phi_j(k,i)\Delta y(k-j+1,i)-\sum_{j=L_y+2}^{L_y+L_u}\rho_j\Phi_j(k,i)\Delta u(k+L_y-j+1,i)\Big] \tag{5-84}$$

其中，步长因子 $\rho_j\in(0,1]$，$j=1,2,\cdots,L_y+L_u$，是为了使得控制算法具有更大的灵活性。

3. PG 向量估计值算法设计

PG 向量的估计值准则函数为[172]

$$J(\boldsymbol{\Phi}_{L_y,L_u}(k,i))=|\Delta y(k+1,i-1)-\boldsymbol{\Phi}_{L_y,L_u}^{\mathrm{T}}(k,i)\Delta\boldsymbol{H}_{L_y,L_u}(k,i-1)|^2+\mu\,\|\boldsymbol{\Phi}_{L_y,L_u}(k,i)-\hat{\boldsymbol{\Phi}}_{L_y,L_u}(k,i-1)\|^2 \tag{5-85}$$

对式(5-84)关于$\boldsymbol{\Phi}_{L_y,L_u}(k,i)$求极值，并利用矩阵求逆引理，可得PG向量的估计值算法为

$$\hat{\boldsymbol{\Phi}}_{L_y,L_u}(k,i)=\hat{\boldsymbol{\Phi}}_{L_y,L_u}(k,i-1)+\frac{\eta\Delta\boldsymbol{H}_{L_y,L_u}(k,i-1)}{\mu+\|\Delta\boldsymbol{H}_{L_y,L_u}(k,i-1)\|^2}\left[\Delta y(k+1,i-1)-\hat{\boldsymbol{\Phi}}^{\mathrm{T}}_{L_y,L_u}(k,i-1)\Delta\boldsymbol{H}_{L_y,L_u}(k,i-1)\right]\tag{5-86}$$

加入步长因子$\eta\in(0,2]$是为了使算法设计具有更大的灵活性，$\hat{\boldsymbol{\Phi}}_{L_y,L_u}(k,i)$是$\boldsymbol{\Phi}_{L_y,L_u}(k,i)$的估计值。

基于全格式线性化迭代学习算法仿真这里不再赘述，读者可根据算法公式，结合紧格式和偏格式线性化迭代学习算法仿真自行编程实现。

5.3 迭代学习与无模型预测组合控制研究

5.3.1 基于紧格式线性化的无模型预测控制算法研究

本节仍采用5.1.2节中的直线电机伺服系统差分表达式(5-23)。

由紧格式动态线性化的无模型自适应预测控制算法，可以给出以电压信号u为输入，以直线电机位置信号y为输出的N步向前预测方程

$$\begin{cases}y(k+1)=y(k)+\phi_c(k)\Delta u(k)\\ y(k+2)=y(k+1)+\phi_c(k+1)\Delta u(k+1)\\ \qquad\quad =y(k)+\phi_c(k)\Delta u(k)+\phi_c(k+1)\Delta u(k+1)\\ \qquad\quad \vdots\\ y(k+N)=y(k+N-1)+\phi_c(k+N-1)\Delta u(k+N-1)\\ \qquad\quad =y(k+N-2)+\phi_c(k+N-2)\Delta u(k+N-2)\\ \qquad\qquad +\phi_c(k+N-1)\Delta u(k+N-1)\\ \qquad\quad \vdots\\ \qquad\quad =y(k)+\phi_c(k)\Delta u(k)+\cdots+\phi_c(k+N-1)\Delta u(k+N-1)\end{cases}\tag{5-87}$$

其中，$\Delta u(k)=u(k)-u(k-1)$，$\Delta y(k)=y(k)-y(k-1)$，$u(k)$为k时刻电压信号输入，$y(k)$为k时刻直线电机位置信号输出。

令

$$\boldsymbol{Y}_N(k+1)=[y(k+1),\cdots,y(k+N)]^{\mathrm{T}}$$
$$\Delta\boldsymbol{U}_N(k+1)=[\Delta u(k),\cdots,\Delta u(k+N-1)]^{\mathrm{T}}$$

$$\boldsymbol{E}(k) = [1,1,\cdots,1]^{\mathrm{T}}$$

$$\boldsymbol{A}(k) = \begin{bmatrix} \phi_c(k) & 0 & 0 & 0 & 0 & 0 \\ \phi_c(k) & \phi_c(k+1) & 0 & 0 & & \\ \vdots & \vdots & \ddots & \vdots & & \vdots \\ \phi_c(k) & \cdots & & \phi_c(k+N_u-1) & & \\ \vdots & & & \vdots & \ddots & 0 \\ \phi_c(k) & \phi_c(k+1) & \cdots & \phi_c(k+N_u-1) & \cdots & \phi_c(k+N_u-1) \end{bmatrix}_{N\times N}$$

其中，$\boldsymbol{Y}_N(k+1)$是系统输出的 N 步向前预报向量；$\Delta u(k)$是控制输入增量向量。

式(5-88)可以简写为

$$\boldsymbol{Y}_N(k+1) = \boldsymbol{E}(k)y(k) + \boldsymbol{A}(k)\Delta\boldsymbol{U}_N(k) \tag{5-88}$$

如果 $\Delta u(k+j-1)=0, j>N_u$，则式(5-88)变为

$$\boldsymbol{Y}_N(k+1)=\boldsymbol{E}(k)y(k)+\boldsymbol{A}_1(k)\Delta\boldsymbol{U}_N(k),$$

其中，N_u 是控制时域常数；

$$\boldsymbol{A}_1(k) = \begin{bmatrix} \phi_c(k) & 0 & 0 & 0 \\ \phi_c(k) & \phi_c(k+1) & 0 & 0 \\ \vdots & \vdots & \ddots & \vdots \\ \phi_c(k) & \phi_c(k+1) & \cdots & \phi_c(k+N_u-1) \\ \vdots & \vdots & \cdots & \vdots \\ \phi_c(k) & \phi_c(k+1) & \cdots & \phi_c(k+N_u-1) \end{bmatrix}_{N\times N_u}$$

$$\Delta\boldsymbol{U}_{N_u}(k+1) = [\Delta u(k),\cdots,\Delta u(k+N_u-1)]^{\mathrm{T}}$$

根据文献[162]，紧格式无模型自适应预测控制算法如下：

$$\Delta\boldsymbol{U}_{N_u}(k)=[\boldsymbol{A}_1^{\mathrm{T}}(k)\boldsymbol{A}_1(k)+\lambda\boldsymbol{I}]^{-1}\boldsymbol{A}_1^{\mathrm{T}}(k)[\boldsymbol{Y}_N^*(k+1)-\boldsymbol{E}(k)y(k)]$$

当前时刻的控制输入为

$$u(k)=u(k-1)+\boldsymbol{g}^{\mathrm{T}}\Delta\boldsymbol{U}_{N_u}(k)$$

伪偏导数估计算法为

$$\hat{\boldsymbol{\varphi}}_c(k) = \hat{\boldsymbol{\varphi}}_c(k-1) + \frac{\eta\Delta u(k-1)}{\mu+\Delta u\,(k-1)^2}[\Delta y(k) - \hat{\boldsymbol{\varphi}}_c(k-1)\Delta u(k-1)] \tag{5-89}$$

伪偏导数预报算法为

$$\hat{\phi}_c(k+j) = \theta_1(k)\hat{\phi}_c(k+j-1) + \theta_2(k)\hat{\phi}_c(k+j-2-1) + \cdots + \theta_{n_p}(k)\hat{\phi}_c(k+j-n_p) \tag{5-90}$$

定义$\boldsymbol{\theta}(k)=[\theta_1(k),\cdots,\theta_{n_p}(k)]^{\mathrm{T}}$，它可由下式确定：

$$\boldsymbol{\theta}(k)=\boldsymbol{\theta}(k-1)+\frac{\hat{\boldsymbol{\varphi}}(k-1)}{\delta+\|\hat{\boldsymbol{\varphi}}(k-1)\|^{2}}\left[\hat{\boldsymbol{\phi}}_{c}(k)-\hat{\boldsymbol{\varphi}}^{\mathrm{T}}(k-1)\boldsymbol{\theta}(k-1)\right]$$

(5-91)

选取参数如下：$\eta=1,\mu=1,N=10,N_u=1,\lambda=45$。

设置采样周期为1ms，可以得到非圆切削进给刀具的紧格式预测仿真结果。

如图5.17和图5.18所示，分别为紧格式预测控制算法的跟踪曲线与位置误差曲线，由图5.18可以看到，系统的最大位置误差约为0.12mm。系统稳定后其稳态误差约为0.02mm。

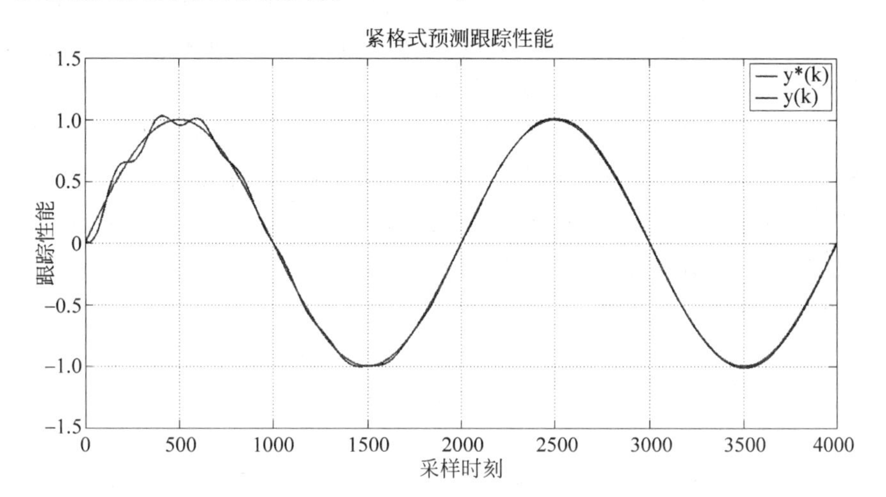

图5.17 紧格式预测控制算法的跟踪曲线

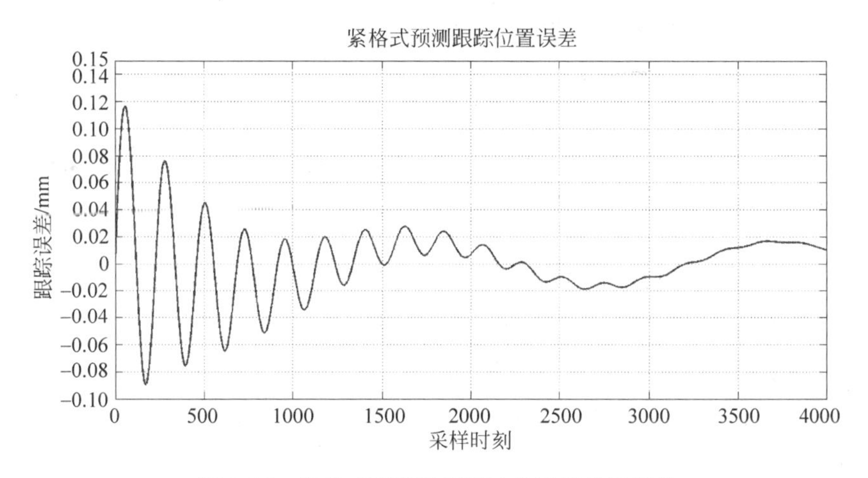

图5.18 紧格式预测控制算法的跟踪位置误差

5.3.2 基于紧格式线性化的迭代学习与无模型预测控制组合算法研究

为了使得无模型预测控制算法具备自我学习能力，不断修复非圆切削刀具进给机构的位置误差，将无模型自适应迭代学习控制算法与无模型自适应预测控制算法相组合。在预测-迭代组合控制算法中，首先使用紧格式预测控制算法得到如图 5.17 和图 5.18 所示的曲线，然后将图 5.17 和图 5.18 中得到的 4000 个采样时刻的输入输出信号，作为无模型自适应迭代学习控制算法第一次迭代的输入输出信号，从第二次迭代开始，使用无模型自适应迭代学习控制算法，不断修复直线电机的位置误差，使得非圆切削进给机构具备自我学习能力。

在本节中，采用紧格式迭代学习控制算法对预测控制进行改进。紧格式迭代学习控制算法的控制目标是在第 i 次迭代的第 k 时刻，寻找合适的控制电压输入 $u(k,i)$，使得随着迭代次数 i 的增加，直线电机位置误差的绝对值逐渐收敛为 0。根据文献[162]，电压输入 $u(k,i)$ 的紧格式迭代算法可写为如下形式：

$$u(k,i)=u(k,i-1)+\frac{\rho\phi_c(k,i)}{\lambda+\left|\phi_c(k,i)\right|^2}\cdot\left[y_d(k+1)-y(k+1,i-1)\right] \tag{5-92}$$

其中，$\lambda>0$ 是权重因子，用来限制不同迭代次数之间的控制输入量的变化；$\rho\in(0,1]$是步长因子，它的加入是使算法更具一般性；$\phi_c(k,i)$是第 i 次迭代，第 k 个采样时刻的伪偏导数。

因为 $\phi_c(k,i)$未知，根据 5.2 节，可得伪偏导数的迭代更新算法如下：

$$\begin{aligned}\hat{\phi}_c(k,i)=\hat{\phi}_c(k,i-1)+&\frac{\eta\Delta u(k,i-1)}{\mu+\left|\Delta u(k,i-1)\right|^2}\times(\Delta y(k+1,i-1)\\&-\hat{\phi}_c(k,i-1)\Delta u(k,i-1))\end{aligned} \tag{5-93}$$

其中，$\eta\in(0,1]$是步长因子，它的加入可使算法更具一般性；$\hat{\phi}_c(k,i)$是$\phi_c(k,i)$的估计值。

设置紧格式迭代算法的参数如下：$\lambda=1,\eta=1,\mu=1,\rho=1$。直线电机期望位置曲线为幅值 1mm，频率 2.5Hz 的正弦曲线，设置采样周期为 1ms。

图 5.19 给出采用紧格式预测-迭代组合控制算法迭代 100 次后的跟

踪性能曲线，图 5.20 给出图 5.19 相对应的位置误差曲线图。从图 5.19～图 5.22 中可以看到采用组合算法迭代 100 次后，非圆切削刀具的最大位置误差约为 0.03mm，稳态误差趋近于 0。从仿真图中可以看出，图 5.20 相比于图 5.18 有了很大的改善，极大程度上提高了非圆切削刀具的位置精度。图 5.21 给出预测-迭代组合控制算法最大误差随迭代次数增加的曲线，从图 5.21 可以看到随着迭代次数的增加，每次迭代的最大误差不断地减小。并逐渐收敛至 0.03mm。图 5.22 为控制输入量电压信号的变化曲线。

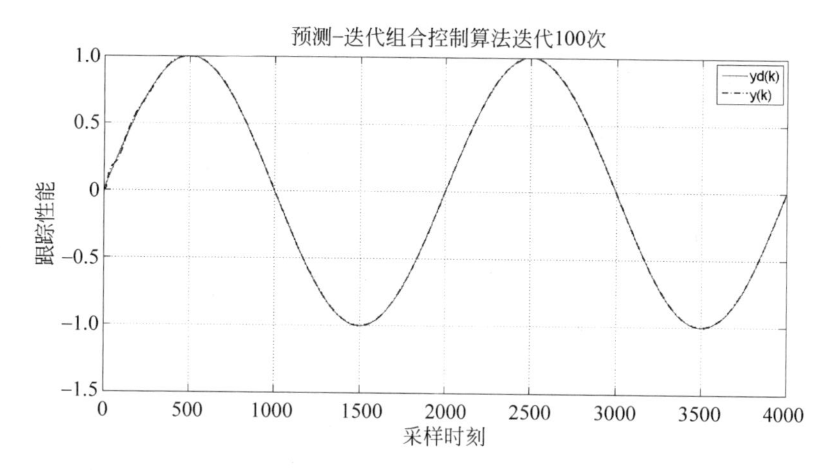

图 5.19 预测-迭代组合控制算法迭代 100 次后的位置跟踪性能

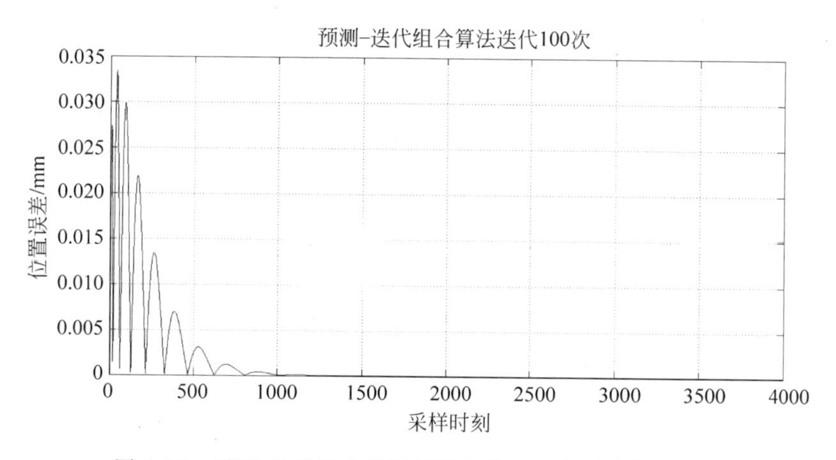

图 5.20 预测-迭代组合控制算法迭代 100 次后的位置误差

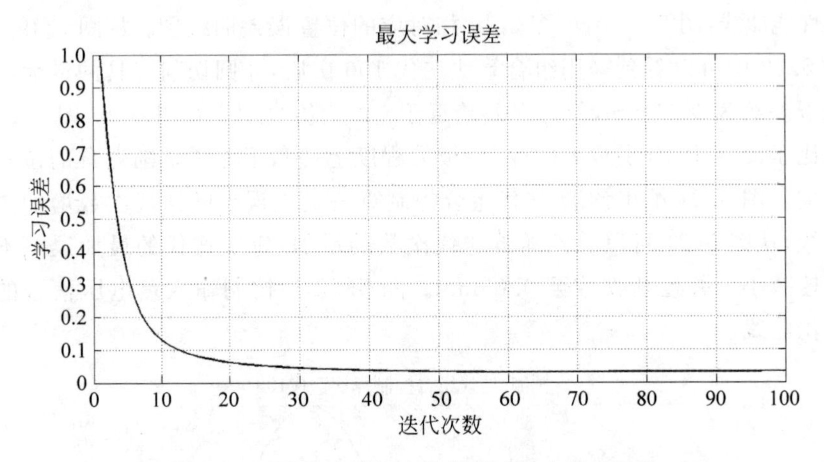

图 5.21 预测-迭代组合控制算法最大学习误差

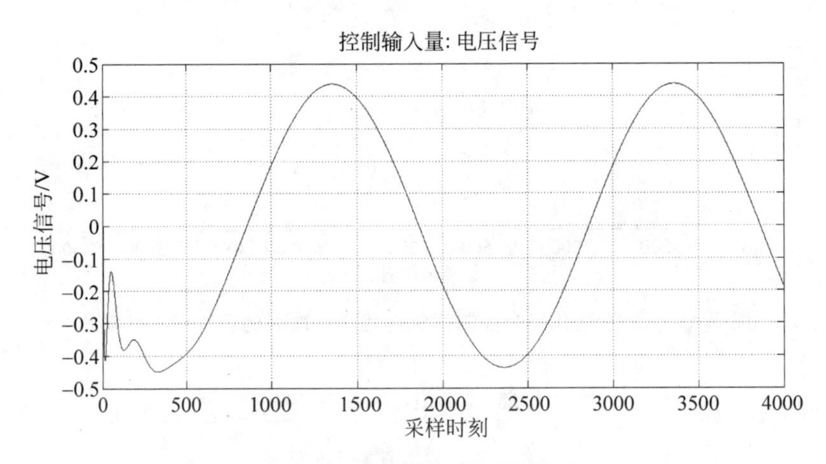

图 5.22 控制输入量：电压信号

5.4 迭代学习与 PID 复合控制方法研究

借鉴文献[33]的方法，采用复合迭代控制方法对直线伺服系统进行控制，使前馈和反馈优势互补。反馈控制器采用 PID 方法实现，用于稳定系统，前馈控制器采用迭代学习(ILC)控制方法，用于实现给定轨迹的高精度跟踪任务。图 5.23 是 PID 和迭代学习组合模块化的复合迭代控制方法结构图，图中任务执行是在有限的时间区间 T 上进行重复迭代的。在第 k 次迭代时，对于给定的期望输出轨迹 $y_{\mathrm{d}}(t)$和控制输入 $u_k(t)$，跟踪误差为 $e_k(t)$，系统的控制输入 $u_k(t)$是前馈输入 $u_k^{\mathrm{f}}(t)$和反馈输入

$u_k^b(t)$的叠加。前馈输入 $u_k^f(t)$ 在前一次控制信号 $u_{k-1}^f(t)$ 和跟踪误差 $e_{k-1}(t)$的基础上被校正。采用本书第 4 章辨识出的直线电机模型，利用 MATLAB 进行仿真，对 PID 控制、迭代学习(ILC)控制和复合迭代学习控制(PID＋ILC)三种方法的控制效果进行比较。迭代学习控制中采用 P 型迭代控制学习律。采样频率为 1000Hz[166]。

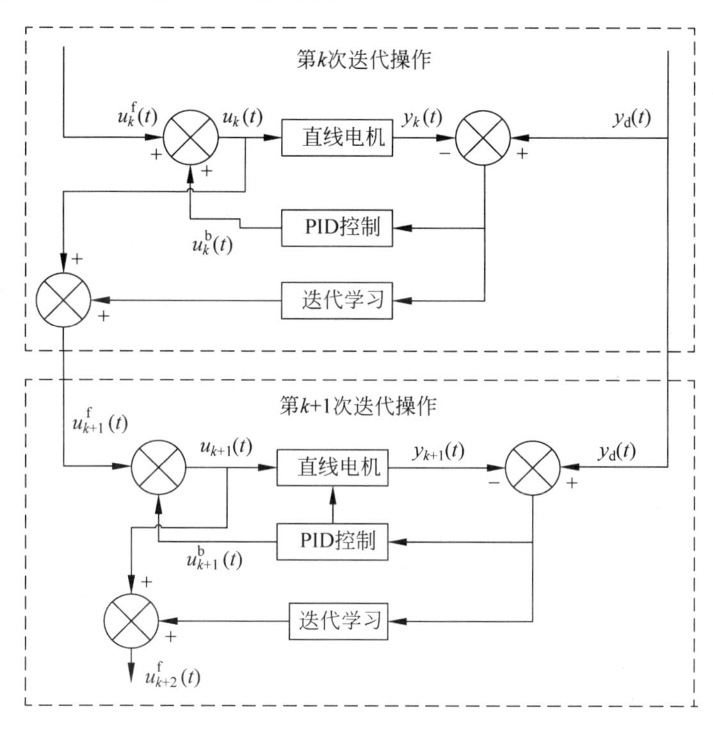

图 5.23 复合迭代学习控制方案图

输入正弦期望轨迹的频率为 5Hz，幅值为 1cm，PID 参数调整到最好，kp＝80，ki＝10，kd＝0.18。可得到如图 5.24 所示的仿真效果。PID 控制方法的输出有明显的滞后，图 5.25 是 PID 的位置跟踪误差，从图中看出最大位置误差约为 800μm，输出误差较大。

如图 5.26 为单独采用迭代学习控制(ILC)时的位置跟踪特性，可以看出随着迭代次数的增加，位置输出跟踪误差逐渐减小，当迭代 35 次后位置输出得到较 PID 控制更好的跟踪效果如图 5.26(d)所示，最大位置误差约为 400μm，优于 PID 控制(最大误差为 800μm)，如果再继续增加迭代次数，误差变化不明显。因为单独使用迭代学习控制时迭代跟踪误差较大，所以收敛到期望给定值的速度较慢。

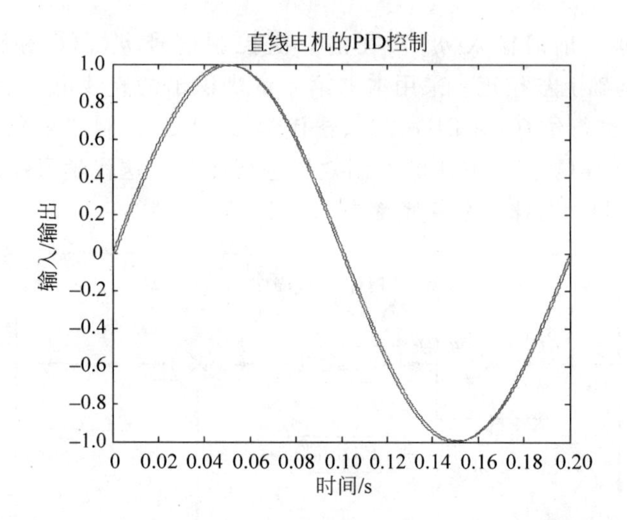

图 5.24 非圆切削刀具进给系统的 PID 位置跟踪性能

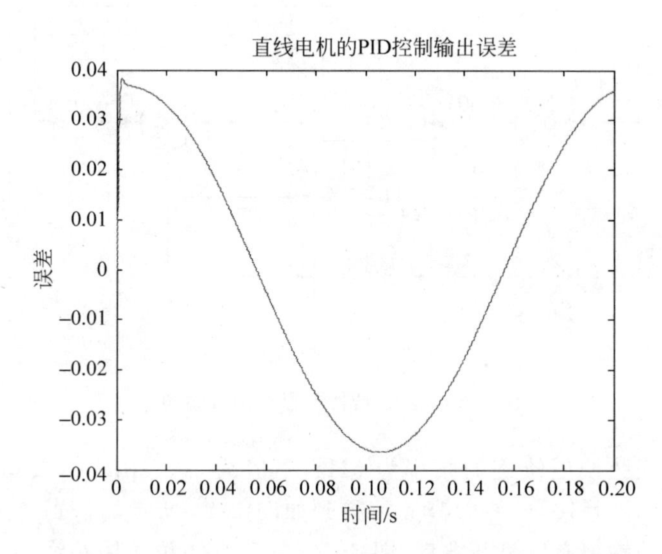

图 5.25 非圆切削刀具进给系统的 PID 位置误差性能

图 5.27 为采用复合迭代学习控制(ILC＋PID)时的位置跟踪特性，可以看出首次迭代位置误差明显减小，所以收敛速度加快，如图 5.27(a)所示；图 5.27(b)显示了每次迭代跟踪误差最大值，可以看出，当迭代 35 次后位置输出得到很好的跟踪效果如图 5.27(c)所示；图 5.27(d)为迭代 35 次后的跟踪误差特性，最大误差约为 350μm，控制效果优于 PID 控制和单独使用迭代学习控制时的效果。由仿真结果可知复合迭代学习控制收敛速度快，而且误差没有振动。

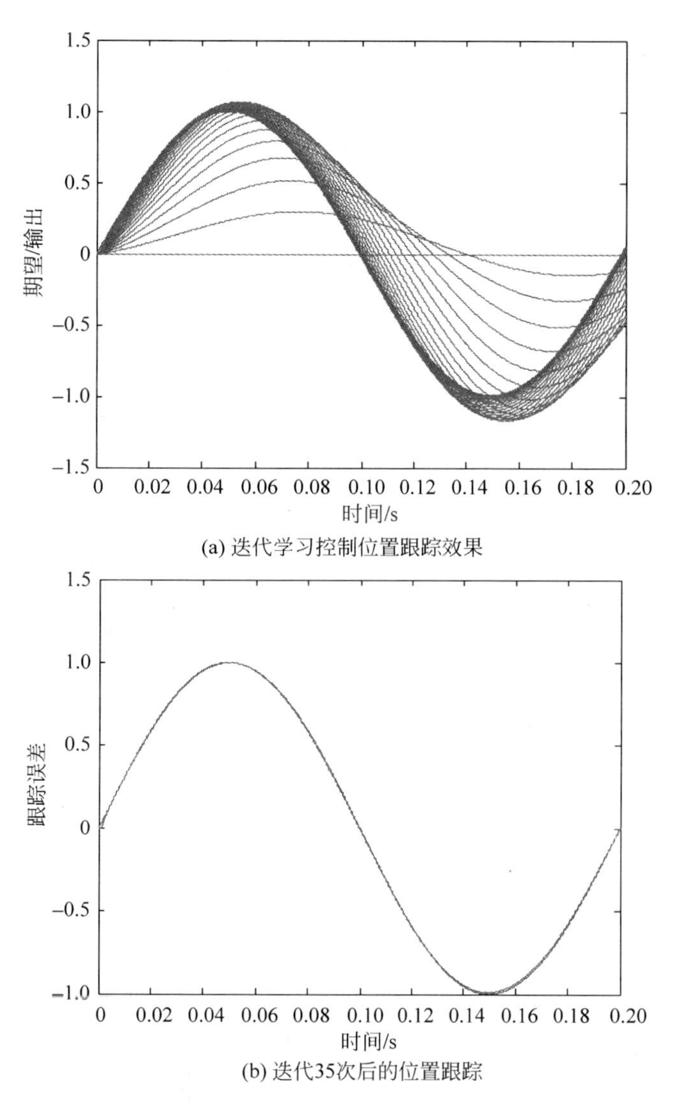

图 5.26　非圆切削刀具进给系统的 ILC 位置跟踪性能

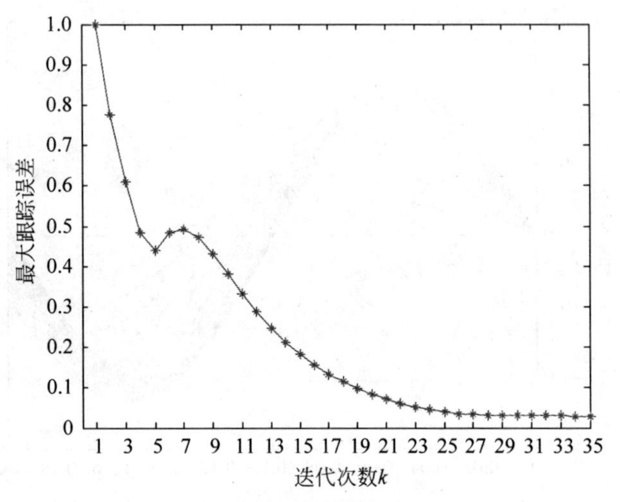

(c) 每次迭代控制的最大跟踪位置误差

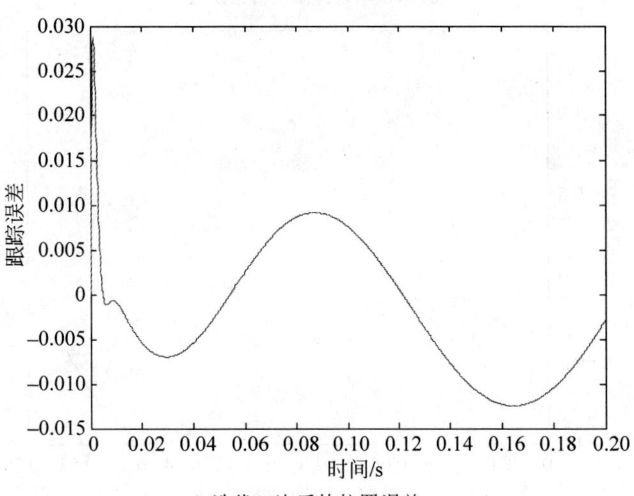

(d) 迭代35次后的位置误差

图 5.26 （续）

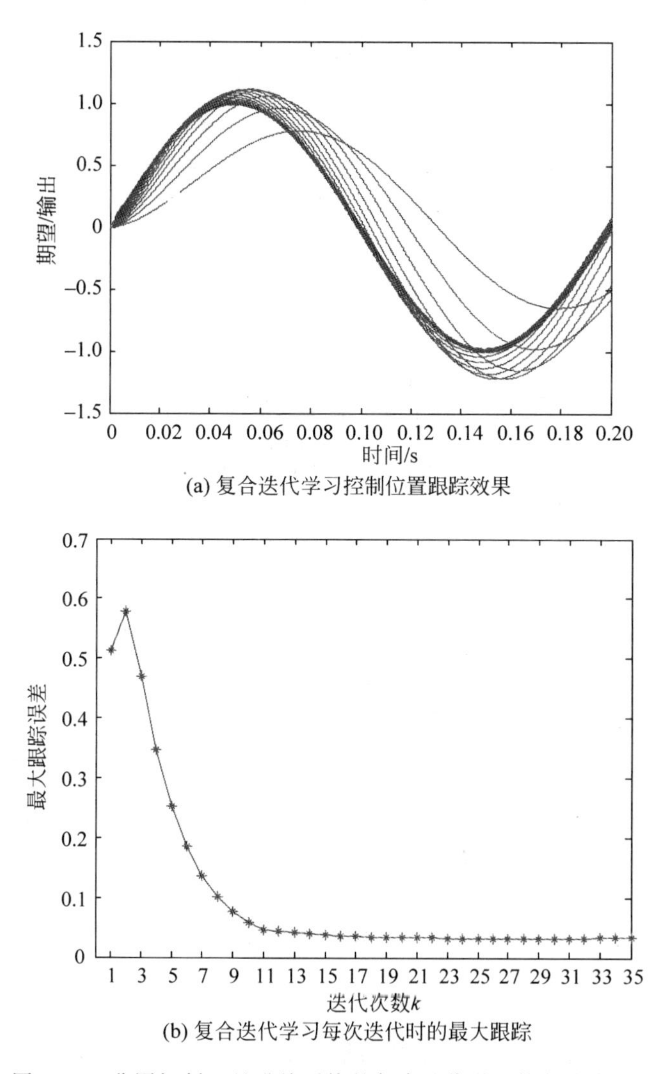

(a) 复合迭代学习控制位置跟踪效果

(b) 复合迭代学习每次迭代时的最大跟踪

图 5.27 非圆切削刀具进给系统的复合迭代学习控制响应性能

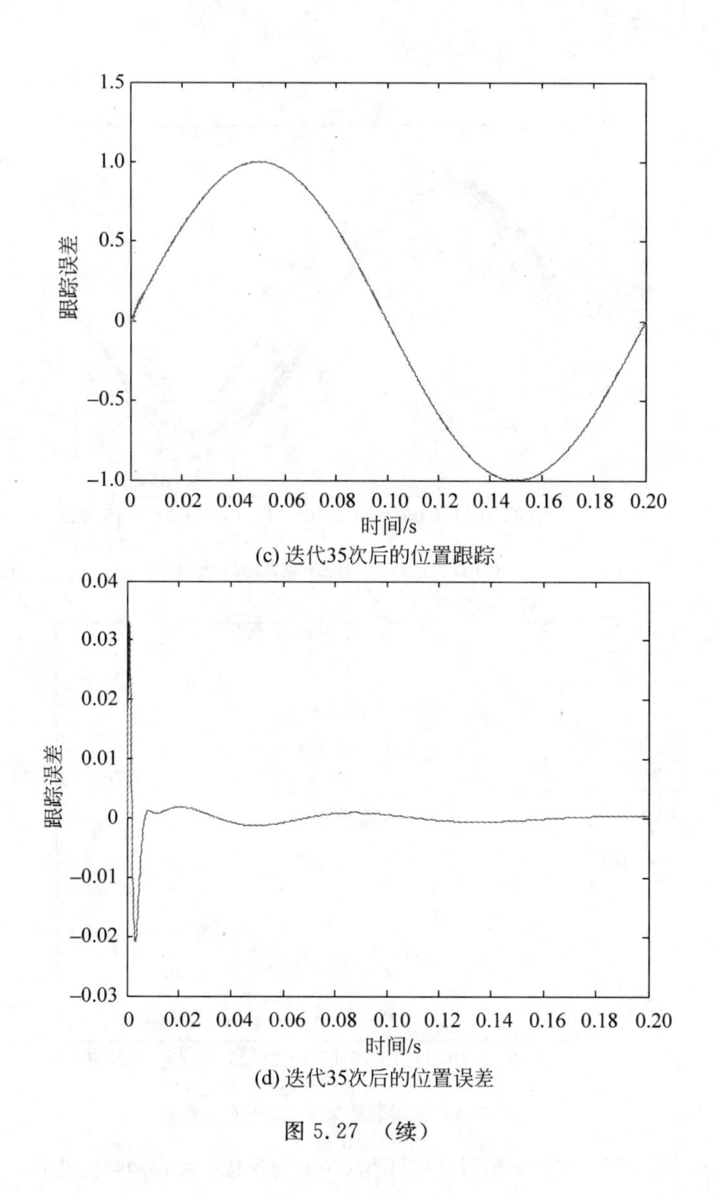

(c) 迭代35次后的位置跟踪

(d) 迭代35次后的位置误差

图 5.27 （续）

当加入幅值为 0.05 的高斯白噪声后，迭代 35 次后的位置误差特性如图 5.28 所示，与无干扰时相比，误差幅值变化不大。可以看出复合迭代学习控制方法具有较好的抗干扰能力。

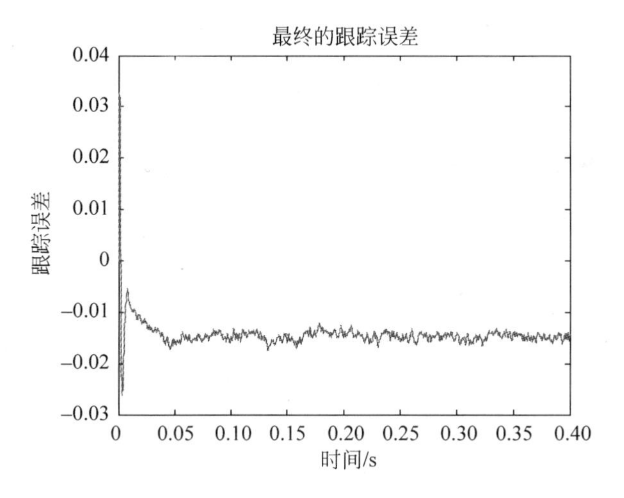

图 5.28　非圆切削刀具进给系统的复合迭代学习有干扰时控制响应性能

5.5　数据驱动非圆切削刀具进给系统控制方法应用研究

5.5.1　无模型自适应控制方法应用研究

1. 控制方案

基于紧格式动态线性化的无模型自适应控制(CFDL-MFAC)方案如下[166]：

$$\hat{\phi}_c(k) = \hat{\phi}_c(k-1) + \frac{\eta\Delta u(k-1)}{\mu + \Delta u\,(k-1)^2}[\Delta y(k) - \hat{\phi}_c(k-1)\Delta u(k-1)] \tag{5-94}$$

$$\hat{\phi}_c(k) = \hat{\phi}_c(1),$$

$$\text{如果}\ |\hat{\phi}_c(k)| \leqslant \varepsilon\ \text{或}\ |\Delta u(k\quad 1)| \leqslant \varepsilon\ \text{或}\ \mathrm{sign}(\hat{\phi}_c(k))\mathrm{sign}(\hat{\phi}_0(1)) \tag{5-95}$$

$$u(k) = u(k-1) + \frac{\rho\phi_c(k)}{\lambda + \phi_c^2(k)}[y^*(k+1) - y(k)] \tag{5-96}$$

其中，$\lambda>0$；$u>0$；$\rho\in(0,1]$；$\eta\in(0,1]$；ε 为充分小的正数；$\hat{\phi}_c(1)$为$\hat{\phi}_c(k)$的初始值。

2. 控制方案的实现

由于切削的活塞零件为变椭圆形状，因此刀具进给的轨迹应该是前后往复运动，类似于正弦运动，所以在实验中采用正弦轨迹作为刀具运行期望的输入信号[166]。此处，采样周期设为 1ms，正弦的频率为 1Hz，CFDL-MFAC 方案的 Simulink 程序如图 5.29 所示。

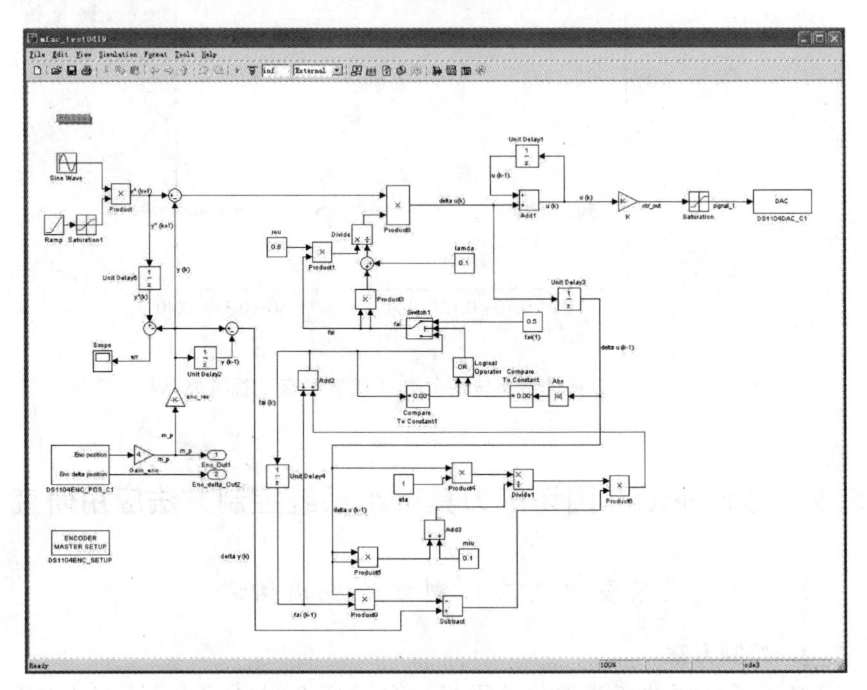

图 5.29　CFDL-MFAC 方案的 Simulink 程序

当幅值设为 0.5mm 时，控制参数调节到最好，$\lambda=0.1$，$\mu=0.1$，$\rho=0.8$，$\eta=1$，$\phi(1)=0.5$，系统的位置跟踪特性及误差如图 5.30 所示。

当幅值设为 1mm 时，控制参数调节到最好，$\lambda=0.1$，$\mu=0.1$，$\rho=0.8$，$\eta=1$，$\phi(1)=0.5$，系统的位置跟踪特性及误差如图 5.31 所示。

从图 5.30 和图 5.31 可知，系统的跟踪效果不好，跟踪误差也很大，不能达到要求。因此采用改进的无模型自适应控制方案，将控制输入式(5-96)改为

$$u(k)=u(k-1)+\frac{\rho\phi_{\mathrm{c}}(k)}{\lambda+\phi_{\mathrm{c}}^{2}(k)}[k_{\mathrm{a}}\Delta y+y^{*}(k+1)-y(k)] \quad (5\text{-}97)$$

改进方案的 Simulink 程序如图 5.32 所示。

当幅值设为 0.5mm 时，控制参数调节到最好，$\lambda=0.1$，$k_{\mathrm{a}}=0.1$，$\mu=0.1$，$\rho=0.8$，$\eta=1$，$\phi(1)=0.5$，系统的位置跟踪特性及误差如图 5.33 所示。

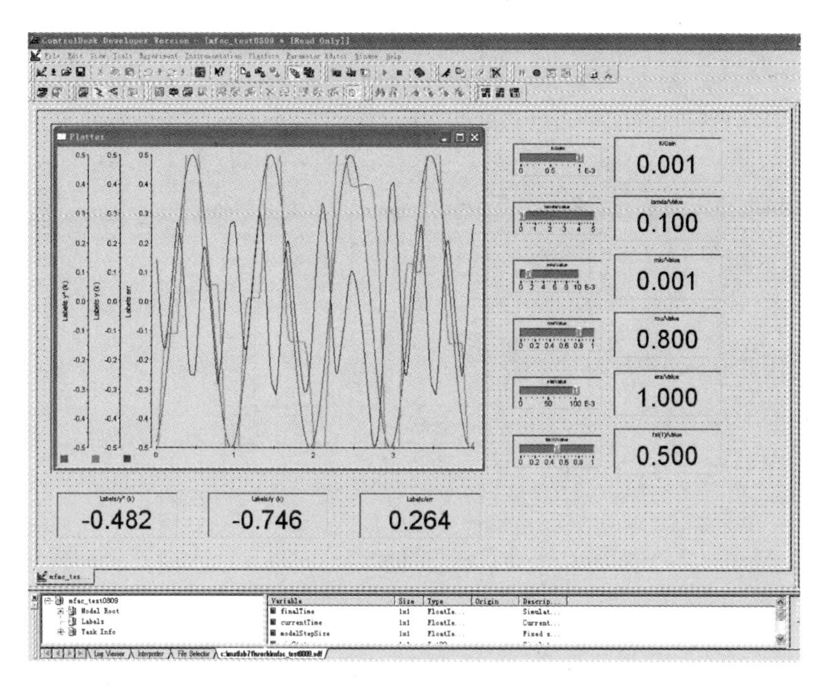

图 5.30 幅值 0.5mm 时,CFDL-MFAC 方案系统的位置跟踪特性及误差

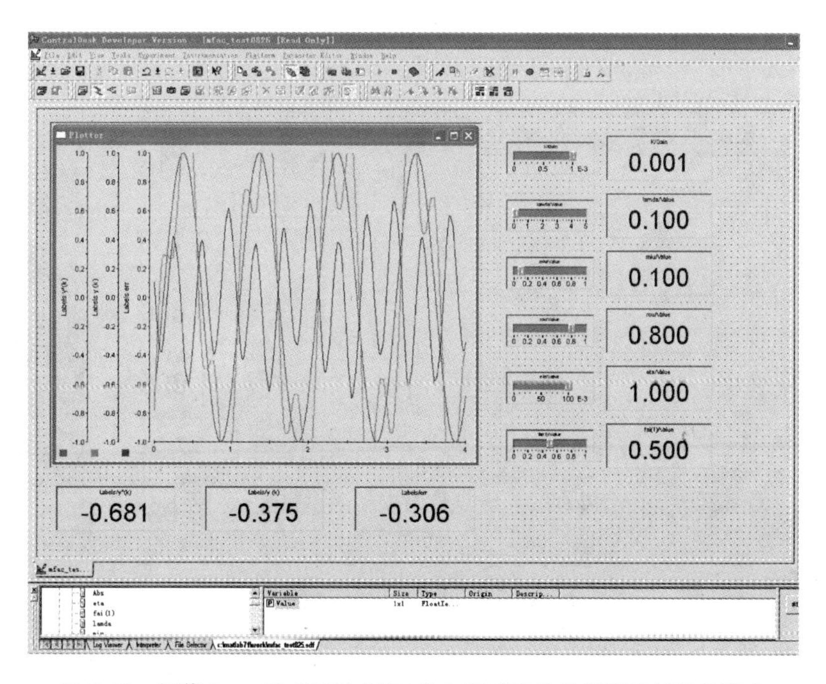

图 5.31 幅值 1mm 时,CFDL-MFAC 方案系统的位置跟踪特性及误差

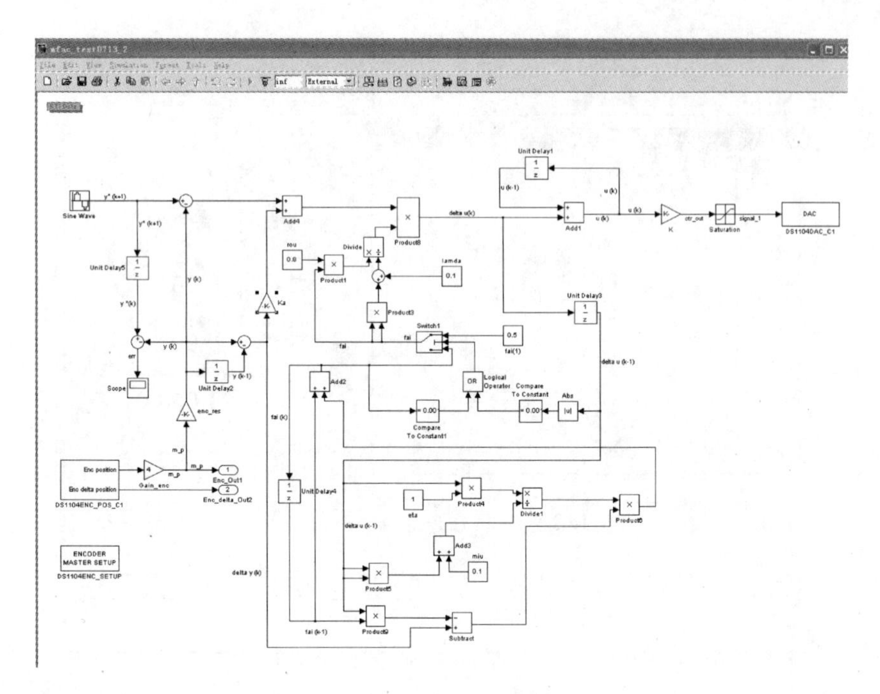

图 5.32　改进 CFDL-MFAC 方案的 Simulink 程序

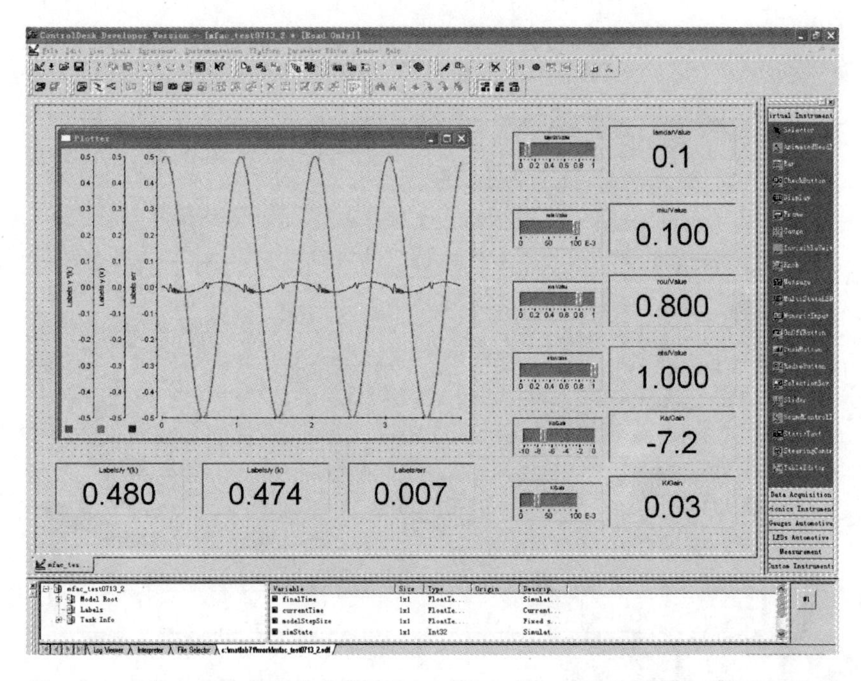

图 5.33　幅值 0.5mm 时，改进的 CFDL-MFAC 方案系统的位置跟踪特性及误差

由控制效果图可知，系统的跟踪误差在电机往复运动的两端达到最大，约为 16μm。

当幅值设为 1mm 时，控制参数调节到最好，$\lambda=0.1$，$\mu=0.1$，$\rho=0.8$，$\eta=1$，$\phi(1)=0.5$，系统的位置跟踪特性及误差如图 5.34 所示。

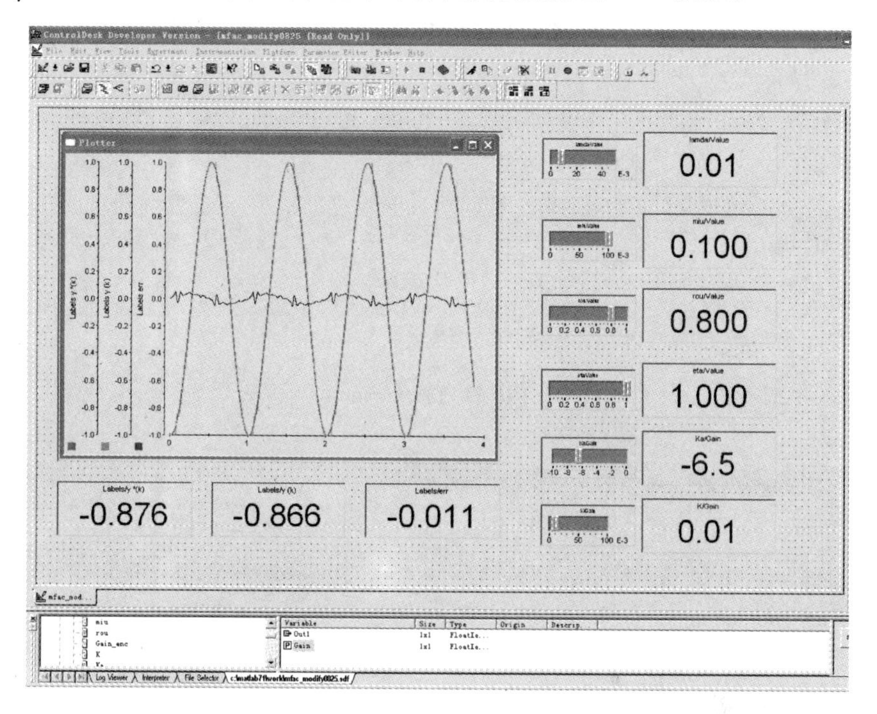

图 5.34　幅值 1mm 时，改进的 CFDL-MFAC 方案系统的位置跟踪特性及误差

由控制效果图可知，系统的跟踪误差在电机往复运动的两端达到最大，约为 30μm。由此可见，给定值不同，在调试 MFAC 参数的情况下，会得到不同的控制效果。

5.5.2　PID 控制方法应用研究

PID 算法是最早发展，而且非常成熟的控制策略，由于其控制算法简单、可靠性好，因此，PID 成为工业生产中最常用的一种控制方式。

刀具运行期望的输入信号仍采用 5.5.1 节同样的正弦信号，采样周期设为 1ms，正弦的频率为 1Hz，PID 的 Simulink 程序如图 5.35 所示。

当幅值设为 0.5mm 时，PID 控制参数调节到最好，$k_p=1.4$，$k_i=0.7$，$k_d=0$，系统的位置跟踪特性及误差如图 5.36 所示。

由控制效果图可知，系统的跟踪误差在电机往复运动的两端达到最

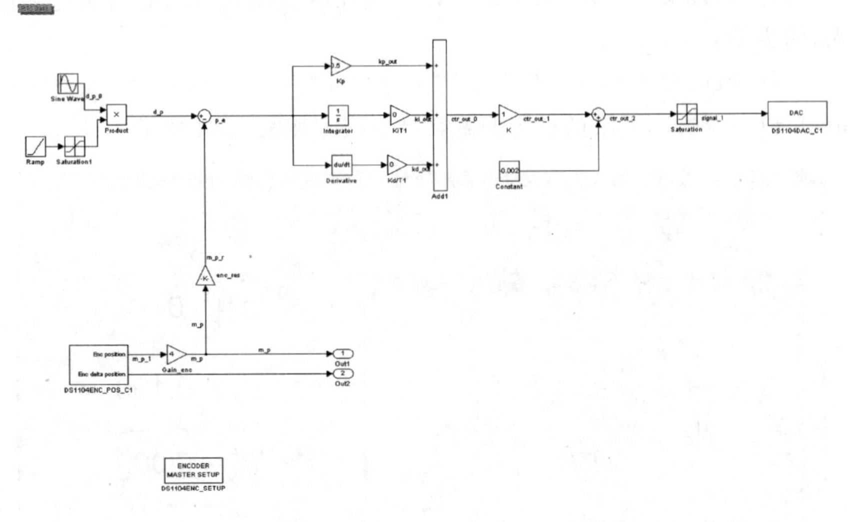

图 5.35　PID 控制算法 Simulink 程序

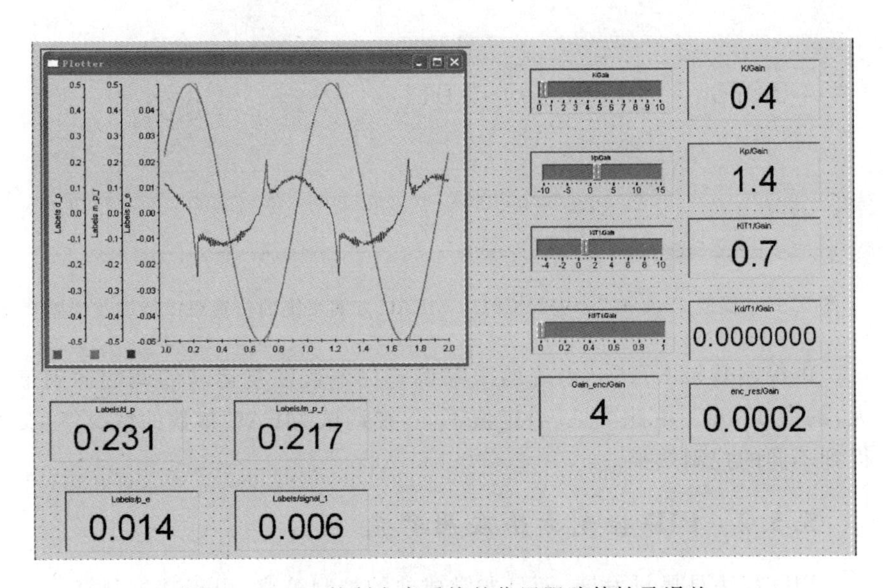

图 5.36　PID 控制方案系统的位置跟踪特性及误差

大，约为 20μm。

当幅值设为 1mm 时，PID 控制参数调节到最好，$k_p=0.00001$，$k_i=0.0015$，$k_d=0$，系统的位置跟踪特性及误差如图 5.37 所示。

由控制结果可知，系统的跟踪误差在电机往复运动的两端达到最大，约为 15μm。

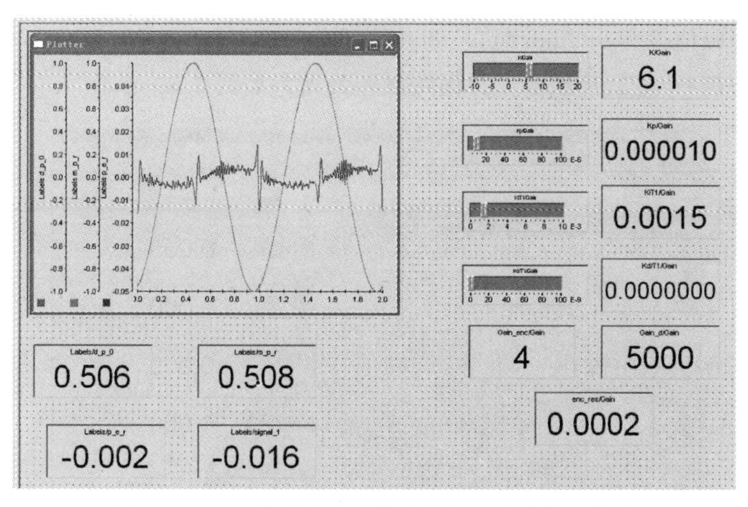

图 5.37 PID 控制方案系统的位置跟踪特性及误差

5.5.3 无模型自适应预测控制应用研究

基于紧格式的无模型自适应预测控制（CFDL-MFAPC）方案，见式(5-15)～式(5-22)。

刀具运行期望的输入信号仍采用 5.5.1 节同样的正弦信号，采样周期设为 1ms，正弦的频率为 1Hz，CFDL-MFAPC 方案的 Simulink 程序如图 5.38 所示。

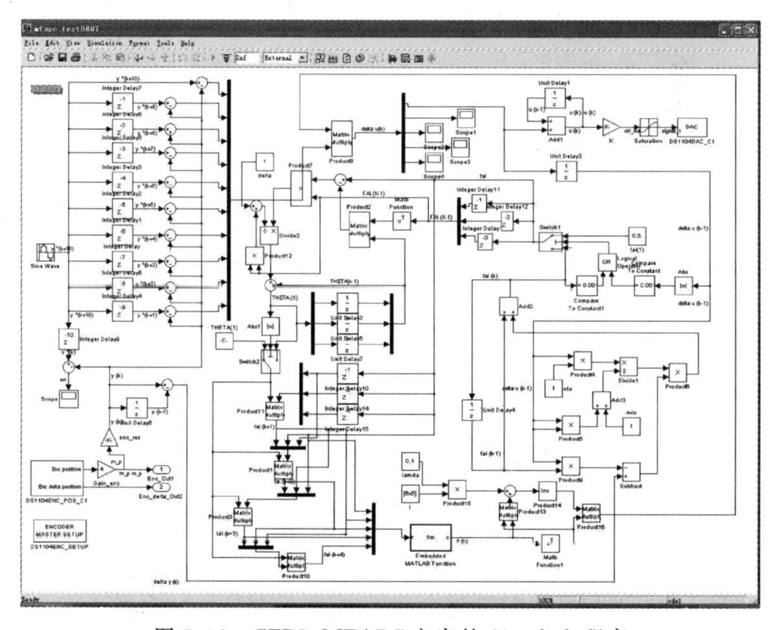

图 5.38 CFDL-MFAPC 方案的 Simulink 程序

当幅值设为 0.5mm 时，控制参数调节到最好，$\lambda=5$，$\mu=0.005$，$\delta=1$，$\eta=1$，$\phi(1)=0.5$，系统的位置跟踪特性及误差如图 5.39 所示。

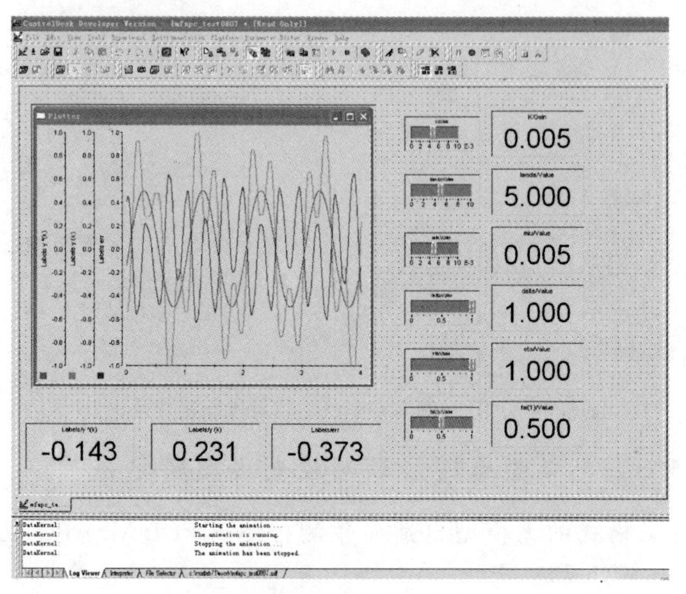

图 5.39　CFDL-MFAPC 方案系统的位置跟踪特性及误差

当幅值设为 1mm 时，控制参数调节到最好，$\lambda=15$，$\mu=0.005$，$\delta=1$，$\eta=1$，$\phi(1)=0.5$，系统的位置跟踪特性及误差如图 5.40 所示。

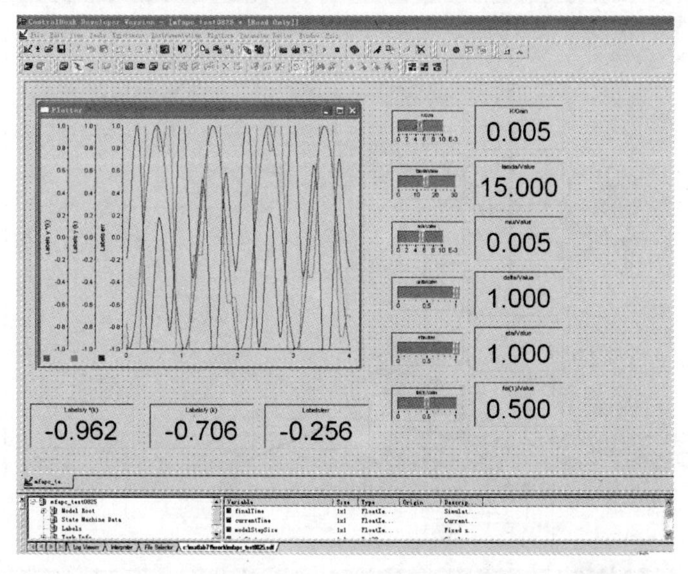

图 5.40　CFDL-MFAPC 方案系统的位置跟踪特性及误差

5.5.4 改进重复控制与PI复合控制方法应用研究

在非圆活塞切削的过程中，机床的主轴做匀速运动，音圈电机的运动近似为一个周期固定的正弦振动，其振动周期是主轴转动周期的一半。在活塞加工中的干扰信号主要包括导轨的摩擦力和工件的切削阻力，由于这些干扰因素都和音圈电机的运动状态有关，所以它们也是周期信号，而且这些干扰信号的周期与音圈电机的振动周期相同。由于在加工开始之前，机床主轴的转动速度已知，所以对音圈电机伺服控制系统来说，它的参考信号和干扰信号都是周期信号，而且信号的周期是已知的，这种情况下就可以采用重复控制的策略来提高音圈电机的跟踪精度。

重复控制的理论是一种控制系统设计理论，其目的是设计一种控制器使系统在跟踪任意周期性的参考信号时的稳态误差为零。重复控制理论在周期性或重复性信号的跟踪控制系统设计中得到广泛的应用，如直线运动控制[178]、线性振动台控制[179,180]、硬盘驱动[181]等，获得了良好的跟踪性能和鲁棒性。

根据内模原理，一个稳定的反馈系统要实现对某一外部信号的稳态无误差跟踪或抑制的充要条件是闭环系统内部包含该信号的发生器。因此重复控制为了达到对任意周期信号无误差跟踪的目的，在闭环系统内部设置了一个可以产生任意周期信号的内部模型，从而实现对外部周期参考信号的渐近跟踪[182]。周期为 L 的任意信号都可以使用带有正反馈的延时时间为 L 的延时环节来产生，它可以作为一个周期函数发生器。这个周期函数发生器在重复控制中称为重复补偿器，把重复补偿器设置到闭环控制中就构成了重复控制系统。在实际应用中，重复控制系统存在很多缺陷，一方面它对被控对象的特性非常敏感，也就是说基本重复控制系统的稳定性条件非常严格；另一方面由于在系统的前向通道中存在延时环节，第一个周期的控制信号输出为0。

为了克服基本重复控制器的上述缺点，实际中经常使用改进重复控制器[183]。在延时环节之前增加一个低通滤波器，采用了低通滤波器之后，可以使系统的稳定条件变得松弛，即重复控制系统更容易实现，这也是采用改进型重复控制系统的最大原因所在。但是延时环节在添加了低通滤波器之后就在一定程度上违反了内模原理，这就相当于通过降低系统对参考信号中的高频成分的跟踪性能来保证系统的稳定性。

根据文献[171]第五章中重复控制器的脉冲传递函数可得到重复控制器的差分方程为

$$
\begin{aligned}
& 4y(k)-y(k-N+1)-2y(k-N)-y(k-N-1) \\
& \quad = k_{\mathrm{r}}[x(k-N+3)+2x(k-N+2)+x(k-N+1)]
\end{aligned} \tag{5-98}
$$

由式(5-98)可得重复控制器的输出信号为

$$
\begin{aligned}
y(k)= & \frac{1}{4}\{k_{\mathrm{r}}[x(k-N+3)+2x(k-N+2)+x(k-N+1)] \\
& +y(k-N+1)+2y(k-N)+y(k-N-1)\}
\end{aligned} \tag{5-99}
$$

根据式(5-99)建立重复控制器的 Simulink 仿真模型如图 5.41 所示。

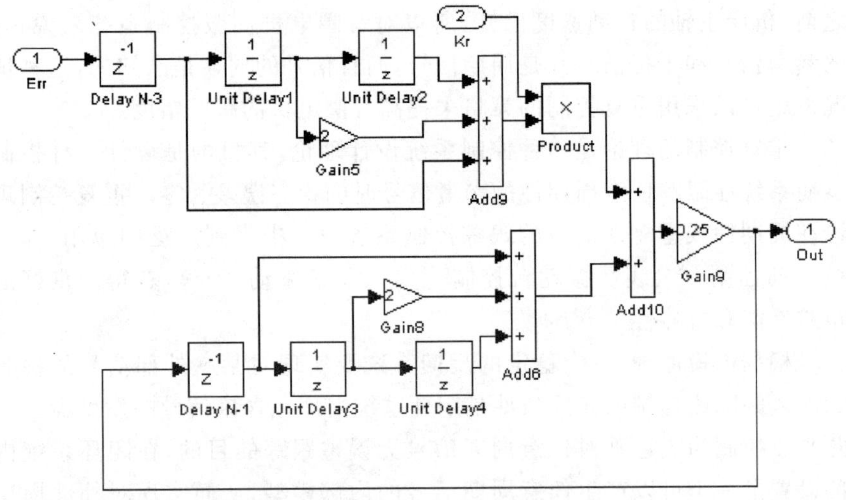

图 5.41　重复控制器的 Simulink 仿真模型

如图 5.41 所示重复控制器以 Simulink 子系统(Subsystem)的形式封装起来,这个子系统的输入端口有两个,其中 Err 用来输入系统的偏差信号,kr 用来输入重复控制器增益的值,端口 Out 是重复控制器子系统的输出端口。模块中有两个延时环节,即图 5.41 中的 Delay N-3 和 Delay N-1,当系统的输入参考信号的周期为 N 时,它们分别实现对信号的 $N-3$ 周期延时和 $N-1$ 周期的延时;由式(5-99)可知,这两个模块对于构成重复控制器是必需的,系统输入参考信号的周期 N 作为子系统的一个参数,可以在子系统的参数对话框中设置,如图 5.42 所示。

使用上述重复控制器子系统,同时根据文献[171]第五章中构建稳定滤波器,可以得到如图 5.43 重复控制实验仿真模型。为了防止重复控制器在第一个控制周期内没有输入出信号,在系统中加入了单位前馈环节,这样在第一个控制周期内当重复控制器模块输出为零时,系统的参考信号直接作用于控制对象来使其产生输出信号。输入端口 kr 可以用来在程序中规定重复控制器增益的值,在实验中可根据实际情况进行设置。

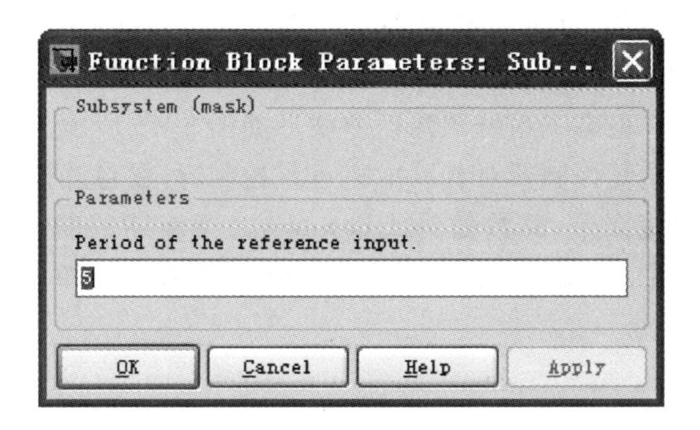

图 5.42 重复控制器子系统的参数对话框

Gf 实现的稳定滤波器，来保证系统的稳定性，稳定滤波器的系数 b 使用输入端口 b 来实现，这样可以在实验中方便地调节它的取值。模型中的 eQEP 模块和 S-Function Builder 模块用来实现对 DSP 的 QEP 模块和 DAC 单元的控制，从而得到系统的反馈信号和产生控制电压输出。

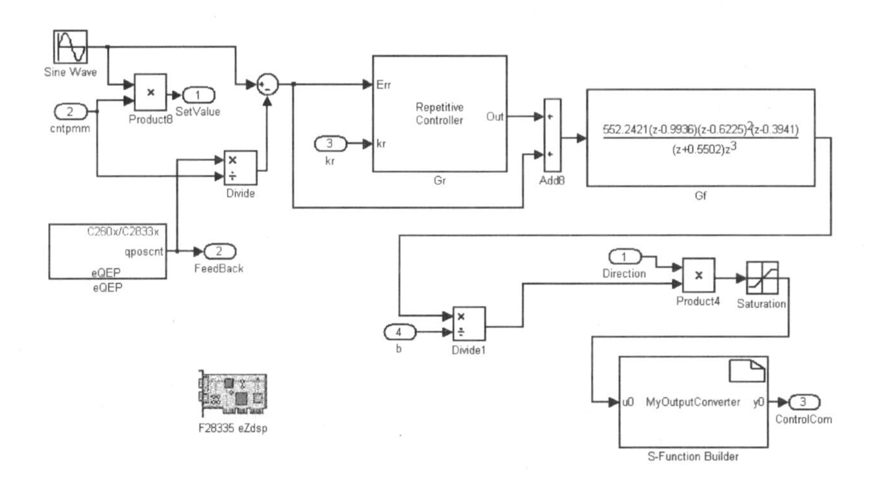

图 5.43 重复控制实验仿真模型

利用 Real-Time Workshop 把图 5.43 所示的实验模型自动转换为 C 语言程序，经编译连接后生成 DSP 程序在衍生控制器上运行，并使用实验数据接收程序接收实验数据，得到如图 5.44 所示的实验结果，图中虚线表示系统的位置命令，实线表示电机的实际位移，点划线表示系统的跟踪误差。图 5.44(a)所示为重复控制程序刚刚开始运行的情况，从图中可以看到，在重复控制的起始阶段，系统产生了较大的误差，但随着重复控制器的作用，跟踪误差迅速衰减，在系统运行若干周期后，跟踪误差收敛到较小的数值，这样系统就进入了图 5.44(b)所示的稳定状态。在稳定状态下，由于跟踪误差很小，系统的位置命令曲线和电机的实际位移曲线几乎重合。稳态下系统跟踪误差波形如图 5.45 所示。可以看出，在使用改进离散重复控制器对音圈电机进行控制时，在稳态情况下，系统出现了较大的跟踪误差，其数值为±6.6μm，大于前述的复合前馈 PID 控制的跟踪误差数值，这个结果表明采用改进离散重复控制算法的效果较差。

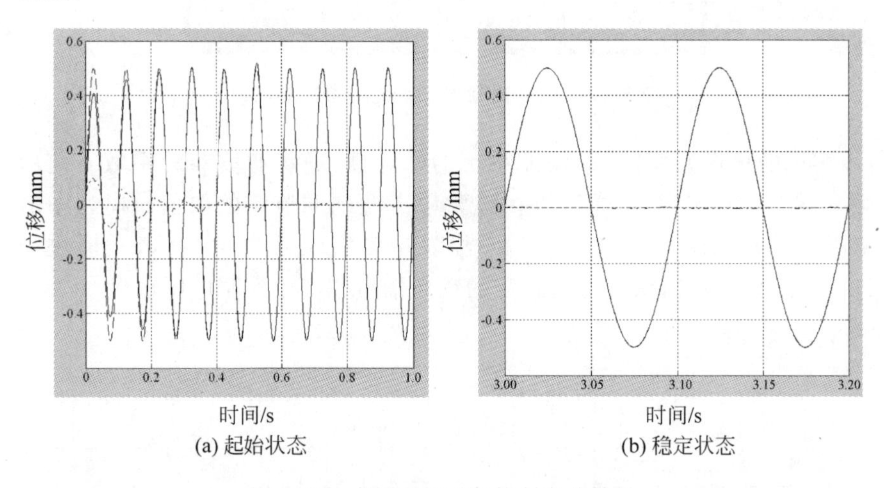

图 5.44 音圈电机重复控制实验结果

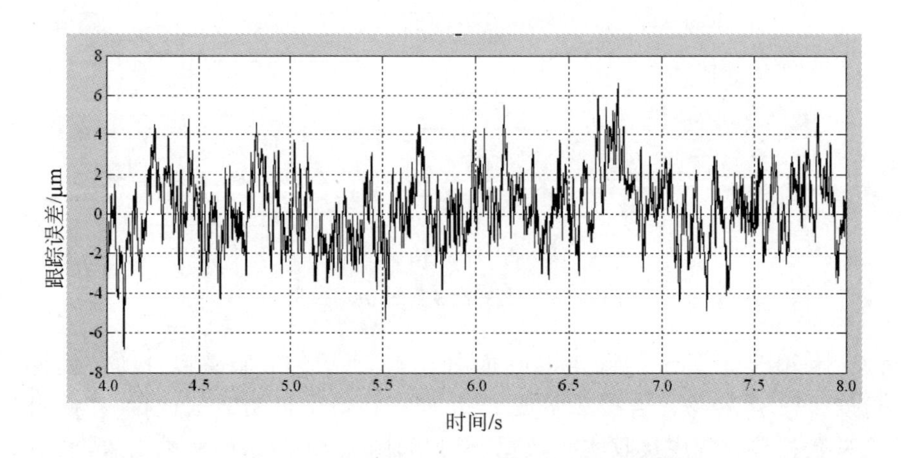

图 5.45 音圈电机重复控制的稳态跟踪误差

为了分析跟踪误差产生的原因，对图 5.45 所示的误差信号波形进行自相关分析，得到跟踪误差的自相关函数图形图 5.46 如所示。

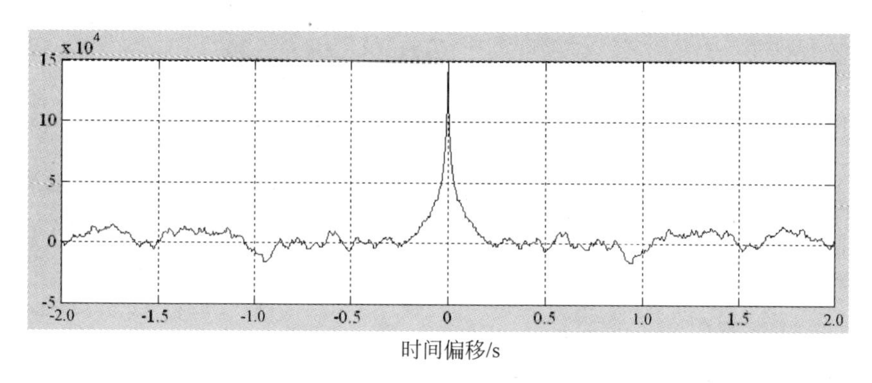

图 5.46 音圈电机重复控制稳态误差的自相关函数

从图中可以看到，跟踪误差的自相关函数在时间偏移为 0 时达到最大值，而在时间偏移不为 0 时，自相关函数迅速衰减为很小的值，这些特征基本与随机信号的自相关函数特征复合，也就是说，在音圈电机的改进离散重复过程中，系统在稳定状态下的误差主要来源于随机干扰，这与在复合前馈 PID 控制中跟踪误差表现出周期性特征是不同的。通过上述分析可以得到以下结论：改进离散重复控制对系统中的周期性干扰具有较强的抑制作用，但对系统的随机误差抑制能力较弱，其原因是当系统产生跟踪误差后，由于重复控制器的延时作用，这个误差信号要在经过一个参考信号周期后才能对控制输出产生影响，所以重复控制器对系统的跟踪误差不能立即做出反应，因此对随机干扰抑制能力较弱，这是造成其跟踪误差较大的主要原因。

根据以上分析，为了提高离散重复控制的跟踪精度，必须采取措施对系统的随机误差进行抑制，所以本文提出在改进离散重复控制的基础上在系统中加入 PI 控制器的方法。由于 PI 控制器能够对系统的偏差信号进行立即反应，这样就可以在稳态时减小系统的随机误差，从而减小跟踪误差。添加 PI 控制器后的实验仿真模型如图 5.47 所示。

如图 5.47 所示，在文献[171]第五章重复控制器中添加 PI 控制器与重复控制器并联。图中的输入端口 kp 用来调节比例控制的系数，而 ki 为积分控制的系数，采用 Simulink 的离散时间积分器(Discrete-Time Integrator)模块实现了对偏差信号的积分。重复控制器的输出与 PI 控制器的输出叠加后由 DAC 控制模块以电压的形式输出到音圈电机控制器作为音圈电机的速度命令信号。这样在系统达到稳定状态后，重复控制器产生周期性的输出信号使音圈电机产生跟踪运动，而 PI 控制器则根据系统的随机误差及时调整输出信号来抑制随机干扰。将上述实验仿真

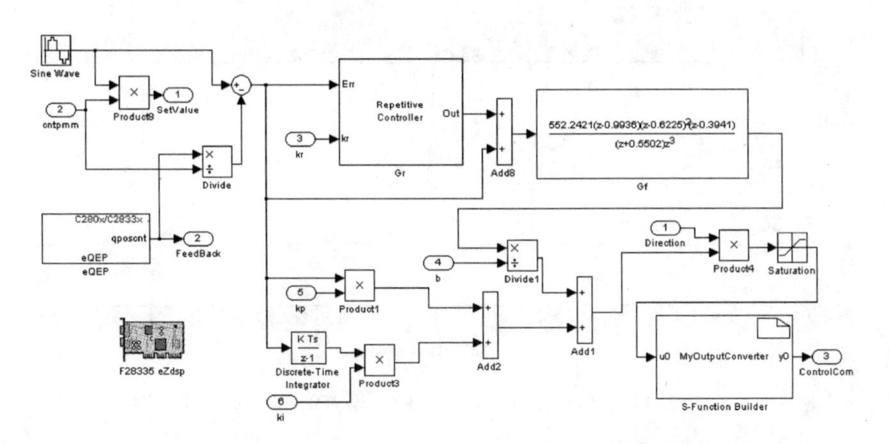

图 5.47 改进重复控制与 PI 复合控制实验仿真模型

模型在 DSP 上进行运行实验后，得到的系统稳态跟踪误差的波形如图 5.48 所示。

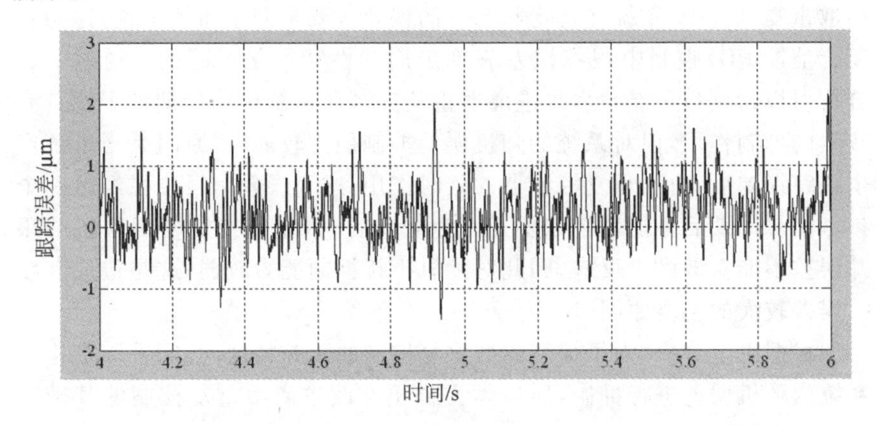

图 5.48 改进重复控制与 PI 复合控制实验的稳态跟踪误差

根据图 5.48 所示，结合 PI 控制后，改进离散重复控制的跟踪误差为 $\pm 2.4\mu m$。

通过以上几种方法的应用控制可知，改进的无模型自适应控制方法和 PID 控制方法得到较好的控制效果，而无模型预测控制方法跟踪特性不佳，由于输出信号存在较大的延迟，所以导致误差较大，需进一步研究改进。而改进重复控制与 PI 复合控制方法不仅优于重复控制，而且明显优于上面的几种控制方法，是最实用且效果最好的方法，在第 6 章中我们将采用改进重复控制与 PI 复合控制方法进行。

5.6　本章小结

本章针对非圆切削中刀具进给直线伺服系统中非线性切削力的存在,就直线电机伺服系统的控制方法进行了仿真及应用研究。

预测控制是实际工业过程控制中仅次于 PID 技术的常用方法,它的理论和应用研究对实际工业过程控制具有重要的意义。众多周知,线性时不变系统的预测控制的理论和方法已经比较成熟,而非线性系统的预测控制还有许多的工作需要深入研究。无模型自适应预测控制(MFAPC)是一种数据驱动的非线性系统自适应预测控制方法,其控制系统设计不需要受控系统的物理机理模型,仅用闭环系统的 I/O 数据来设计。因此,同已有的基于模型的自适应预测控制方法相比,它具有更强的鲁棒性和更广泛的可应用性。相对于无模型自适应控制(MFAC)来说,由于未来输出和输入信息的引入,使得该种控制方案具有更好的控制效果,本章基于非圆切削刀具进给伺服系统对紧格式、偏格式和全格式无模型自适应预测方法进行了仿真研究,验证算法的优越性。

基于 MFAC 与 ILC 方法在控制器结构、收敛性分析等方面本质上的相似性,与基于压缩映射的 ILC 方法可以保证迭代误差沿迭代轴的渐近收敛性相比,MFAILC 方案可以保证迭代误差沿迭代轴的单调收敛性;与基于优化的模最优 ILC 方法需要精确线性系统的机理模型相比,MFAILC 方案的设计和分析无需利用被控对象的机理模型。此外,在初始状态值沿迭代轴变化时,MFAILC 仍可理论保障其单调收敛性,本章对基于紧格式动态线性化的无模型自适应迭代学习(CFDL-MFAILC)、基于偏格式动态线性化的无模型自适应迭代学习(PFDL-MFAILC)以及基于全格式动态线性化的无模型自适应迭代学习(FFDL-MFAILC)的方法进行了研究比较,并基于非圆切削刀具进给伺服系统对紧格式和偏格式无模型自适应迭代学习方法进行了仿真研究,验证了 MFAILC 方法的有效性。

基于非圆切削刀具进给伺服系统,对基于紧格式动态线性化的无模型预测-迭代组合控制算法以及复合迭代学习算法进行了仿真研究,仿真结果验证了这些组合方法远远优于单一的无模型预测控制算法和无模型迭代学习控制算法。采用紧格式动态线性化预测-迭代组合控制算法以及可很大程度上提高非圆切削刀具进给伺服系统中位置跟踪的精度,并使得该系统具备很强的自我学习能力。

最后对非圆切削刀具进给伺服系统进行了数据驱动控制方法的应用研究,阐述了各种方法的参数选取,并对各种控制方法的位置跟踪和误差特性进行了分析和比较。

第6章

衍生式数控系统的实验研究

本书第 2 章进行了非圆活塞切削数控系统软硬件研发和设计，本章将通过系统的调试实验来验证系统构成原理，即系统软硬件的正确性和可靠性。

6.1 衍生式数控系统调试实验

衍生控制器中音圈电机的控制算法采用第 5 章所述的改进重复控制与 PI 复合控制方法，根据前述的控制算法原理，利用 C 语言实现算法编程，并将其加入音圈电机控制模块。衍生控制器设计制作完成后，将它与衍生式数控系统的其他功能模块连接起来，形成衍生式非圆切削数控系统，如图 6.1 所示。

为了对衍生式数控系统的工作情况进行检验，利用图 6.1 所示的系统对文献[171]第四章中所述的活塞零件进行仿真加工，首先在工控机软件的活塞数据的输入与处理界面输入零件图中的形状参数，如图 6.2 所示。

活塞的零件参数输入后经过插值计算，转换为衍生控制器规定的数据格式，然后利用工控机软件的数据传输功能将处理所得的数据发送到衍生控制器，存储在衍生控制器的扩展 RAM 中。

为完成活塞的加工，需要在数控车床系统中编写 G 代码程序来控制机床的主轴旋转和进给运动，仿真加工实验中编写的 G 代码程序如下：

```
G100 P0;PR; //通过 RS-232 接口向衍生控制器发出加工开始指令并等待衍生控
            //制器回应
M03 S300;   //机床主轴正转转速为 300r/min
G04 X5;     //暂停一段时间,保证衍生控制器的主轴编码器单元有效复位
```

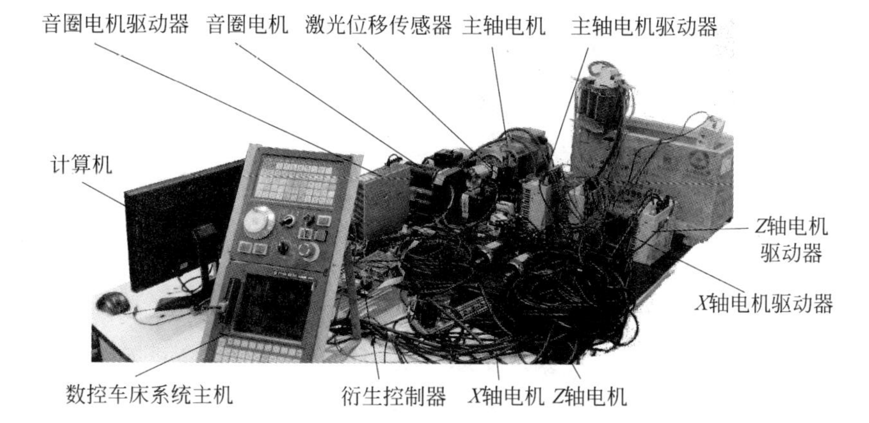

图 6.1　衍生式数控系统实物图

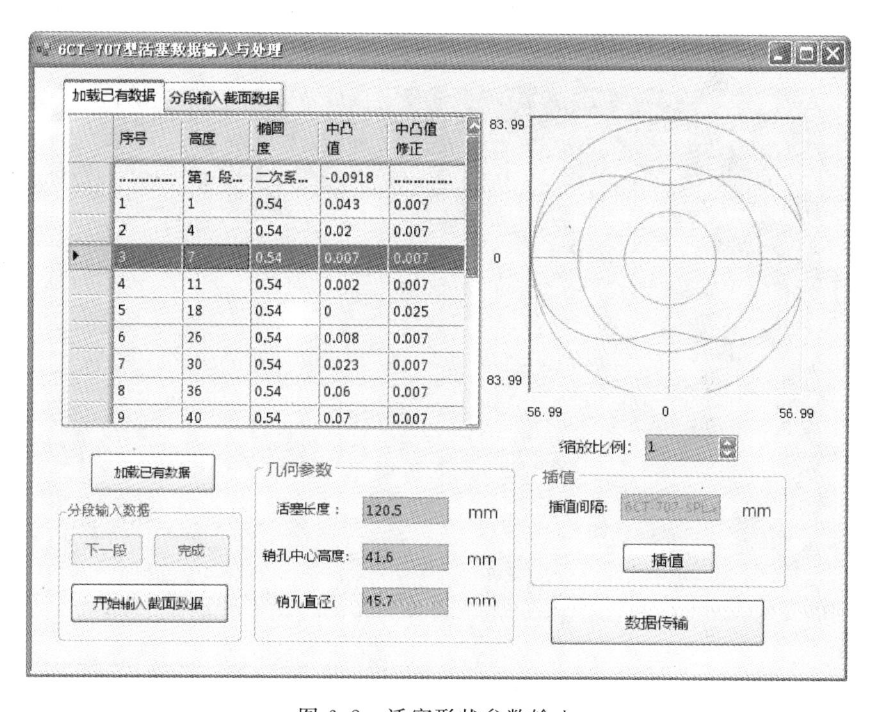

序号	高度	椭圆度	中凸值	中凸值修正
…………	第1段…	二次系…	-0.0918	…………
1	1	0.54	0.043	0.007
2	4	0.54	0.02	0.007
3	7	0.54	0.007	0.007
4	11	0.54	0.002	0.007
5	18	0.54	0	0.025
6	26	0.54	0.008	0.007
7	30	0.54	0.023	0.007
8	36	0.54	0.06	0.007
9	40	0.54	0.07	0.007

图 6.2　活塞形状参数输入

```
G00 X0Z0;      //定位车刀到起刀点即工件原点
G100 P0;IP;    //通过串口向衍生控制器发送工件原点指令并等待衍生控制器
               //回应
G99 F0.2;      //指定切削进给速度为每转进给并规定进给速度为 0.2mm/r
G01 W-124;     //机床 Z 轴负向进给 124mm,从上到下加工活塞轮廓
G00 X0;        //加工结束,退刀
```

```
G100 P0;PE;         //通过串口向衍生式控制器发送加工结束指令并等待衍生
                    //控制器回应
G00 X-10Z-10;       //返回安全位置
M05;                //机床主轴停转
M30;                //程序结束
```

程序中的G100指令的功能通过串口发送指令，衍生控制器在接收到指令后如果状态正常，则会对数控车床系统发送回复，数控车床系统在收到回复后才会继续运行G代码程序；若衍生控制器发生异常则不会回复数控车床系统，若在规定时间内未收到回复信息，则数控车床系统发生错误并退出程序执行。将数控车床系统切换到自动状态，并运行上述G代码程序，在主轴和Z轴电机运动时，衍生控制器也会控制音圈电机配合它们的运动，为检验系统的运行效果，将运行时的位置指令和位置反馈保存在衍生控制器RAM中，在加工结束后发送到工控机，数据接收界面如图6.3所示。

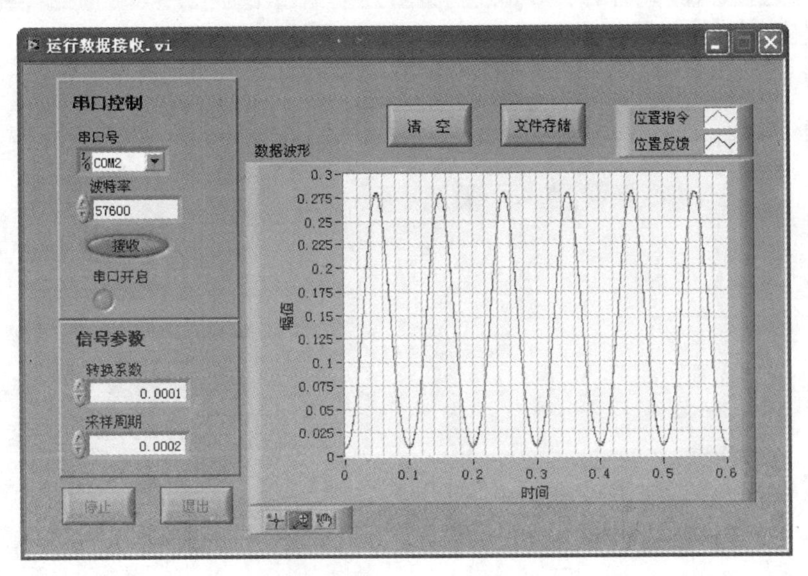

图6.3 仿真加工实验数据接收

把接收到的数据存储为文本文件，导入MATLAB软件进行分析和绘图，得到图6.4所示的实验结果。

如图6.4(a)所示为加工高度约为30.07mm处椭圆截面时刀具的位置命令和位置反馈曲线，途中虚线表示位置命令，实现表示位置反馈信号，两者基本重合。在高度30.07mm处，活塞截面的长轴与基准直径的差值为0.27mm，椭圆度为0.54，图6.4(a)中的位置指令值与截面的理

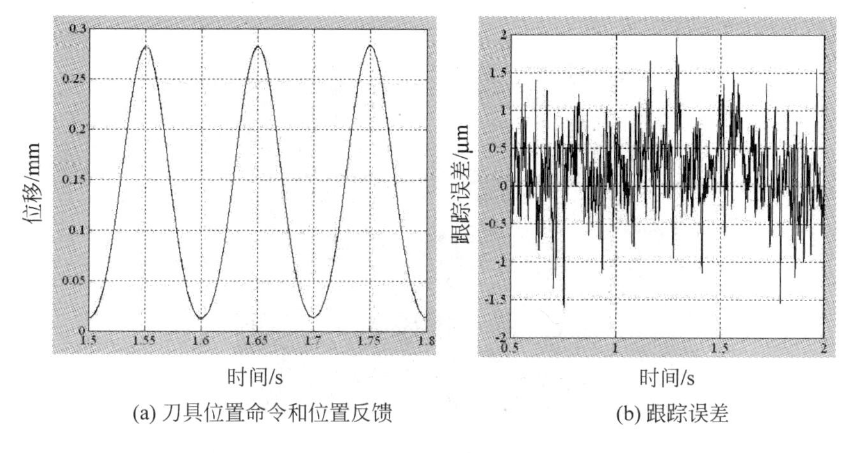

(a) 刀具位置命令和位置反馈　　(b) 跟踪误差

图 6.4　衍生式数控系统仿真加工实验结果

论形状完全符合。如图 6.4(b)所示为仿真加工时的跟踪误差，其取值为 ±2.2μm，这与 5.5.4 节的实验结果符合。根据以上实验结果可以得出以下结论：衍生控制器软件编写正确，能够可靠运行；改进重复控制与 PI 复合控制器程序的编写正确，其性能与 Real-Time Workshop 自动生成的程序代码的性能相符；采用衍生式数控系统能够实现数控车床系统与音圈电机的运动的同步，衍生控制软件采用的时间触发分层状态机结构运行稳定可靠；系统的加工性能满足本书 1.3.2 节中项目性能指标要求。

6.2　机床样机调试实验

衍生式数控系统联机调试通过后，在加工现场把它安装到 CK9555 数控立式活塞车床的样机上，图 6.5 所示为衍生模块的控制器和驱动器在机床电气控制柜内的安装布局。

图 6.6 所示为 CK9555 数控立式活塞车床样机的整体结构，图 6.7 所示为机床工作台和刀具。

为检验样机性能，在样机上加工椭圆度为 1mm，二次系数为 −0.1 的椭圆截面，主轴转速为 200r/min，进给速度为 0.2mm/r，此时音圈电机的行程为 0.5mm，运动频率为 6.7Hz。在加工过程中，音圈电机的位置指令，机床主轴转角和音圈电机的位置反馈值存储在衍生控制器的扩展 RAM 中，待加工结束后将存储数据通过串口发送，仍然使用图 6.3 所示的数据接收软件进行接收和存储，得到被加工截面的理论轮廓和实际轮廓如图 6.8 所示。

图 6.5　衍生控制模块在机床电控柜中的安装布局

音圈电机

电控柜

数控车床系统面板

工件

图 6.6　CK9555 立式活塞车床样机

图 6.7　CK9555 立式活塞车床工作台

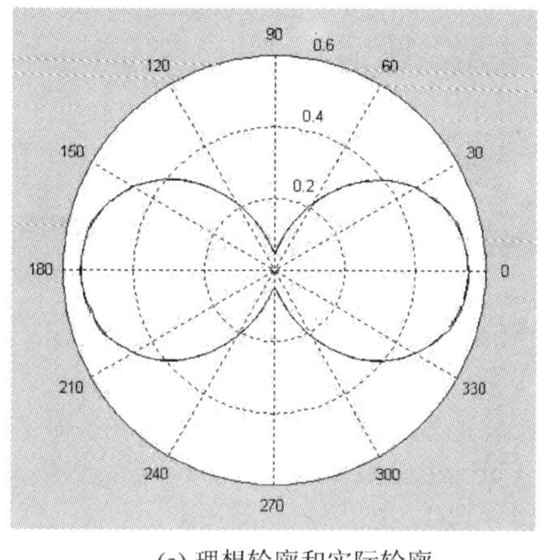

(a) 理想轮廓和实际轮廓

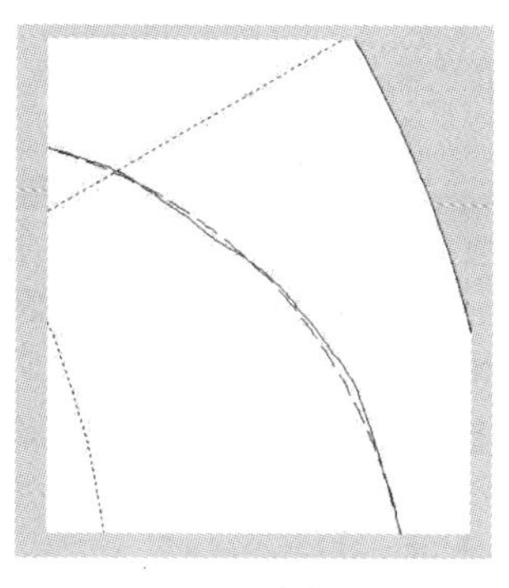

(b) 局部放大图

图 6.8　CK9555 立式活塞车床加工实验结果

图 6.8(a)中显示了被加工截面的理论轮廓和实际轮廓的形状，图 6.8(b)所示为图 6.8(a)的局部放大，图中虚线表示理论截面轮廓，实线表示实际轮廓，实际轮廓相对理性轮廓的误差为 $\pm 4.3\mu m$，说明在实际加工时由于受到切削力的影响，音圈电机的跟踪误差有所增大，但加工的轮廓误差仍在项目要求的公差范围内，说明本书设计的中凸变椭圆活塞加工数控系统达到了项目的性能指标要求。

6.3　本章小结

本章对非圆切削数控系统进行了调试实验，就衍生式数控系统连接调试实验，连接了数控车床系统、衍生控制器、音圈电机、音圈电机驱动器，在空载情况下进行了模拟加工实验，实验结果证明了衍生式数控系统软硬件的正确性和可靠性。把衍生式数控系统安装到非圆活塞的样机上，进行了非圆活塞的切削加工实验，实验结果表明在实际切削中音圈电机的运动精度与空载对比有所下降，但加工精度仍达到了项目的性能指标要求。

虽然所设计的控制器基本达到了项目的加工精度要求，但在跟踪误差收敛速度等方面还存在一定的不足。另外，限于时间和实验条件，对此控制器还缺乏在实际工况下的大量实验验证。因此，后期还需要在不同的加工条件下对此控制器的加工效果进行实验，尽量多地积累实验数据，依据实验结果对控制器的结构和参数进行进一步的优化和改进，提高控制器的控制精度和适应性。同时，对本书第 5 章中数据驱动的控制算法的应用研究仍然在进行中，以期望达到更好的控制效果。

参考文献

[1] 范大鹏,范世珣,鲁亚飞,等.数控机床高性能传动部件控制技术的研究进展[J].中国机械工程,2011,22(11):1378-1385.

[2] 杨晓君,赵万华,刘辉,等.直线电机进给系统机械系统动态特性研究[J].西安交通大学学报,2013,47(4):y1-y7.

[3] 刘廷章,李宝明.中凸变椭圆活塞加工系统动态特性研究[J].组合机床与自动化加工技术,2001(3):21-24.

[4] 孙明轩,李芝乐.直线伺服系统特征模型及其自适应迭代学习控制[C].Proceedings of the 31st Chinese Control Conference, July 25-27, 2012, Hefei, China. 3119-3024.

[5] 江思敏,王先逵,吴丹,等.凸轮数控车削系统关键技术的研究[J].机械工程学报,2003,39(12):135-139.

[6] 王先逵,司勇,刘成颖.中凸变椭圆活塞车削数控系统的实时性分析及实现[J].制造技术与机床,2004(3):15-18.

[7] 张明超,尹文生,朱煜.永磁同步直线电机推力波动建模与抑制[J].清华大学学报:自然科学版,2010,50(8):1253-1257.

[8] Tan K K, Huang S N, Lee T H, et al. Robust adaptive numerical compensation for friction and force ripple in permanent magnet linear motors[J]. IEEE Transactions on Magnetics, 2002, 38(1): 221-228.

[9] Wu D, Chen K, Wang X. An investigation of practical application of variable spindle speed machining to noncircular turning process[J]. International Journal of Advanced Manufacturing Technology, 2010, 44 (11/12): 1094-1105.

[10] Wu D, Chen K. Design and analysis of precision active disturbance rejection control for noncircular turning process[J]. IEEE Transactions on Industrial Electronics. 2009, 56(7): 2746-2753.

[11] Tang K Z, Huang S N, Tan K K, et al. Combined PID and adaptive nonlinear control for servo mechanical systems[J]. Mechatronics, 2004, 14: 701-714.

[12] 刘金凌,王先逵,吴丹,等.直线电机伺服系统的模糊推理自校正 PID 控制[J].清华大学学报:自然科学版,1998,38(2):44-46.

[13] Naso D, Cupertino F, Turchiano B. Precise position control of tubular linear motors with neural networks and composite learning[J]. Control Engineering Practice, 2010, 18(5): 515-522.

[14] 夏加宽,王成元,李眸东.高精度数控机床用直线电机端部效应分析及神经网络补偿技术研究[J].中国电机工程学报,2003,23(8):100-104.

[15] 刘廷章,胡德洲,卢秉恒.复杂动态车削过程的神经网络直接自适应控制[J].西安交通大学学报,1998,32(12):51-58.

[16] Jin S M, Zhu Y W, Lee S H, et al. Optimal design of auxiliary poles to minimize detent force of permanent magnet linear synchronous motor[J].

International Journal of Applied Electromagnetics & Mechanics, 2010, 33(1/2): 589-595.

[17] 郭庆鼎，孙艳娜. 直线永磁同步伺服电动机的 H_∞ 鲁棒自适应控制[J]. 电工技术学报，2000，15(4)：1-4.

[18] Tan K K. Precision motion control with disturbance observer for pulse width-modulated-driven permanent magnet linear motors[J]. IEEE Transactions on Magnetics, 2003, 39(3): 1813-1818.

[19] Huang Y S, Sung C C. Implementation of sliding mode controller for linear synchronous motors based on direct thrust control theory[J]. IET Control Theory & Applications, 2010, 4(3): 326-338.

[20] Tan K K, Huang S N, Lee T H, et al. Robust adaptive numerical compensation for friction and force ripple in permanent magnet linear motors[J]. IEEE Transactions on Magnetics, 2002, 38(1): 221-228.

[21] Gong J Q, Yao B. Output Feedback Neural Network Adaptive Robust Control With Application to Linear Motor Drive System[J]. Journal of Dynamic Systems, Measurement, and Control, 2006, 128: 227-235.

[22] Tan K K, Lee T H, Huang S. Precision motion control[M]. London: Springer, 2001.

[23] 侯忠生，许建新. 数据驱动控制理论及方法的回顾和展望[J]. 自动化学报，2009，35(6)：650-667.

[24] 周惠兴，王先逵. 衍生式计算机数控系统[J]. 中国机械工程，1998，9(5)：17-19.

[25] Zhou H X, Tan K K. High Speed non-circular piston turning using extracted Computer Numerical Control (CNC) approach[C]. IEEE Region 10 Conference Proceedings: Analog and Digital Techniques in Electrical Engineering, 2004: D566-D569.

[26] 周惠兴，陈现敏，冯雪，等. 基于 DSP 的衍生式非圆车削数控系统设计[J]. 中国农业大学学报，2006，11(6)：87-91.

[27] 韩志刚，王德进. 无模型控制器[J]. 黑龙江大学自然科学学报，1994，11(4)：29-35.

[28] 侯忠生. 非参数模型及其自适应控制理论[M]. 北京：科学出版社，1999.

[29] 孙明轩，黄宝健. 迭代学习控制理论[M]. 北京：国防工业出版社，1999.

[30] 许建新，侯忠生. 学习控制的现状与展望[J]. 北京：自动化学报，2005，31(6)：943-955.

[31] 韩志刚. 无模型控制器的应用[J]. 控制工程，2002，9(4)：22-25.

[32] Tan K K, Huang S N, Leu F M. Adaptive predictive control of a class of SISO nonlinear systems[J]. Dynamics and Control, 2001, 11(2): 151-174.

[33] Tan K K, Lee T H, Lim S Y, et al. Learning enhanced motion control of permanent linear motor[J]. IFAC Motion Control, Grenoble, France, 1998: 359-364.

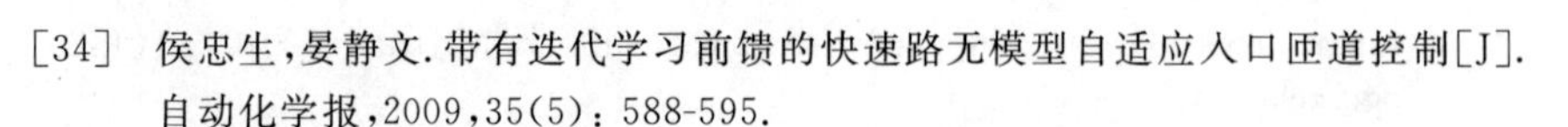

[34] 侯忠生，晏静文. 带有迭代学习前馈的快速路无模型自适应入口匝道控制[J]. 自动化学报，2009，35(5)：588-595.

[35] 陆燕荪. 中国制造业的现状与未来发展[J]. 经济研究参考，2005，1：5-14.

[36] 北京市科学技术委员会. 北京市"十二五"时期科技北京发展建设规划[R]. 2011.

[37] 韦东远，龚钟明，张俊祥，等. 我国先进制造领域的核心技术发展预测[J]. 海峡科技与产业，2006，1：3-7.

[38] 王先逵，钱磊，吴丹. 典型非圆截面零件数控车削系统[J]. 机电信息，1998，1：12-15.

[39] 李喜，谭明志. ECK2320 数控活塞异形外圆车床的设计[J]. 内燃机配件，2006(3)：41-43.

[40] 杨坚，谌国权. ECK2316C 数控活塞异形外圆车床设计[J]. 内燃机配件，2004(3)：43-43.

[41] Qian L，Wang X K. Control software design for the numeral control system of pistons[J]. Journal of Tsinghua University 1998(3)：55-57.

[42] Pan Z M. Intelligent control method for numerical controller of copying turning machine[J]. China Mechanical Engineering，1996(Dec)：24-26.

[43] 翁建敏. 中凸变椭圆活塞裙部的加工技术及数据生成[D]. 上海：上海交通大学，2001：7-13.

[44] Arthur A. Nex Lathe Offers' Instant' Relief[J]. Machinery and Production Engineering，1984(3)：42-44.

[45] Wang Y C，Lee A C，Lin L C. Complex piston contour machining using a digital cam system[J]. Journal of the Chinese Society of Mechanical Engineers，1988，10(5)：361-370.

[46] 颉潭成，辛红敏，南翔，等. 中凸变椭圆活塞曲面插补算法研究[J]. 机床与液压，2011，39(3)：39-44.

[47] 黄海滨，郭隐彪，姜晨，等. 基于中凸变椭圆活塞椭圆截面车削的平滑-等时轮廓插补法[J]. 厦门大学学报：自然科学版，2011，50(1)：52-55.

[48] 楼文高，施洪琦. 活塞裙部廓形的计算机辅助分析[J]. 内燃机学报，1999，17(2)：186-189.

[49] 虞孝彬. 活塞裙部的变椭圆—中凸型面[J]. 小型内燃机，1991，2：24-31.

[50] 陶莉莉，刘世英. 高性能发动机活塞裙部型面设计分析[J]. 山东交通学院学报，2005，13(3)：42-45.

[51] 楼狄明，俞水良，刘永明. 柴油机活塞裙部曲面造型的研究[J]. 车用发动机，1998，5：22-26.

[52] 史立新，陈云富，王超群. 基于 MATLAB 的中凸变椭圆活塞裙部曲线拟合[J]. 组合机床与自动化加工技术，2007，7：24-29.

[53] Xie S T，Guo Y B，Yang Q Q，et al. Research on the shaping approach for non-cylinder piston turning [C]. 2009 International Conference on Measuring Technology and Mechatronics Automation，ICMTMA 2009，2009，3：129-132.

[54] 张建国,颉潭成,徐颜伟,等.中凸变椭圆活塞横截面车削加工过程分析[J].机床与液压,2012,40(8):44-46.

[55] 王先逵,司勇,刘成颖.中凸变椭圆活塞车削数控系统的实时性分析及实现[J].制造技术与机床,2004(3):15-18.

[56] Wu X G,Huang D G,Chen C. opment of novel NC machining system for non-circular shafts[J]. Key Engineering Materials,2009,407-408:252-256.

[57] 孙永强,冯之敬,赵广木.非圆数控车削中大量数据的存储[J].机械设计与制造工程,2002,31(2):45-49.

[58] 刘杰辉,潘尚峰.非圆车削干扰分析与补偿[J].煤矿机械,2005(8):52-53.

[59] 刘杰辉,潘尚峰,贾建军.数控非圆车削系统切削力干扰的补偿与仿真[J].现代制造工程,2004(9):20-22.

[60] Uthayakumar M,Prabhakaran G,Aravindan,S,et al. Influence of cutting force on bimetallic piston machining by a cubic boron nitride (CBN) tool[J]. Materials and Manufacturing Processes,2012,27(10):1078-1083.

[61] Wang H X,Zong W J,Li D,et al. Feed rate and depth of cut influence on cutting forces in diamond turning aluminium alloy[J]. Materials Science Forum,2004,471-472:634-639.

[62] 骆莉,卢记军.机械制造工艺基础[M].武汉:华中科技大学出版社,2006.

[63] 杨宗德,柳青松.机械制造技术基础[M].北京:国防工业出版社,2006.

[64] Kunsoo H,Jaeok K. Turning force control systems based on the estimated cutting force signals[C]. Proceedings of the American Control Conference,1999,1:684-688.

[65] Sakir T. Artificial neural network based on predictive model and analysis for main cutting force in turning[J]. Energy Education Science and Technology Part A:Energy Science and Research,2012,29(2):1471-1480.

[66] Li X L. Development of current sensor for cutting force measurement in turning[J]. IEEE Transactions on Instrumentation and Measurement,2005,54(1):289-296.

[67] 艾兴,肖诗纲.切削用量简明手册[M].3版.北京:机械工业出版社,1994.

[68] Techno K. KFT(VERTICAL CNC LATHES for PISTON). http://www.kiriu.co.jp/techno/eng/index.htm,2013-11-12[2014-4-20].

[69] Wang H F,Yang S Y. Design and control of a fast tool servo used in noncircular piston turning process[J]. Mechanical Systems and Signal Processing,2013,36(1):87-94.

[70] Krishnamoorthy K,Lin C Y,Tsao T C. Design and control of a dual stage fast tool servo for precision machining[J]. Proceedings of the IEEE International Conference on Control Applications,2004,1:742-747.

[71] Wu H E,Li G L,Shi D G,et al. Fuzzy logic thermal error compensation for computer numerical control noncircular turnning system[C]. 9th International Conference on Control,Automation,Robotics and Vision,2006.

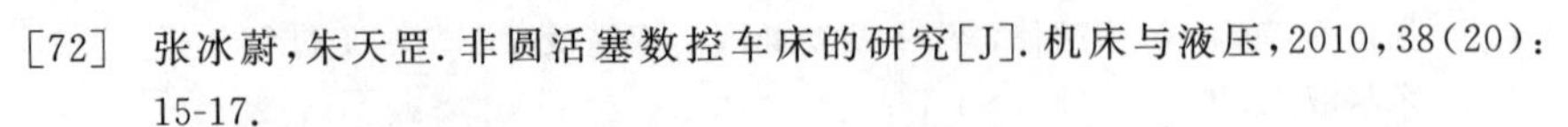

[72] 张冰蔚,朱天罡. 非圆活塞数控车床的研究[J]. 机床与液压,2010,38(20): 15-17.

[73] 武洪恩,张承瑞,李桂莉,等. 基于 Windows 2000 的非圆截面车削数控系统[J]. 中国机械工程,2006,17(24): 2582-2586.

[74] 常雪峰,陈幼平,艾武,等. 基于 PCI 的直线伺服控制系统在非圆加工中的应用研究[J]. 制造业自动化,2008,30(8): 74-77.

[75] 李抢,艾武,段春,等. 基于高响应直线电机的非圆曲面加工技术研究[J]. 中国机械工程,2012,23(23): 2869-2874.

[76] 丁燕艳,樊树海,许洁,等. 可重构制造系统概述[J]. 机械制造,2009,47(543): 1-4.

[77] Koren Y, Heisel U, Jovane F, et al. Reconfigurable manufacturing systems[J]. Annals of the CIRP, 1999, 48: 1-14.

[78] Hiroshi M, Tamio A. New developments in assembly systems [J]. CIRP Annals-Manufacturing Technology, 1994, 43(2): 501-512.

[79] Shabaka A I, EIMaraghy H A. Structural Mapping between Operation Clusters and Machine Configuration Forms[C]. Proceedings of the International Workshop on Advanced Manufacturing Technologies and Integrated Systems AMT 2004, NRCIMTI, London, Ontario, 2004.

[80] Kusiak A, Lee C H. Design of Components and Manufacturing Systems for Reconfigurability[C]. Proceedings of the 1st World Conference on Integrated Design and Process Technology. The University of Texas at Austin, TX, 1995.

[81] Lee C H. Reconfigurability Consideration Design of Components and Manufacturing Systems[J]. International Journal of Adranced Manufacturing Technology, 1997, 13(5): 376-386.

[82] 盛伯浩,罗振璧,赵宏林,等. 快速重组制造系统(RRMS)——新一代制造系统的原理及应用[J]. 制造技术与机床,2001(8): 37-44.

[83] 罗振璧. 对未来工业工程的思考[J]. 工业工程与管理,2001(1): 3-7.

[84] Xing B, Bright E J, et al. Reconfigurable manufacturing system for Agile manufacturing[J]. IFAC Proceedings Volumes (IFAC-PapersOnline), 2006, 12 (Part 1): 376-386.

[85] Vasdev M. Analysis of factors affecting the reconfigurable manufacturing system using an interpretive structural modelling technique[J]. International Journal of Industrial and Systems Engineering, 2014, 16(3): 396-413.

[86] 齐继阳,竺长安,曾议. 可重构制造系统及其关键技术[J]. 组合机床与自动化加工技术,2005,6: 31-35.

[87] 任树棠,车文龙,张伟. 可重构制造系统的发展研究[J]. 机电产品开发与创新,2009,22(5): 29-31.

[88] 尹志生,崔洋,徐立松,等. 基于 OMAP 的可重构嵌入式运动控制系统设计[J]. 电子测量技术,2013,36(8): 2-5.

[89] 张庆,雷贤卿. 基于片上系统的可重构数控系统研究[J]. 计算机测量与控制,

2011,19(5):1050-1061.

[90] 王涛,刘清建,王太勇,等.具有3层重构能力的可重构数控系统[J].中国机械工程,2011,22(2):197-201.

[91] 宋承亮.航天军工产品生产线建设项目中可重构制造系统的实现[J].航天制造技术,2009,2(1):53-57.

[92] 张强,吴庆宪,姜长生,等.考虑执行器动态和输入受限的近空间飞行器鲁棒可重构跟踪控制[J].控制理论与应用,2012,29(10):126-1271.

[93] 洪始良,邝泳聪,梁经伦,等.可重构PCB元件自动光学检测算法研究[J].制造业自动化,2009,31(5):73-77.

[94] 侯延星,刘春时,李焱,等.可重构技术在高速精密卧式加工中心设计中的应用[J].机械工程师,2011,2:139-140.

[95] Hindi H, Crawford L S, Fromherz M P J. Synchronization of state based control processes with delayed and asynchronous measurements [C]. Proceedings of the 44th IEEE Conference on Decision and Control, and the European Control Conference, CDC-ECC '05, 2005, 2005: 6370-6375.

[96] Fromherz M P J, Crawford L S, Hindi H A. Coordinated control for highly reconfigurable systems[J]. Lecture Notes in Computer Science, 2005, 3414: 1-24.

[97] Yu J M, Doh H H, Kim J S, et al. Input sequencing and scheduling for a reconfigurable manufacturing system with a limited number of fixtures[J]. International Journal of Advanced Manufacturing Technology, 2013, 67(1-4): 157-169.

[98] Goyal K K, Jain P K, Jain M. Multiple objective optimization of reconfigurable manufacturing system[J]. Advances in Intelligent and Soft Computing, 2012, 130(1): 453-460.

[99] Kumar S L, Kumar J P. A model and optimisation approach for reconfigurable manufacturing system configuration design [J]. International Journal of Production Research, 2012, 50(12): 3359-3381.

[100] Liu C W, Chen Y L, Wu W C. Integrated development of a modularized ECM manufacturing system based on the reconfigurable manufacturing system concept[J]. Key Engineering Materials, 2012, 516: 102-107.

[101] Wang W C, Koren Y. Scalability planning for reconfigurable manufacturing systems[J]. Journal of Manufacturing Systems, April 2012, 31(2): 83-91.

[102] Lorena S B. Henri P. A conceptual framework for analyzing adaptable and reconfigurable manufacturing systems[C]. Proceedings of 2013 International Conference on Industrial Engineering and Systems Management, IEEE-IESM 2013, 2013.

[103] Ben F N H, Sturges R H. A control design strategy of a reconfigurable manufacturing system[J]. International Journal of Manufacturing Technology and Management, 2009, 17(1-2): 68-81.

[104] Hasan F,Jain P K,Kumar D. Performance modelling of dispatching strategies under resource failure scenario in reconfigurable manufacturing system[J]. International Journal of Industrial and Systems Engineering,2014,16(3):322-333.

[105] 王海升,穆海华,尹文生. 基于有限状态机的集群式硅片传输控制系统设计[J]. 制造业自动化,2013,35(1):4-7.

[106] Kopetz H. Why time-triggered architectures will succeed in large hard real-time systems[C]. Proceedings of the IEEE Computer Society Workshop on Future Trends of Distributed Computing Systems,1995:2-9.

[107] 华志斌,李勇,王建伟,等. 改进型时间触发嵌入式系统编程模式[J]. 单片机与嵌入式系统应用,2012,6:1-3.

[108] Hermann K,Günther B. The time-triggered architecture[J]. Proceedings of the IEEE,2003,91(1):112-126.

[109] 郭丽娟,刘双与,张激. 基于时间触发的高可靠性实时系统架构[J]. 计算机工程,2006,32(4):272-274.

[110] 侯晓鹏,周玉成,张星梅,等. 基于时间触发模式的木材干燥智能控制系统设计[J]. 木材工业,2011,25(2):4-7.

[111] Blanc S,Gracia J,Gil P J. Experiences during the experimental validation of the Time-Triggered Architecture[C]. Proceedings-Design, Automation and Test in Europe Conference and Exhibition,2004:256-261.

[112] Stanislav R, Pavel H, Jan H. Dependability evaluation of time triggered architecture using simulation[J]. Computing and Informatics,2004,23(1):51-76.

[113] Pfeifer H,Henke F W. Modular formal analysis of the central guardian in the Time-Triggered Architecture[J]. Reliability Engineering and System Safety,2007,92(11):1538-1550.

[114] 宋明浩,阳宪惠. 车载控制网络及其协议比较[J]. 汽车工程,2005,27(2):226-229.

[115] 韩晓东,吴临政,吴波. 时间触发 CAN 网络节点设计[J]. 电子技术应用,2007,2:101-103.

[116] Lukasiewycz M, Chakraborty S. Concurrent architecture and schedule optimization of time-triggered automotive systems[C]. CODES + ISSS'12-Proceedings of the 10th ACM International Conference on Hardware/Software-Codesign and System Synthesis, Co-located with ESWEEK,2012:383-392.

[117] Christiana S,Tomislav L,Wolfgang M,et al. Improved electronic architecture in agricultural vehicles with regard to the TTA-group steer-by-wire working group: Enabling improved architectures with time-triggered communication[J]. VDI Berichte,2005,SPEC. ISS.:283-290.

[118] Biermeyer J O,Srini V P,Kleinjohann B. Distributed real-time computing in

autonomous robots using Time-triggered and Message-triggered Objects (TMOs)[C]. Proceedings-Ninth IEEE International Symposium on Object-Oriented Real-Time Distributed Computing, ISORC 2006, 2006: 245-252.

[119] 徐科华，陈谋，徐扬，等. 民用飞机机载电子系统分布式体系架构研究[C]. 工程设计学报，2012，19(6)：494-498.

[120] 谢邦天，张艳波，高钰敏. 基于时间触发的起重机力矩限制器软件系统[J]. 建筑机械化，2013，8：63-65.

[121] 陈曦，吕伟杰，刘鲁源. 事件/时间触发嵌入式操作系统内核的设计[J]. 计算机工程与应用. 2008，44(16)：87-89.

[122] 李迪，万加富，叶峰，等. 软数控系统混合任务两级调度策略[J]. 机械工程学报，2008，44(12)：157-162.

[123] Martin L, Samarjit C. Concurrent architecture and schedule optimization of time-triggered automotive systems[C]. CODES+ISSS'12-Proceedings of the 10th ACM International Conference on Hardware/Software-Codesign and System Synthesis, Co-located with ESWEEK, 2012: 383-392.

[124] Pont M J. Applying time-triggered architectures in reliable embedded systems: Challenges and solutions [J]. Elektrotechnik und Informationstechnik, November 2008, 125(11): 401-40.

[125] Hughes Z M, Michael J P. Reducing the impact of task overruns in resource-constrained embedded systems in which a time-triggered software architecture is employed[J]. Transactions of the Institute of Measurement and Control, 2008, 30(5): 427-450.

[126] Tasuku I, Takanori Y. A time-triggered distributed object computing environment for embedded control systems [C]. Proceedings-13th IEEE International Conference on Embedded and Real-Time Computing Systems and Applications, RTCSA 2007, 2007: 191-198.

[127] Hermann K. An integrated architecture for dependable embedded systems [C]. Proceedings of the IEEE Symposium on Reliable Distributed Systems, 2004: 160-161.

[128] Perez J, Nicolas C F, Obermaisser R, et al. Modeling time-triggered architecture based real-time systems using SystemC [J]. Lecture Notes in Electrical Engineering, 2012, 106 LNEE: 123-141.

[129] Hemingway, G, Porter J, Kottenstette N, et al. Automated Synthesis of time-triggered architecture-based TrueTime models for platform effects simulation and analysis[C]. Proceedings of the International Workshop on Rapid System Prototyping, 2010.

[130] Obermaisser R, Salloum C El, Huber B, et al. The time-triggered System-on-a-Chip architecture[J]. IEEE International Symposium on Industrial Electronics, 2008: 1941-1947.

[131] Zhang Q, Xu G Q, Ding S T. Time-triggered state-machine reliable software

architecture for micro turbine engine control [J]. Chinese Journal of Aeronautics,2012,25(6): 839-845.

[132] Matthias K, Sebastian B, Oelmann Bengt. Implementing Wireless Sensor Network applications using hierarchical finite state machines[C]. 2013 10th IEEE International Conference on Networking, Sensing and Control, ICNSC 2013,2013: 124-129.

[133] 雷为民,于东,李本忍.机床控制流程的一种有限状态机表达方法[J].信息与控制.2009,29(1): 47-54.

[134] 黄新林,王钢,刘春刚.有限状态机在单片机编程中的应用[J].哈尔滨理工大学学报,2008,13(4): 7-9.

[135] 陈小琴,蒋存波,金红.状态机原理在控制程序设计中的应用[J].制造业自动化,2007,29(10): 57-60.

[136] 谭超,牛可,仝矿伟.基于有限状态机的采煤机变频牵引控制系统的研究[J].煤矿机械,2009,30(12): 224-226.

[137] Ekberg G, Krogh B H. Programming discrete control systems using state machine templates [C]. Proceedings-Eighth International Workshop on Discrete Event Systems, WODES 2006,2006:194-200.

[138] Sklyarov V, Skliarova I. Synthesis of parallel hierarchical finite state machines[C]. 2013 21st Iranian Conference on Electrical Engineering, ICEE 2013,2013.

[139] Zanoli S M, Luciani M. Priority State Machine (PriSMa): A practical tool for des control system developers[C]. Conference Proceedings-IEEE International Conference on Systems, Man and Cybernetics,2007: 1433-1438.

[140] 丰平,马晓川,陈模江,等.主从并行状态机用于复杂 FPGA 控制系统设计[J].微计算机应用,2009,30(6): 1-5.

[141] 邓中亮.非圆零件车削加工技术[M].北京:人民邮电出版社,1998.

[142] 张伯霖,等.高速切削技术及应用[M].北京:机械工业出版社,2002.

[143] 邓中亮.高频响精密位移直线电机及其控制的研究[J].中国电机工程学报,1999,19(2): 41-46.

[144] 赵彤,王先逵,刘成颖,等.机床进给用永磁同步直线伺服单元的设计与实验研究[J].中国机械工程,2006,17(23): 24211～2425.

[145] 江思敏,王先逵,钱磊,等.非圆截面开放式数控车削系统的研究[J].制造技术与机床,2002(2): 15-16.

[146] 何汉辉,王世民.活塞环非圆轮廓数控仿形加工系统及伺服机构设计[J].国防科技大学学报,1997,10: 64-69.

[147] Hwang C L, Shi Y D. Noncircular cutting on a lathe using tool position and differential motor current[J]. Int J of Mach Tools & Manuf, 1999, 39(2): 209-227.

[148] 王先逵,陈定积,吴丹.机床进给系统用直线电动机综述.制造技术与机床,2001,(8): 18～21.

[149] Zhou A M, Qu B Y, Li H, et al. Multi-objective evolutionary algo-rithms: a

survey of the state of the art [J]. Swarm and Evolutionary Computation, 2011,1(2011): 32-49.

[150] Lei D M,Yan X P. Multi-objective Intelligent OptimiaztionAlgorithm and Its Applications [M]. Beijing: Science Press,2009.

[151] 陈金涛,辜承林.基于遗传算法的永磁直流电机优化设计[J].微电机,2006,39(8): 17-20.

[152] 兴连国.直线音圈电机建模和优化设计研究[D].北京:中国农业大学,2012.

[153] 孙鹏.无铁芯永磁同步直线电机及其控制技术研究[D].北京:中国农业大学,2012.

[154] 张宜华.精通 MATLAB 5 [M].北京:清华大学出版社,1999..

[155] 赵继俊.优化技术与 Matlab 优化工具箱[M].北京:机械工业出版社,2011.

[156] 王磊.聚磁式直线音圈电机设计及其试验研究[D].北京:中国农业大学,2014.

[157] Elmo Application Studio. (EAS) User Guide Preliminary[EB/OL]. 2010. (Ver. 1.0) . www. elmomc. com.

[158] http:www. ni. com.

[159] 陈锡辉,张银鸿. LabVIEW8.20 程序设计从入门到精通[M].北京:清华大学出版社,2007.

[160] 汪敏生. LabVIEW 基础教程[M].北京:电子工业出版社,2002.

[161] 2005-2006 National Instruments Corporation. LabVIEWTMHelp. 371361B-01,August 2006.

[162] 兴连国,周惠兴,侯书林,等.音圈电机研究及应用综述[J].微电机,2011,44(8): 82-87.

[163] 侯媛彬,汪梅,王立琦,等.系统辨识及其 MATLAB 仿真[M].北京:科学出版社,2004.

[164] 杨叔子,杨克冲,等.机械工程控制基础[M].5 版.武汉:华中科技大学出版社,2005.

[165] 李鹏波,胡德文,等.系统辨识基础[M].北京:中国水利水电出版社,2006.

[166] 曹荣敏.数据驱动运动控制系统设计与实现[M].北京:国防工业出版社,2012.

[167] 侯忠生,金尚泰.无模型自适应控制理论与应用[M].北京:科学出版社,2013.

[168] 韩志刚.多层递阶方法理论与应用的进展[J].控制与决策,2001,16(2): 129-132.

[169] 韩志刚.动态系统时变参数的辨识[M].自动化学报,1984,10(4): 330-337.

[170] 韩志刚.多层递阶方法及其应用[M].北京:科学出版社,1989.

[171] 郑东.大尺寸中凸变椭圆活塞车削加工衍生式数控系统研究[D].北京:中国农业大学,2014.

[172] Proll T,Karim M N. Real-time design of an adaptive nonlinear predictive controllers[J]. International Journal of Control,1994,59(3): 863-889.

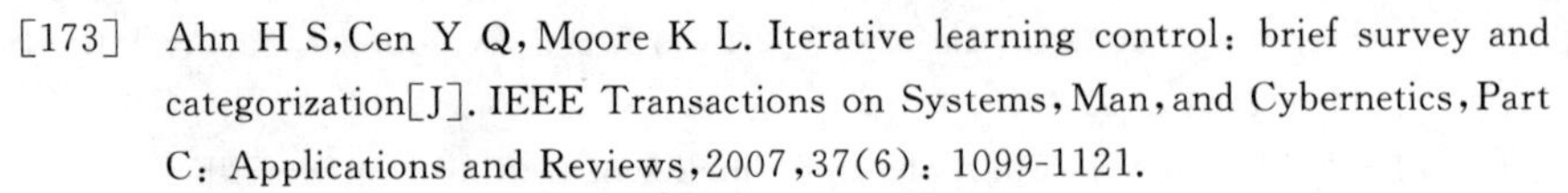

[173] Ahn H S,Cen Y Q,Moore K L. Iterative learning control: brief survey and categorization[J]. IEEE Transactions on Systems,Man,and Cybernetics,Part C: Applications and Reviews,2007,37(6): 1099-1121.

[174] Bristow D A,Tharayil M,Alleyne A G. A survey of iterative learning control: a learning-based method for high-performance tracking control[J]. IEEE Control Systems Magazine,2006,26(3): 96-114.

[175] Chen Y Q,Wen C Y. Iterative learning control-convergence,robustness and applications//Lecture Notes in Control and Information Science 248[M]. Berlin: Springer-Verlag,1999.

[176] Xu J X,Tan Y. Linear and Nonlinear Iterative Learning Control[M]. Berlin Heidelberg: Springer-Verlag,2003.

[177] 金尚泰. 无模型学习自适应控制的若干问题研究及应用[D]. 北京: 北京交通大学,2008.

[178] Cao R Z. Low Kay-Soon. A repetitive model predictive control approach for precision tracking of a linear motion system[J]. IEEE Transactions on Industrial Electronics,2009,56(6): 1955-1962.

[179] 苏宝库,赵富,杨振利. 低频线振动台系统的离散重复控制[J]. 航空精密制造技术,2010,46(6): 17-20.

[180] 赵富,刘雨,姚秀明. 抑制线振动台扰动的鲁棒自适应重复控制[J]. 中国惯性技术学报,2009,17(1): 117-122.

[181] Pérez Arancibia Néstor O, Lin C Y, Tsao, T C, et al. Adaptive-repetitive control of a hard disk drive[C]. Proceedings of the IEEE Conference on Decision and Control,2007: 4519-4524.

[182] 吴丹,王先逵,易旺民. 重复控制及其在变速非圆车削中的应用[J]. 中国机械工程,2004,15(5): 446-449.

[183] 崔红,郭庆鼎. 活塞车直线伺服刀架系统对于幅值变化的周期性扰动抑制的研究[J]. 组合机床与自动化加工技术,2004,11: 29-31.